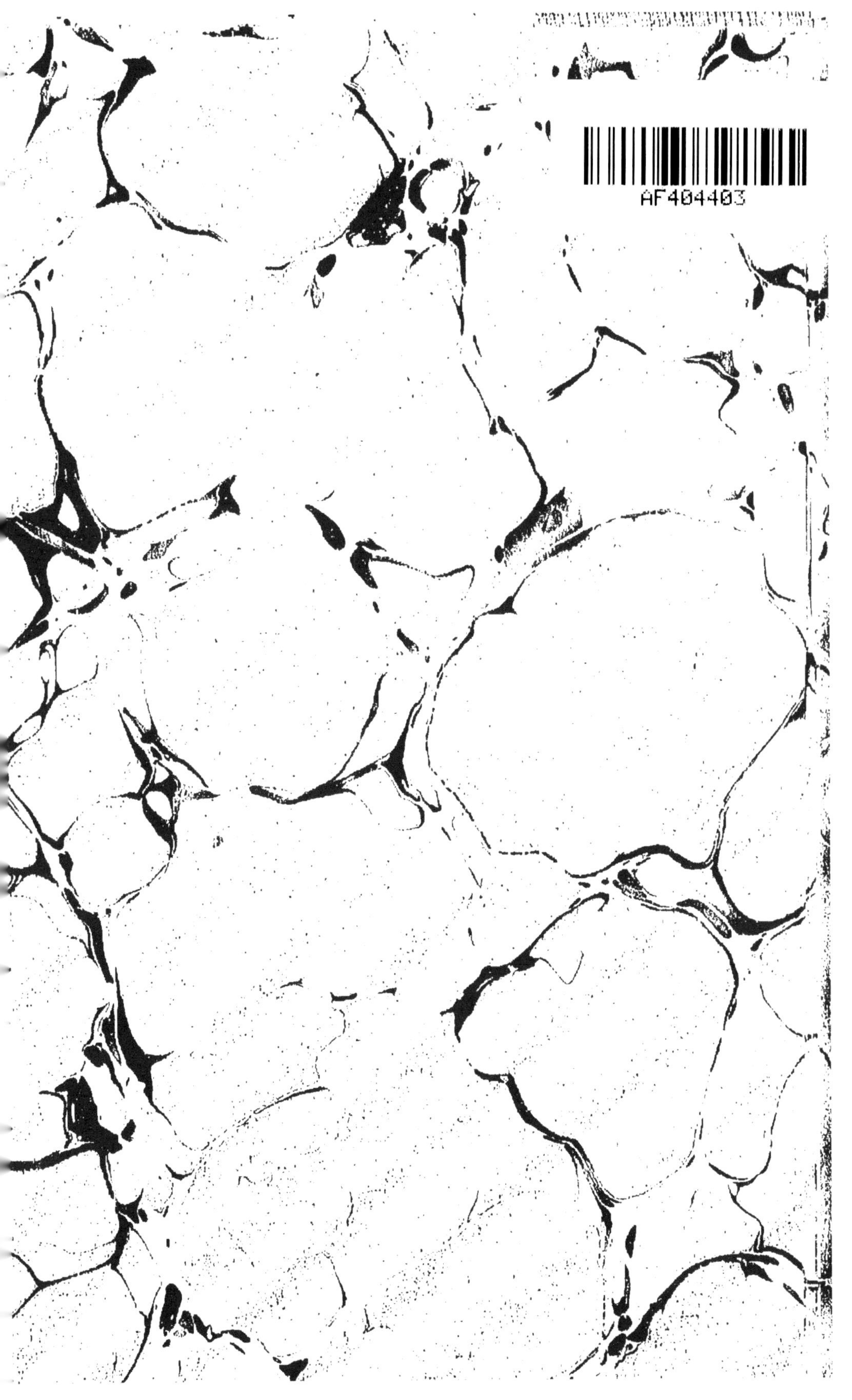

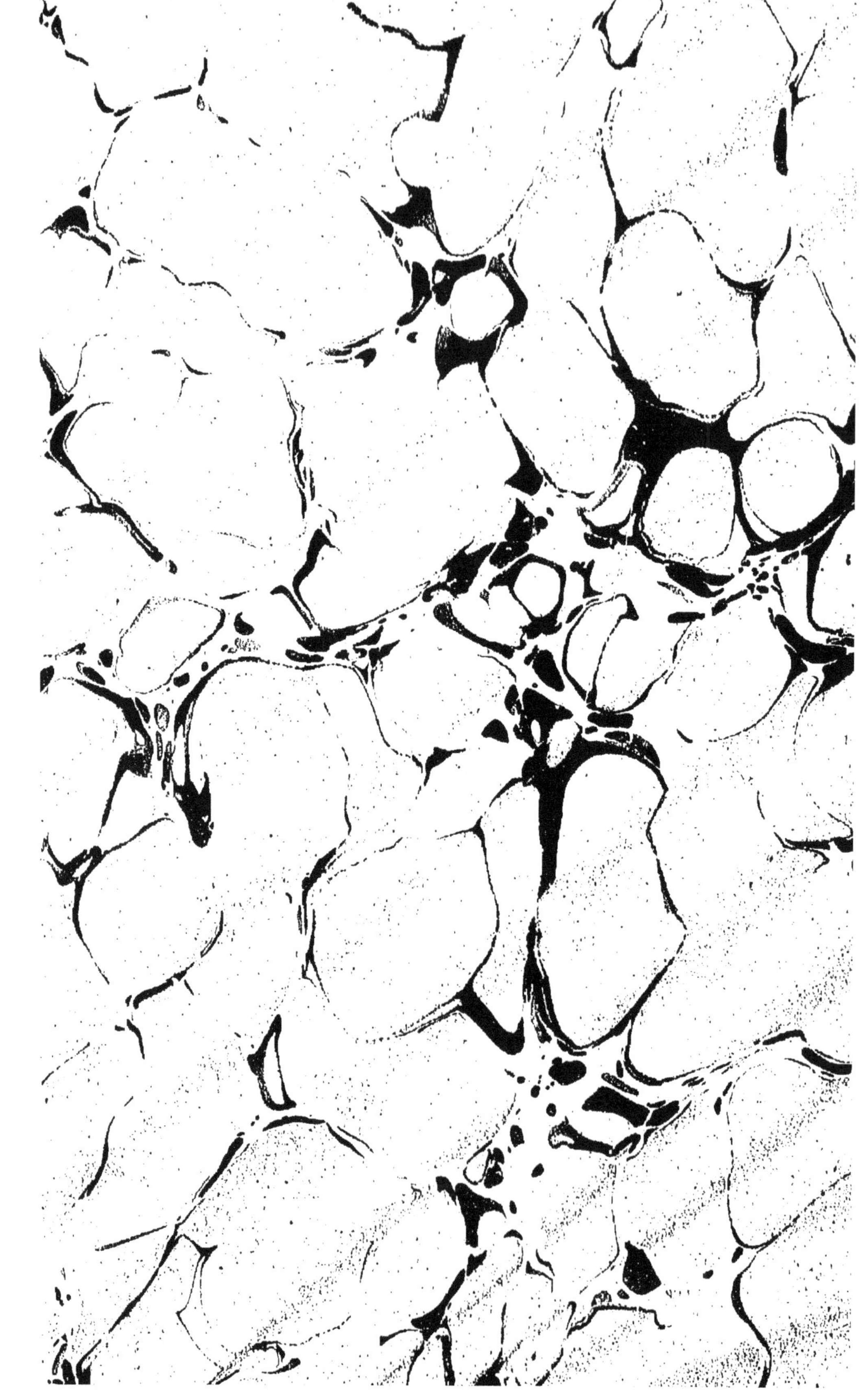

GLANURES DANS LA SCIENCE

GLANURES

DANS

LA SCIENCE

PAR

Le Rév. GÉRALD MOLLOY, D. D., D. Sc.

Recteur de l'Université catholique d'Irlande.

OUVRAGE ILLUSTRÉ, TRADUIT DE L'ANGLAIS

Par l'Abbé HAMARD

De l'Oratoire de Rennes.

PARIS

RENÉ HATON, LIBRAIRE-ÉDITEUR

35, RUE BONAPARTE, 35

(Près Saint-Germain-des-Prés)

1890

PRÉFACE DE L'AUTEUR

La Société Royale de Dublin a coutume, depuis longtemps, de donner chaque année à ses membres, ainsi
qu'au public, une série de conférences populaires sur
des sujets scientifiques. L'on m'a invité, de temps à
autre, à prendre part à ce travail ; et j'ai réuni dans le
présent volume quelques-unes des conférences que j'ai
prononcées dans ces circonstances. J'ai ajouté une lecture sur les glaciers des Alpes, d'un caractère analogue
à celui des précédentes, mais qui fut donnée dans une
autre occasion.

En préparant la publication de ces conférences, je
n'ai pas hésité à me servir des renseignements parus
depuis qu'elles ont été prononcées, mon désir étant de
fournir à mes lecteurs les informations utiles les plus
récentes, et de suivre les progrès de la science jusqu'à
ce jour. Mes conférences ne paraissent donc pas absolument telles qu'elles furent données, mais plutôt
telles que je les donnerais en ce moment, dans des
circonstances semblables, au même auditoire.

Je me suis efforcé de suppléer, dans une certaine

mesure, aux *expériences*, par les *illustrations* introduites dans le texte. *Quelques-unes* de ces *figures* représentent des *instruments* ou *appareils* d'intérêt historique déjà familiers à ceux qui s'occupent de science ; mais la plupart sont une reproduction, spécialement destinée à cet ouvrage, des appareils dont je me suis servi pour mes expériences. Je dois à l'obligeance de M. Whymper les quatre vignettes sur bois que l'on trouvera dans la dernière conférence, et qui sont tirées de son ouvrage intéressant et bien connu : SCRAMBLES AMONGST THE ALPS (1).

(1) Une traduction française de cet ouvrage a été publiée, en 1873, par M. Adolphe Joanne, sous le titre d'*Escalades dans les Alpes* (grand in-8º de 432 pages, avec 108 gravures et 6 cartes ; Paris, Hachette).

G. M.

13 octobre 1885.

PRÉFACE DU TRADUCTEUR

Le présent ouvrage n'a d'autre prétention que celle de vulgariser les grandes découvertes des temps modernes dans le domaine des sciences physiques.

Nous n'avons pas besoin d'insister sur l'utilité, disons plus, sur la nécessité des travaux de cette nature. Aucun esprit tant soit peu cultivé ne peut désormais rester étranger aux progrès merveilleux réalisés à notre époque par les sciences naturelles ; et si, en raison même du développement qu'elles ont acquis, la division du travail s'impose de plus en plus, personne, du moins, ne doit se croire dispensé de s'initier à leurs principes, à leurs méthodes et à leurs résultats les plus généraux. Aussi assistons-nous en ce moment à une véritable floraison de livres destinés à mettre la science à la portée du plus grand nombre.

Mais quelles conditions doit réunir un ouvrage de vulgarisation pour atteindre le but qu'il se propose ? Il doit à notre avis être clair, exact et concis. Les « Glanures dans la science » du docteur Molloy nous ont paru satisfaire entièrement à ces exigences, et nous croyons pouvoir les offrir comme un heureux modèle du genre. Elles ont un autre mérite. La plupart des questions qui y sont abordées ne sont guère connues du public français, soit parce qu'elles n'ont été soulevées que récemment, soit parce qu'aucun auteur n'a pris la peine de les rendre accessibles à la masse des lecteurs, en les dégageant des formules algébriques dont elles sont hérissées dans les ouvrages spéciaux.

A ce titre, les « Glanures » du docteur Molloy vont occuper une place laissée libre jusqu'ici dans notre littérature scientifique. Nous pouvons ajouter qu'elles ne seront pas sans intérêt pour les savants eux-mêmes qui y trouveront, sinon des idées scientifiques nouvelles, au moins une façon particulière de les exposer et des expériences différentes de celles qui ont cours dans nos laboratoires et qui se retrouvent dans tous nos traités de physique.

Les lignes suivantes, qui résument l'appréciation générale de la presse anglaise sur le nouveau livre du docteur Molloy, donneront une idée préalable de la manière de l'auteur.

« Ce qui nous frappe surtout dans cet ouvrage, a dit une revue anglaise autorisée, c'est une clarté, une simplicité, un talent d'exposition vraiment peu ordinaires. Le docteur Molloy a toujours grand soin de commencer par le commencement; il ne prend rien pour accordé; chaque pas qu'il fait ajoute aux connaissances de son auditoire; il ne vise point à un but trop élevé et ne surcharge pas sa conférence de faits propres à exciter l'étonnement; il sait, au contraire, se modérer et se restreindre. Bien loin de vouloir éblouir par son enseignement et ses expériences, il semble n'avoir qu'un seul objet en vue : *faire parfaitement comprendre à ses auditeurs le sujet qu'il traite. Tout ce qu'il fait, tout ce qu'il dit est dirigé vers cette fin. A cela il sacrifie toute autre considération ; ce qui est, à mon avis, un rare mérite dans un conférencier. Et néanmoins, malgré cette simplicité, il ne laisse rien sans explication. On dirait qu'il a fait une étude spéciale des difficultés qui peuvent se présenter à l'esprit de l'auditeur ou du lecteur, et ces difficultés, il tient à les résoudre. »*

Il serait superflu d'insister ici sur les qualités qui caractérisent le talent du docteur Molloy. Notre public sait à quoi s'en tenir à cet égard. Les cinq éditions qu'a obtenues en France son précédent ouvrage : Géologie et Révélation, ont vulgarisé le nom de l'auteur, en même temps qu'elles ont fait connaître ses hautes qualités d'écrivain, son rare talent d'exposition et sa remarquable aptitude à rendre intelligibles à tous les sciences en apparence les plus ardues.

Rennes, novembre 1889.

P.-S. — Les passages suivants, empruntés à un certain nombre de Revues anglaises, donneront une idée de l'accueil que nos voisins d'outre-Manche ont fait aux « Glanures » (*Gleanings in science*) du savant recteur de l'Université catholique d'Irlande.

... « Voici un livre agréablement écrit, contenant dix conférences populaires faites, à une exception près, sous les auspices de la Société royale de Dublin... L'auteur a parfaitement réalisé son dessein. Dans un court espace, il a su présenter à ses auditeurs et à ses lecteurs une grande variété de principes et de faits scientifiques des plus importants. Les sujets des conférences sont bien choisis... Le livre est agréable à lire et entièrement digne d'éloges. » (*Nature*, avril 1889.)

... « Cet ouvrage répond parfaitement à son but qui est d'intéresser et d'instruire la majorité des lecteurs par l'exposé des découvertes les plus importantes et les plus récentes des sciences physiques. » (*The Electrician*, mars 1888).

... » Toutes les conférences contenues dans ce volume sont imprégnées d'un esprit philosophique qui donne de l'unité aux sujets variés qu'elles traitent. » — (*Spectator*, décembre 1889).

... » Les explications du docteur Molloy sont absolument scientifiques, et en même temps elles peuvent être comprises sans connaissances préalables... Nous recommandons vivement ce livre à tous ceux qui s'intéressent aux questions scientifiques du jour. » (*Manchester Gardian*, déc. 1888.)

... » La valeur du livre s'accroît encore par la simplicité et la clarté qui caractérisent le style.

...» Ces conférences ne sauraient être trop recommandées. Les moins habiles n'éprouveront aucune difficulté à suivre le docteur Molloy parmi ces merveilles de la science. ». (*Scotsman*, nov. 1888.)

... » Cet ouvrage est une des tentatives les plus heureuses que nous connaissions pour rendre intelligibles à ceux qui ne sont pas initiés les questions les plus difficiles de la science. » (*Leeds Mercury*, déc. 1888.)

... » Ces conférences sont l'œuvre d'un esprit qui joint les connaissances du spécialiste au style du littérateur.

... » Comme exposition des faits et des lois de la physique, elles sont vraiment admirables et se recommandent à l'attention même de ceux qui sont déjà familiarisés avec les sujets qu'elles traitent... Ceux qui croiraient que les conférences scientifiques sont nécessairement arides n'ont qu'à lire le présent volume, et ils changeront d'avis. » (*Glasgow Herald*, 28 nov. 1888.)

...» Le but du docteur Molloy est de rendre intelligibles au public ordinaire les progrès récemment accomplis dans les diverses branches des sciences physiques. On peut dire qu'il y a réussi. Son livre est extrêmement intéressant, même sans les nombreuses expériences qui viennent éclairer les matières traitées. (*Litterary World*, 14 déc. 1888.)

...» Le docteur Molloy suppose toujours qu'il parle devant un auditoire étranger même aux éléments des sujets qu'il traite et, comme il possède à un haut degré le don de l'exposition, il sait se faire comprendre des ignorants aussi bien que des savants et intéresser à la fois les uns et les autres. (*Scottish Leader*, 20 déc. 1888.)

...» Si l'on se place au point de vue de l'utilité pratique, les chapitres relatifs à la foudre et aux paratonnerres seront les plus appréciés à cause des indications qu'ils contiennent ; mais, comme contribution à la science, ils cèdent le pas à d'autres parties du volume. Les articles consacrés au soleil sont tout spécialement séduisants. Les faits sont soigneusement choisis. Le docteur Molloy échappe à la tentation d'exagérer, tentation qui a été l'écueil de plusieurs de ceux qui ont écrit sur la matière. » (*Tablet*, 19 janvier 1880).

LA

THÉORIE MODERNE DE LA CHALEUR

———

DEUX CONFÉRENCES

1° LA CHALEUR LATENTE DE FUSION

2° LA CHALEUR LATENTE DE VAPORISATION

PREMIÈRE CONFÉRENCE

LA CHALEUR LATENTE DE FUSION

La théorie moderne de la chaleur me parait être le pas
le plus important que notre époque ait fait faire à la
science physique dans la voie du progrès. Il serait facile
de citer d'autres découvertes plus frappantes par leur
nouveauté, ou plus attrayantes, en raison de leur utilité
évidente et immédiate. Mais il n'en est aucune qui nous
fasse pénétrer aussi profondément dans les mystères de
la nature, et nous y conduise par un chemin aussi direct ;
aucune qui semble destinée à devenir une source aussi
féconde en découvertes nouvelles.

. Évidemment, ce n'est pas en une ou deux conférences
populaires que je puis me flatter d'exposer cette théorie
d'une façon tant soit peu complète. Mais j'ai pensé qu'il
ne serait pas sans intérêt de vous donner sur ce point
quelques idées générales, et de chercher ensuite, dans
quelque classe particulière de phénomènes, un éclaircissement à la théorie. A cet effet, je me suis arrêté aux
phénomènes de chaleur latente ; et mon choix aura du
moins cet avantage, que si je ne réussis pas à vous intéresser dans l'exposé de la théorie, je vous mettrai sous
les yeux toute une série de faits très intéressants par eux-

mêmes, et qui, s'ils ne vous sont déjà familiers, accroîtront notablement la somme de vos connaissances.

La chaleur est une forme de l'énergie. — On peut donner en quelques mots une idée générale de la théorie moderne de la chaleur. La chaleur est une espèce d'énergie ; elle peut se transformer en d'autres espèces d'énergie, et d'autres espèces d'énergie peuvent se transformer en chaleur. De plus, dès que la chaleur commence d'exister là où elle n'existait pas encore, il faut, pour la produire, une dépense d'énergie de quelque autre espèce ; et dès qu'il se produit une dépense et une disparition de chaleur, quelque autre espèce d'énergie, en quantité exactement équivalente, doit immédiatement commencer d'exister.

Nous comprendrons un peu mieux cet énoncé sec et sommaire, en considérant quelques-unes des méthodes par lesquelles on obtient la production de la chaleur. Chacun sait qu'un forgeron prenant une barre de fer froide, et la mettant sur une enclume froide, peut la chauffer au rouge par les coups répétés d'un marteau froid. D'où vient la chaleur développée par ce procédé ? La théorie moderne répond que l'énergie du marteau en mouvement s'est convertie en énergie de chaleur. Chaque fois que le marteau s'abaisse, il possède une certaine énergie de mouvement, capable de donner un coup ; mais aussitôt que le coup est donné, le marteau est arrêté dans sa course, et a perdu l'énergie qu'il possédait auparavant. Pourtant cette énergie n'a pas été complètement détruite ; elle a seulement revêtu une nouvelle forme, et elle existe maintenant sous forme de chaleur. Le mouvement du marteau a passé dans les molécules de la barre de fer, — c'est-à-dire dans les particules d'une petitesse infinie qui constituent la barre de fer, — et ces molécules vibrent maintenant, avec un certain degré d'activité, dans des espaces infiniment petits. Le mouvement vibratoire des molécules est le fait physique objectif qui constitue ce que nous appelons la chaleur. Si les coups de marteau se répètent, le mouvement vibratoire devient de plus en plus énergique, et la barre de fer s'échauffe toujours davantage. Par contre, si la barre de fer est abandonnée à elle-même, le mouvement s'affaiblit graduellement et la barre se refroidit.

Ainsi, d'après la théorie moderne, la chaleur est une espèce d'énergie, et cette énergie consiste dans des mouvements vibratoires des molécules du corps chaud ; tandis que, d'après l'ancienne théorie, qui a généralement prévalu jusqu'à la fin du siècle dernier, la chaleur était regardée comme une sorte de matière. On la concevait comme un fluide subtil et élastique, non pesant, qu'on pouvait, par divers moyens, communiquer ou enlever aux corps. L'exemple que j'ai pris tout à l'heure ne laissait pas de causer quelque embarras aux partisans de cette théorie ; il n'était pas facile en effet de voir d'où vient ce fluide subtil chaque fois que le marteau du forgeron frappe sur la barre de fer. Ils proposaient néanmoins l'explication suivante : la chaleur, développée de la sorte, existait déjà dans la barre de fer, mais à l'état insensible, parce qu'elle était en quelque sorte cachée entre les particules de la masse, et les coups de marteau avaient simplement pour effet de la faire sortir de sa cachette et de la rendre sensible.

Expérience du comte de Rumford. — Nous trouvons, dans l'expérience classique du comte de Rumford, réalisée tout à fait à la fin du siècle dernier, un autre exemple de production de chaleur qui nous présente avec clarté les deux théories dans un frappant contraste. Rumford surveillait alors le forage des canons à l'arsenal de Munich. Il fut vivement frappé de l'immense quantité de chaleur produite dans les petites rognures de métal découpées par l'instrument perforant. Il remarqua particulièrement ce fait, que la quantité de chaleur pouvant être engendrée par ce procédé dans une même masse de métal semblait pratiquement inépuisable. Il est facile, maintenant, d'observer que si la chaleur est une substance matérielle, la quantité de cette substance contenue dans une masse déterminée de métal, et susceptible d'en être exprimée par un procédé quelconque, est nécessairement limitée ; tandis que si elle n'est autre chose qu'un mouvement vibratoire des molécules, produit par la pression du métal en rotation contre la pointe de l'instrument perforant, la quantité de ce mouvement vibratoire dépend uniquement de la quantité d'énergie dépensée à produire la pression. D'où le comte Rumford concluait que ce développement de chaleur dans le forage des canons constituait un argument très fort contre l'hypothèse d'après laquelle la chaleur serait une substance matérielle, et une présomption non moins forte en faveur de la théorie qui la concevait comme une espèce de mouvement.

Afin de mettre ce phénomène en pleine évidence, il imagina l'expérience à laquelle j'ai fait allusion. Un cylindre de métal, en partie évidé, était monté de telle sorte qu'on pouvait le faire tourner autour de son axe, et lui faire exercer, dans ce mouvement, une pression contre la pointe de l'instrument perforant, maintenu solidement dans une position déterminée. Le cylindre était alors renfermé dans une boîte en bois blanc, et la boîte remplie d'eau froide. Le poids du cylindre de métal était d'environ 50 kilog. et la quantité d'eau environnante de 11 à 12 litres. On mettait l'appareil en mouvement ; le cylindre de métal commençait à tourner, exerçant toujours une pression contre la pointe de l'instrument d'acier, et, dans l'espace de deux heures et demie, cette énorme quantité d'eau entrait en ébullition sous l'action de la chaleur produite. « Le résultat de cette belle expérience, dit le comte Rumford, fut extrêmement frappant, et le plaisir que j'en éprouvai me dédommagea amplement de la peine que j'avais prise pour imaginer et disposer l'appareil compliqué dont je me servis... Je ne sais comment décrire la surprise et l'étonnement qui se peignaient sur les visages des assistants, lorsqu'ils virent une telle quantité d'eau chauffée et entrant en ébullition, sans feu. Sans doute il n'y avait là rien de très surprenant ; néanmoins je ne fais nulle difficulté d'avouer que cette expérience me causa un plaisir d'enfant que j'aurais dû dissimuler, si j'avais tenu à passer pour un grave philosophe. »

Fig. 1.

Production de la chaleur par la consommation de l'énergie mécanique.

T Table avec roue et manivelle.   b Planchettes de chêne réunies par une
a Tube de cuivre.   charnière et enserrant le tube de
                        cuivre.

Voici, sur cette table, un appareil qui nous servira à réaliser la même expérience, sur une échelle beaucoup plus petite, il est vrai, mais aussi en beaucoup moins de temps. Vous voyez ce tube de cuivre, d'environ un décimètre de long sur un centimètre de diamètre, monté sur une table avec roue et manivelle. J'y verse un peu d'eau à la température de cette chambre, et je ferme le cylindre avec un bouchon. Je prends ensuite deux planchettes de chêne reliées ensemble à une de leurs extrémités par une charnière, et les pliant autour du tube de cuivre, je saisis celui-ci entre deux rainures demi-circulaires, pratiquées à l'intérieur des planchettes. Mon aide va maintenant faire mouvoir la roue de la table ; le tube est forcé de tourner entre les planchettes de chêne, qui exercent une pression contre lui ; vous voyez quelle énergie il faut dépenser pour surmonter la résistance qu'elles offrent. Mais en même temps que cette énergie se dépense, il se développe de la chaleur dans le tube, et cette chaleur passe peu à peu dans l'eau environnante. Il est évident que mon aide se fatigue ; la résistance prolongée l'épuise ; il n'a plus la même force qu'au commencement ; il faut qu'un autre prenne sa place.

Au bout d'environ deux minutes, l'eau commence à bouillir ; il se forme de la vapeur dans le tube ; le bouchon est projeté au dehors avec une sorte de petite explosion, et un nuage de vapeur s'élève.

D'où vient la chaleur qui a fait bouillir l'eau dans cette expérience ? Ceux qui regardaient la chaleur comme une espèce de matière pourraient seulement dire que cette matière a dû se trouver là dès le principe ; qu'elle était d'abord cachée dans les petits interstices des molécules, et que la pression des planchettes l'a dégagée. Mais la théorie moderne nous enseigne que l'énergie musculaire, employée à faire tourner la roue, s'est transformée en énergie de chaleur dans le tube de cuivre. Le mouvement rotatoire du tube, contrarié par la résistance de frottement, s'est changé en mouvement vibratoire des molécules ; et ce mouvement vibratoire des molécules n'était autre que la chaleur du tube, qui s'est transmise régulièrement du tube à l'eau qu'il contenait.

Il me semble toujours, en faisant cette expérience, que l'on va m'objecter que tout cela, après tout, est bien du bruit pour peu de chose ; que j'ai seulement fatigué deux hommes et fait bouillir de l'eau plein un dé. Mais cela même est précisément l'une des faces les plus instructives de l'expérience ; car nous apprenons par là que la petite quantité de chaleur requise pour amener à l'ébullition une quantité minuscule d'eau est équivalente à une somme considérable d'énergie musculaire ; et vous voyez cette vérité mise en lumière chaque jour d'une autre façon, lorsque la chaleur est employée elle-même comme source d'énergie mécanique. La chaleur engendrée par la combustion de quelques livres de charbon, dans une locomotive, possède une énergie suffisante pour transporter un long convoi de wagons, de voyageurs et de marchandises, à de grandes distances.

Arrêtons-nous encore, si vous le voulez bien, à un autre exemple qui nous fera envisager la production de la chaleur d'un point de vue un peu différent. Voici une spirale de fil de platine, montée entre les deux vis d'attache d'un petit appareil appelé *commutateur* et au moyen duquel je puis, à mon gré, envoyer un courant électrique, d'une batterie voisine, dans le fil de platine. Je le fais tout de suite. Il y a production de chaleur dans le fil, qui resplendit aussitôt d'une lumière intense. Une fois de plus la question se pose à nous : D'où est venue cette chaleur ? Et cette question présente, dans la circonstance, une difficulté toute spéciale, parce que la nature du courant électrique nous est totalement inconnue. S'il fallait regarder la chaleur comme une sorte de matière, je crois que nous ne pourrions fournir aucune explication satisfaisante du phénomène ; nous en serions réduits à nous retrancher derrière la nature mystérieuse de l'électricité, qui peut faire tant de choses dont nous ne pouvons rendre compte. Mais si nous considérons la chaleur comme une espèce d'énergie, nous pouvons sans peine expliquer sa production dans l'expérience que je viens de faire. Il est vrai que nous ne savons pas ce qu'est le courant électrique, dans sa nature intime ; mais nous sommes certainement autorisés à croire qu'il possède quelque espèce d'énergie, puisqu'il peut accomplir différentes sortes de travail. Maintenant nous savons que le courant est transmis à travers la spirale de platine, qu'il y rencontre de la résistance, qu'il surmonte cette résistance, et qu'ainsi il dépense une partie de son énergie ; nous disons alors que l'énergie dépensée de cette manière est transformée en chaleur.

La chaleur latente. Expérience de Black. — Et maintenant que nous nous sommes fait, je l'espère, une idée claire, bien que très incomplète, de la théorie moderne de la chaleur, peut-être vous attendez-vous à ce que je vous apporte les preuves de cette théorie. Mais il me serait impossible de le faire, dans les limites où je dois renfermer ces conférences. La vraie pierre de touche d'une théorie, en physique, consiste à la mettre en face des faits de la nature, à voir si elle s'accorde avec ces faits, et si elle peut nous aider à les expliquer. Mais vous comprendrez facilement que, lorsque les faits sont aussi variés, aussi subtils, aussi complexes qu'ils le sont dans le cas de la chaleur, l'application d'un pareil critérium demande non pas des heures, mais des années. Il y a plus. Tout ce que vous désirez, sans doute, c'est de connaître les résultats obtenus par ceux-là qui, à force de soins et de labeurs, ont appliqué ce critérium à tous les phénomènes variés de la chaleur. Eh bien, cela même ne peut être que l'œuvre lente du temps et le fruit de longues études.

Vous ne pouvez donc espérer d'embrasser aujourd'hui la preuve entière de la théorie moderne de la chaleur. Et je ne me propose nullement d'en essayer devant vous l'exposition complète. J'y ai fait allusion plus d'une fois en expliquant, par des exemples, le sens, la signification de la théorie elle-même ; et j'ai l'intention, à présent, de la développer quelque peu en détail, en faisant appel à cette classe de faits que l'on comprend sous la désignation générale de *chaleur latente*.

Les phénomènes de chaleur latente furent étudiés pour la première fois par le docteur Black, d'Edimbourg, il y a cent vingt ans. Il fut frappé de ce fait que, lorsque la glace commence à fondre, il est impossible d'élever sa température, quelque chaleur qu'on lui transmette, jusqu'à ce qu'elle soit entièrement fondue. Si je prends une certaine quantité de neige ou de glace pilée, à 0° centigrade, c'est-à-dire au point de fusion (1), et que je la mette dans un vase, au-dessus d'une lampe à esprit-de-vin, la chaleur passe rapidement dans la glace et la fond ; mais un thermomètre placé dans la glace, ne manifeste aucune tendance à monter; il reste invariablement à 0° centigrade jusqu'à ce que la glace soit toute fondue. Ayant noté ce fait et y ayant réfléchi, le docteur Black se demanda : Que devient la chaleur qu'on ajoute ainsi à la glace fondante, et qui n'y détermine aucun échauffement sensible ?

Pour trouver une réponse à cette question, il commença

(1) Il est bon d'avertir que, dans le cours de ces conférences, je trouve convenable de me servir du thermomètre centigrade, généralement adopté par les hommes de science, plutôt que du thermomètre Fahrenheit, plus communément en usage dans ce pays. Dans le thermomètre centigrade, le point de congélation de l'eau est indiqué par le zéro ; son point d'ébullition par le chiffre 100 ; et l'espace entre ces deux points est divisé en cent parties égales, appelées degrés centigrades.

par mesurer la quantité de chaleur qui disparaît de la sorte, quand une certaine quantité de glace, un kilogramme par exemple, se fond. L'expérience qu'il fit vaut la peine d'être rappelée. Il prit un kilog. d'eau à 0° centigrade, et un kilog. de glace également à 0°, et les ayant mis séparément dans des vases de verre semblables, il suspendit les deux vases dans une chambre où il eut soin de maintenir une température constante de 18° C. environ. L'eau, recevant de la chaleur de l'air environnant, commença à s'échauffer : la glace se mit à fondre. Au bout d'une demi-heure, l'eau était à 4° cent. ; mais ce ne fut qu'au bout de dix heures et demie que la glace parvint à cette température de 4°, après s'être entièrement fondue.

Essayons de comprendre le sens et la portée de ces faits. Pour mesurer une quantité quelconque, il faut avant tout convenir d'une unité de mesure. Ainsi, c'est au moyen du mètre que nous mesurons le drap ; au moyen du kilomètre, la distance sur un chemin de fer ; au moyen du litre, les liquides. De même, si nous avons à mesurer des quantités de chaleur, nous devons tout d'abord convenir d'une unité qui nous permettra d'exprimer de telles quantités. Diverses unités de cette sorte sont en usage parmi les savants ; tout comme on se sert de diverses unités de longueur et de diverses unités de poids. Mais l'unité la plus convenable pour le but que nous nous proposons, est ce que j'appellerai la *calorie*, c'est-à-dire la quantité de chaleur nécessaire pour élever la température d'un kilog. d'eau d'un degré centigrade.

Dans l'expérience du docteur Black, que je viens de décrire, il est évident que le kilog. d'eau a reçu quatre unités de cette nature dans l'espace d'une demi-heure ; puisque sa température a monté de 0° à 4° c., c'est-à-dire s'est élevée de 4 degrés centigrades. Le docteur Black supposait avec raison que la glace avait reçu la même quantité de chaleur, en une demi-heure, que l'eau, puisqu'elle se trouvait exactement dans les mêmes conditions, par rapport à l'air ambiant ; c'est-à-dire qu'elle avait dû recevoir quatre unités par demi-heure, ou huit en une heure, quatre-vingts en dix heures, et quatre-vingt-quatre en dix heures et demie. Il reconnut ainsi qu'il fallait quatre-vingt-quatre unités de chaleur pour changer un kilog. de glace à 0° c. en eau à 4° c. De toute cette immense quantité de chaleur, le thermomètre n'accuse que quatre unités. Quatre-vingts unités ont disparu et sont représentées uniquement par ce fait que la glace a fondu.

Ce résultat reçut une confirmation subséquente d'une autre méthode due également au docteur Black, et tout aussi ingénieuse que la première : la méthode des mélanges. Si je prends un kilog. d'eau à 100° C., c'est-à-dire au point d'ébullition, et que je le mélange avec un kilog. d'eau à 0°, j'obtiens deux kilog. d'eau à environ 50° C. Il fallait s'y attendre. Le kilog. d'eau bouillante, en descendant de 100° C. à 50°, abandonne 50 unités de chaleur ; et le kilog. d'eau, à la température de la glace fondante, en recevant ces 50 unités de chaleur, monte de 0° C. à 50°. Mais si je verse un kilog. d'eau à 100° sur un kilog. de glace pilée à 0° et que je les mêle ensemble jusqu'à ce que la glace soit entièrement fondue, le thermomètre accusera, pour la température du mélange, environ 10°. Essayons d'interpréter ce fait. Le kilog. d'eau bouillante, en descendant de 100° C. à 10°, abandonne quatre-vingt-dix unités de chaleur ; et le kilog. de glace, en recevant ces quatre-vingt-dix unités, se fond, et passe de 0° C. à 10°. De ces quatre-vingt-dix unités abandonnées par l'eau bouillante, le thermomètre n'accuse que dix unités, et quatre-vingts unités nous manquent.

La chaleur qui disparaît ainsi, lorsque la glace fond, fut appelée par le docteur Black *chaleur latente*, et ce nom lui est resté. Mais les recherches de l'habile expérimentateur n'en demeurèrent pas là. Certain que quatre-vingts unités de chaleur disparaissent lorsqu'un kilog. de glace se change en eau, il se demanda ce qu'il arriverait si l'eau se transformait de nouveau en glace. La chaleur disparue reparaîtrait-elle ? Il tenta l'expérience, et reconnut que la chaleur disparue reparaissait. Dès qu'un kilog. d'eau à 0° C. se change en glace, quatre-vingts unités de chaleur se développent et passent généralement dans les corps environnants.

Voilà donc deux faits fondamentaux qui demandent une explication. Quand un kilog. de glace à 0° se transforme en eau à la même température, quatre-vingts unités de chaleur sont absorbées ; et quand un kilog. d'eau à 0° se transforme en glace à la même température, quatre-vingts unités de chaleur sont produites. Impossible de ne pas se demander : Où passe la chaleur qui disparaît pendant la fusion de la glace, et d'où vient la chaleur qui se développe pendant la congélation de l'eau ? Reprenons les deux théories déjà exposées, et voyons ce qu'elles peuvent répondre à ces questions.

Comparaison des deux théories. — D'après l'ancienne théorie, la chaleur répandue dans la glace fondante est une espèce de matière, un fluide subtil et élastique ; et les partisans de cette théorie supposaient d'ordinaire que l'eau possède une grande aptitude à contenir ce fluide. Entre les molécules de l'eau, disaient-ils, il y a de tout petits espaces dans lesquels la chaleur se loge et reste cachée tant que l'eau demeure à l'état liquide. Alors la chaleur ne produit aucun effet sensible sur le thermomètre. Mais dès que l'eau commence à revêtir la forme solide de la glace, la chaleur qu'elle renferme est contrainte de quitter sa demeure, et de redevenir sensible. Cette théorie de la chaleur latente fut celle qui prévalut depuis le temps du docteur Black presque vers le milieu de ce siècle.

Mais, d'après la théorie moderne, lorsque nous communiquons de la chaleur à une masse de glace fondante, nous n'y versons pas une certaine quantité de matière, mais nous lui donnons une certaine somme d'énergie. Cette énergie a pour effet de séparer les molécules de la glace ; elle lutte contre l'action des forces moléculaires qui tendent à les maintenir unies sous la forme solide. L'énergie triomphe de la résistance de ces forces ; mais en même temps elle se consomme et cesse d'exister comme chaleur.

Je veux essayer de vous présenter clairement cette idée. Voici deux morceaux de plomb suspendus par deux cordes différentes, au même point de l'anneau de fer d'un support de cornue. Sous l'influence de la gravité, chacun tend à se placer verticalement au-dessous du point de suspension, et ils s'entre-choquent ainsi avec une certaine force. Si je veux les écarter, il faut que je surmonte la force qui les pousse l'un contre l'autre, et, en le faisant, je dépense une certaine quantité d'énergie musculaire. Il se passe quelque chose d'analogue lorsque la glace fond. Il y a des forces moléculaires dont nous ne comprenons pas bien la nature, mais qui existent sans aucun doute, et qui tendent à maintenir les molécules de glace dans ces rapports mutuels où elles se trouvent quand elles constituent un corps solide. Il faut, pour fondre la glace, surmonter ces forces moléculaires ; la chaleur est l'agent qui les surmonte, et elle dépense, de ce fait, une partie de son énergie, tout comme je dépense de l'énergie musculaire pour écarter ces deux morceaux de plomb. Dans un cas, des millions et des millions de molécules sont séparées les unes des autres dans des espaces infiniment petits ; dans l'autre cas, deux corps massifs sont écartés l'un de l'autre à une distance sensible ; mais dans les deux cas, il y a une force de résistance qui est surmontée, et de l'énergie qui se dépense pour obtenir ce résultat.

Donc, d'après l'ancienne théorie, la chaleur transmise à la glace fondante ne fait que se cacher dans les interstices de la masse ; tandis que d'après la théorie moderne, elle s'épuise tout entière à fondre la glace, et cesse d'exister en tant que chaleur.

Mais vous allez me dire : Si la chaleur cesse ainsi d'exister, comment se fait-il que l'eau, quand elle se change en glace, restitue cette chaleur? Pour vous répondre, il faut que je vous ramène à une explication précédente. Vous vous souvenez comment le coup de marteau du forgeron engendre de la chaleur dans une barre de fer. Le mouvement du marteau se transforme en mouvement vibratoire des molécules de la barre de fer, et ce mouvement vibratoire des molécules est le fait physique objectif qui constitue ce que nous appelons la chaleur de la barre. Transportez maintenant cette conception aux deux blocs de plomb suspendus à l'anneau de fer. Quand je les éloigne l'un de l'autre, surmontant ainsi la force de gravité, je dépense une certaine somme d'énergie. Si je les laisse aller, ils se rapprochent, et, en se rapprochant, ils acquièrent une énergie de mouvement exactement égale à la somme d'énergie que j'avais dépensée pour les écarter. Mais, au moment du choc, cette énergie de mouvement cesse d'exister, et, comme dans le cas du coup de marteau, elle se change en énergie de chaleur. Eh bien, ce qui a lieu entre ces deux masses, lorsqu'elles retombent l'une contre l'autre, nous pouvons supposer que cela a lieu également entre les molécules de l'eau, quand elles passent à l'état solide. Dans chaque petite goutte d'eau, il y a des millions de molécules retenues à une certaine distance les unes des autres, malgré certaines forces qui tendent à les rassembler sous la forme de cristaux solides. Quand l'eau commence à passer à l'état solide, les molécules s'entre-choquent sous l'action de ces forces secrètes ; et, dans la collision, il se produit de la chaleur, tout comme il s'en produit lorsque le marteau du forgeron frappe la barre de fer. Il y a donc un développement de chaleur, par suite de cette collision de molécules, tout le temps que dure la cristallisation, jusqu'à ce que, toute la masse d'eau s'étant transformée en glace, les quatre-vingts unités de chaleur dépensées précédemment à fondre la glace se soient développées de nouveau dans la congélation de l'eau.

Le phénomène de la chaleur latente ne concerne pas seulement l'eau : les autres liquides le présentent également, dans des conditions analogues. Chaque fois qu'un solide passe à l'état liquide, il disparaît de la chaleur ; et chaque fois qu'un liquide passe à l'état solide, il s'en produit. La quantité particulière exigée pour fondre un kilogramme d'un corps solide, rendu à sa température de fusion, s'appelle *chaleur latente de fusion*, parce que l'ancienne théorie supposait, comme je vous l'ai dit, que la chaleur se cachait entre les molécules du liquide. Il est à remarquer qu'il y a une très grande différence entre les solides, sous le rapport de la chaleur latente. Nous avons vu qu'il faut environ quatre-vingts unités de chaleur pour fondre un kilogramme de glace, sans élévation de température ; on peut donc représenter approximativement la chaleur latente de l'eau par le nombre 80. Les recherches les plus exactes faites récemment la fixent à 79 1/5. Aucune substance n'exige autant de chaleur pour fondre que la glace. Ainsi, par exemple, si l'on a préalablement amené le nitrate de soude à sa température de fusion, il ne faut que 63 unités de chaleur pour fondre un kilogramme de cette substance ; pour le nitrate de potasse, seulement 47 unités ; pour l'argent, 21 ; pour le plomb, 5 1/2 ; pour le mercure, moins de 3.

Les mélanges réfrigérants. — On peut changer un solide en liquide non seulement par la fusion, mais encore par la dissolution; c'est ainsi, par exemple, que le sel se dissout dans l'eau, et le sucre dans le thé; Puisque les particules du corps solide doivent être écartées les unes des autres, malgré l'action de forces résistantes, dans un cas comme dans l'autre, nous devons naturellement nous attendre à ce qu'il y ait une dépense de chaleur dans la dissolution d'un solide aussi bien que dans sa fusion. C'est précisément ce qui arrive, et il est facile de le prouver par une expérience. Voici un grand gobelet, à demi rempli d'eau, à la température de cette salle; le thermomètre nous dit que cette température est de 12° C. Puis, dans ce papier, il y a environ 1/4 de kilogramme de sel ammoniac, à la même température. Je plonge maintenant le réservoir d'un grand thermomètre à air dans l'eau du gobelet, et je le maintiens dans sa position normale au moyen de ce support de cornue. Derrière la longue tige du thermomètre à air, il y a une bande de papier blanc, de sorte qu'il est facile à tout le monde de voir le liquide coloré et transparent dans le tube. Ce liquide coloré nous révélera promptement tous les changements de température qui peuvent survenir dans le contenu du gobelet. Une élévation de température fait monter le liquide coloré dans le tube; un abaissement de température le fait descendre. Observez bien maintenant ce qui se passe quand je verse le sel ammoniac et que je le remue dans l'eau. Le sel ammoniac commence à se dissoudre, et le liquide coloré descend rapidement dans le tube du thermomètre à air. Nous devions nous attendre à ce résultat, et nous sommes en mesure d'en rendre compte. La dissolution du corps exige une dépense de chaleur, et comme cette chaleur ne vient pas du dehors, elle est empruntée au mélange lui-même, qui, dès lors, se refroidit promptement. Je prends maintenant un thermomètre à mercure ordinaire pour savoir quelle est la température de la solution, et je trouve que cette température est descendue à 4° C., c'est-à-dire à 4 degrés centigrades au-dessous du point de congélation de l'eau.

Tel est le principe sur lequel reposent les mélanges réfrigérants. Deux ou plusieurs substances sont mélangées ensemble ; une, au moins, de ces substances, est un corps solide qui se dissout dans le mélange. La chaleur employée à la dissolution du solide est prise, en grande partie, au mélange lui-même ; et cette perte de chaleur peut amener le mélange à une température inférieure à 0°. Voici deux papiers : l'un contient 600 grammes de sulfate de soude, corps solide ; l'autre 500 grammes de nitrate d'ammoniaque, également corps solide ; et, dans ce bocal, il y a 400 grammes d'acide azotique, ou eau-forte. Toutes ces substances sont maintenant à la température de cette salle, 12° C. Je les mêle ensemble dans le bocal ; les corps solides sont dissous rapidement dans l'acide nitrique ; et, au bout de quelques instants, si je place un thermomètre dans le mélange, je trouve que la température est descendue à 15° C., c'est-à-dire à 15 degrés centigrades au-dessous de la glace fondante.

Si l'une des substances employées dans le mélange réfrigérant est déjà à 0°, on peut obtenir un froid beaucoup plus intense. Un des meilleurs mélanges réfrigérants que nous connaissions se compose de neige et de sel commun, la neige entrant pour deux parties en poids, et le sel pour une partie, dans le mélange. Dans le cas présent, les deux substances que l'on emploie sont des solides ; toutes les deux se dissolvent dans le mélange, et l'une d'elles est déjà à 0°. A défaut de neige, on peut se servir de glace pilée. Tout à l'heure, pendant que je parlais, mon aide a mélangé, en les remuant, deux kilogrammes de glace pilée et un kilogramme de sel, dans ce bocal. J'introduis le thermomètre dans le mélange ; il descend immédiatement à 20° C. ; et la couche épaisse de gelée blanche qui va se montrer dans quelques minutes à la surface extérieure du bocal prouvera suffisamment qu'un froid intense s'est développé à l'intérieur.

La chaleur de solidification. — Ces mélanges réfrigérants démontrent d'une manière frappante qu'il y a absorption de chaleur quand un solide se change en liquide. Je vais maintenant vous apporter un ou deux exemples pour vous faire constater la réciproque, savoir qu'il y a dégagement de chaleur quand un liquide se change en solide. Voici un petit appareil où le réservoir et une partie de la tige d'un thermomètre à air sont entourés d'un petit vase de verre à demi plein d'eau. On a fait le vide dans ce vase, que l'on a ensuite fermé hermétiquement. L'eau, dans ces conditions, si l'on a soin de la tenir parfaitement tranquille, peut être amenée à une température inférieure de plusieurs degrés au point de congélation, et continuer néanmoins de rester liquide. Les molécules semblent être sous l'empire d'une certaine contrainte qui les empêche d'obéir aux forces moléculaires qui agissent sur elles, et de se former en cristaux de glace solides. Mais le plus léger mouvement suffit pour les délivrer de cette contrainte ; la formation des cristaux de glace s'opère alors avec une rapidité surprenante ; et, dans un instant, la plus grande partie du liquide a passé à l'état solide. Le fait est assez frappant ; mais ce qui, probablement, va vous surprendre davantage, c'est que l'eau, au moment où elle se change en glace, devient sensiblement plus chaude qu'auparavant. L'appareil a séjourné quelque temps dans un de nos mélanges réfrigérants ; et je trouve que le thermomètre centigrade marque huit degrés au-dessous de zéro, l'eau demeurant toujours en repos. Je secoue maintenant le vase ; en un instant une partie de l'eau se change en

Fig. 2.

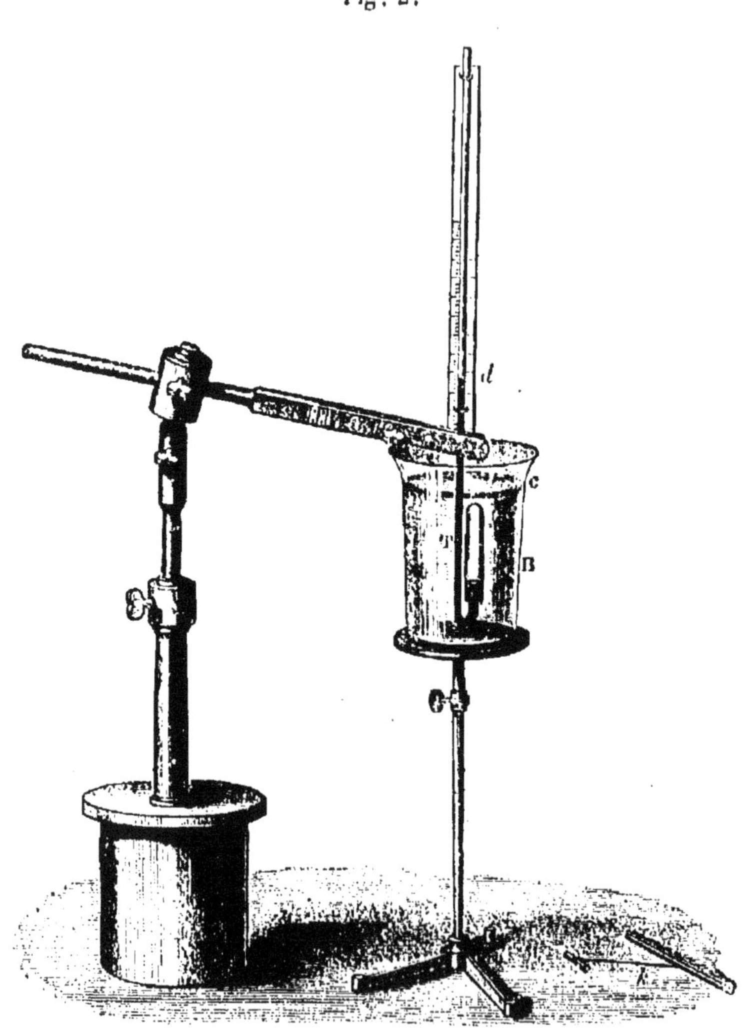

Chaleur produite par la solidification d'un liquide.

B. Bocal contenant une solution sursaturée de sulfate de soude ; aspect avant la solidification.

T Thermomètre à air.

c Couche d'huile à la surface de la solution.

d Hauteur du liquide coloré dans le tube du thermomètre, avant la solidification.

k Fil de cuivre auquel on a attaché un cristal de sulfate de soude.

glace, et le thermomètre monte rapidement de 8° centigrades à 0°.

Cette expérience, bien que très intéressante, ne peut malheureusement, à cause de sa nature même, donner satisfaction à un auditoire aussi considérable que celui-ci. Une seule personne peut voir le thermomètre monter au moment où la glace se forme ; vous êtes obligés, en conséquence, d'accepter ce fait, qui est d'une importance capitale, sur la seule autorité de mon affirmation. Mais je vais vous faire une expérience qui permettra à toutes les personnes présentes dans cette salle, de constater par elles-mêmes qu'il se développe de la chaleur quand un liquide passe à l'état solide. Le bocal que voici est rempli presque en entier d'un liquide transparent. Dans le liquide repose un thermomètre à air au tube duquel on a attaché une bande de papier blanc ; le tube dépasse d'environ 0^m40 le sommet du bocal. Sur le fond blanc du papier vous pouvez facilement voir, à l'intérieur du tube, une colonne de liquide coloré qui se tient maintenant à une hauteur de 13 ou 14 centimètres. Tout changement de température dans le contenu du bocal, détermine un mouvement dans cette colonne liquide ; si vous voyez la colonne monter, c'est une preuve que le contenu du bocal est devenu plus chaud ; si vous la voyez baisser, c'est une preuve que le contenu du bocal s'est refroidi.

Maintenant, le liquide transparent du bocal a été obtenu par la dissolution d'un corps solide, communément appelé sulfate de soude, dans de l'eau. Il se trouve que l'eau chaude peut dissoudre une quantité plus considérable de ce solide que l'eau froide. Supposons que le solide ait été dissous tout d'abord dans l'eau chaude, en aussi grande quantité que l'eau a pu en dissoudre; si on laisse ensuite la solution se refroidir *lentement*, à l'abri de la poussière, et dans un repos absolu, la solution refroidie restera liquide. La solution que vous voyez a

Fig. 3.

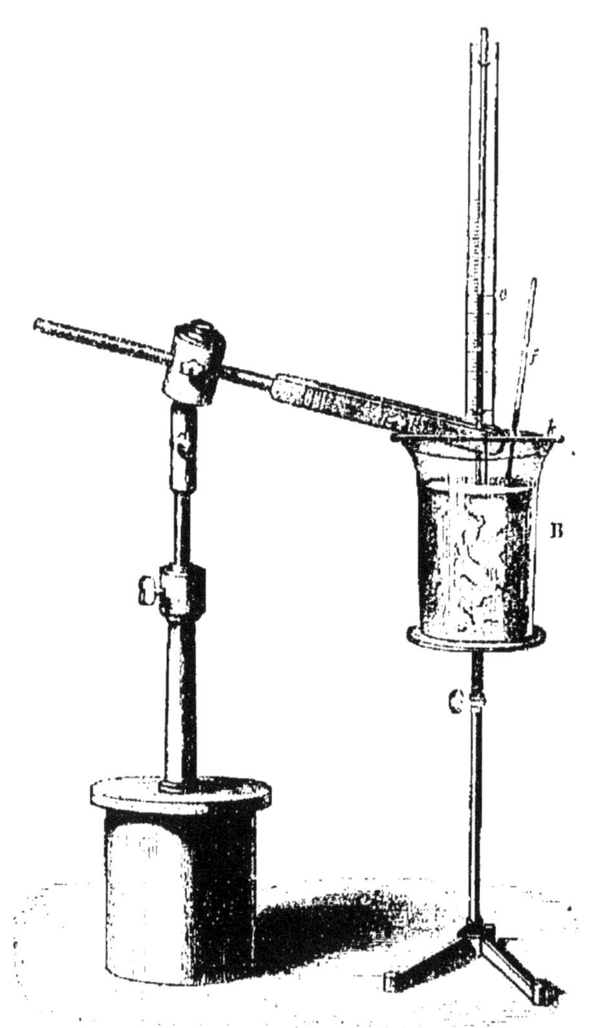

Chaleur produite par la solidification d'un liquide.

B Le même bocal que dans la figure 2 ; aspect après la solidification.
k Fil de cuivre, tenant en suspension un cristal de sulfate de soude.
e Hauteur du liquide coloré dans le tube du thermomètre, après la solidification.
f Thermomètre à mercure.

été préparée de cette façon. On l'a faite, hier soir, à la température d'environ 40° C. ; on l'a mise sur ce support ; le thermomètre a été fixé en place ; et l'on a versé une couche d'huile sur la surface de la solution, pour la préserver des impuretés de l'air.

En ce moment, la solution semblerait dans une condition analogue à celle de l'eau que nous avons vue, il y a quelques minutes, rester à l'état liquide, à une température de plusieurs degrés au-dessous du point de congélation. Les molécules de sulfate de soude sont vivement sollicitées, par certaines forces cachées, à se réunir pour prendre la forme de cristaux solides. Mais elles semblent être sous l'empire d'une contrainte qui empêche cette formation. Je puis les délivrer de cette contrainte en introduisant dans le liquide un petit cristal de la même substance (sulfate de soude) que vous voyez au bout de ce fil de cuivre. Le fil de cuivre est attaché au milieu d'une traverse, de sorte que, lorsque je plonge le cristal dans la solution, la traverse repose sur le bord supérieur du bocal, et maintient le cristal suspendu au milieu de la masse liquide. Voici que la formation des cristaux a commencé ; des myriades de molécules de sulfate de soude se précipitent les unes contre les autres ; et vous pouvez voir que la masse solide cristalline se forme, s'étend dans toutes les directions, avec une rapidité vraiment merveilleuse. En même temps, le liquide coloré monte dans le tube du thermomètre à air, et nous apprend, par son témoignage silencieux, qu'il y a production de chaleur pendant que le sulfate de soude passe de l'état liquide à l'état solide. L'expérience tout entière a duré moins d'une demi-minute. Dans ce laps de temps, notre solution transparente est devenue une masse à peu près solide ; le liquide coloré s'est élevé d'environ dix centimètres dans le tube du thermomètre à air ; et un thermomètre à mercure nous indique que le contenu du bocal a passé de 12° C. à 20°.

La chaleur latente dans l'économie de la nature. — Je ferai appel, pour ma dernière explication de la chaleur latente, à ces grands phénomènes de la nature que chacun peut observer et étudier pour lui-même. Car il me semble toujours utile et agréable, après avoir recherché, jusqu'à un certain point, les lois qui régissent le monde matériel, au moyen des appareils que le génie de l'homme a inventés, de détourner les yeux, pour un moment, de nos petites opérations de laboratoire, et de considérer la nature, où les mêmes lois se présentent à nos regards sur une échelle d'une grandeur colossale. Chacun sait combien il faut de temps, lorsqu'il gèle, pour qu'une épaisse couche de glace se forme à la surface d'un lac. Lorsque le premier cristal apparaît, la surface est déjà au point de congélation ; néanmoins il faut des jours et des jours, même par un froid prolongé et continu, pour que la glace acquière une épaisseur de deux centimètres.

Vous remarquerez tout de suite que s'il n'y avait ici qu'une question de température, le passage d'une masse d'eau arrivée au point de congélation à la glace serait presque instantané. Mais nous avons appris aujourd'hui que, pour chaque kilogramme d'eau à 0° qui se change en glace, quatre-vingts unités de chaleur se développent, et doivent être absorbées par l'atmosphère ; voilà certainement la raison pour laquelle la congélation se produit si lentement. De fait, la quantité de chaleur enlevée à l'eau à 0° pour la changer en glace suffirait, si elle était communiquée à l'eau au lieu de lui être dérobée, pour porter la masse d'eau à 80° C. Je prends un exemple. Le lac du Jardin zoologique a, je crois, une étendue de deux hectares. Acceptons cette donnée, et supposons que la surface entière, à une profondeur de deux centimètres, se trouve au point de congélation. Vous trouverez, d'après ce que je vous ai dit, qu'avant de se congeler, cette surface d'eau doit abandonner une quantité de chaleur suffisante pour amener à l'ébullition un poids de plus de 300,000 kilogr. d'eau à 0°.

De même, après un hiver rigoureux, on peut voir parfois d'énormes tas de neige, suspendus sur le flanc des montagnes, et s'y tenant avec une opiniâtreté remarquable, malgré la chaleur croissante du printemps. Plusieurs d'entre vous, sans aucun doute, ont pu constater que les neiges des Alpes peuvent résister, pendant tout l'été, à la chaleur torride d'un soleil méridional. La raison de ces faits nous est maintenant connue. Pour chaque kilogramme de neige qui fond, il faut que quatre-vingts unités de chaleur, au moins, pénètrent dans la masse. La balance penchera-t-elle, en fin de compte, du côté du soleil ou du côté des neiges? C'est une simple affaire de calcul. La quantité de neige qui tombe chaque hiver peut s'évaluer en kilogrammes. La quantité de chaleur versée par le soleil sur cette neige peut se mesurer, comme je vous l'ai dit, en calories. Et s'il n'y a pas au moins quatre-vingts unités de chaleur de cette sorte pour chaque kilogr. de neige qui est tombée, alors un reliquat de neige se transmet à l'hiver suivant.

Il résulte évidemment de ces considérations que la chaleur latente est d'une influence capitale dans l'économie de la nature. Elle empêche de brusques changements qui seraient toujours incommodes, et souvent funestes. Sans la chaleur latente de l'eau, aux premières approches de l'hiver, lorsque la température tombe au-dessous de 0°, les fleuves se transformeraient en blocs massifs de glace et ne couleraient plus dans leurs lits. Et quand, avec le cours des saisons, le printemps exhalerait de nouveau son souffle sur le flanc et sur le sommet des plus hautes montagnes, les neiges fondraient soudainement, et se précipitant dans la plaine avec une force irrésistible, elles inonderaient et ruineraient les contrées environnantes. Mais, grâce à l'influence de la chaleur latente, les rivières ne se congèlent que lentement à l'approche de l'hiver, les neiges et les glaces ne fondent que lentement au retour du printemps, nous apportant ainsi une preuve du dessein bienveillant qui embrasse l'ordre tout entier de la nature et dispose tout pour l'usage et les convenances de l'homme.

Je ne vous ai exposé, aujourd'hui, que la moitié de mon sujet. Je n'ai examiné la théorie de la chaleur latente que par rapport aux liquides. Dans ma prochaine conférence je me propose de l'envisager relativement aux vapeurs; cette partie de la question n'est pas moins intéressante que celle que nous avons traitée aujourd'hui, et elle offre peut-être un champ plus large aux expériences.

DEUXIÈME CONFÉRENCE

LA CHALEUR LATENTE DE VAPORISATION

L'opération vulgaire qui consiste à faire bouillir de l'eau vous est, sans doute, familière à tous ; mais vous ne l'avez peut-être pas observée avec toute l'attention qu'elle mérite, et peut-être aussi n'en avez-vous pas saisi la signification complète. C'est une opération intéressante et instructive à plusieurs points de vue ; toutefois, je ne l'étudierai, aujourd'hui, qu'autant qu'elle nous servira à nous faire mieux comprendre les lois de la chaleur latente.

La chaleur dépensée lorsque l'eau est amenée à l'ébullition. — Sur cette table, voici une carafe contenant environ un kilogramme d'eau que l'on a amenée au point d'ébullition au moyen du bec de gaz que vous voyez dessous. Il y a vingt minutes, l'eau était à la température de l'air de cette salle, c'est-à-dire à 12° C. ; mais à mesure qu'elle recevait de la chaleur du bec de gaz, elle s'est échauffée, le thermomètre que vous y voyez plongé s'est mis à monter, à monter toujours, jusqu'à ce que l'eau ait commencé à entrer en ébullition, et alors le thermomètre a marqué 100° C. Il en serait toujours de même si je laissais le gaz brûler sous le ballon ; l'eau continuerait à bouillir, et se dissiperait tout entière dans l'atmosphère sous forme de vapeur.

Fig. 4.

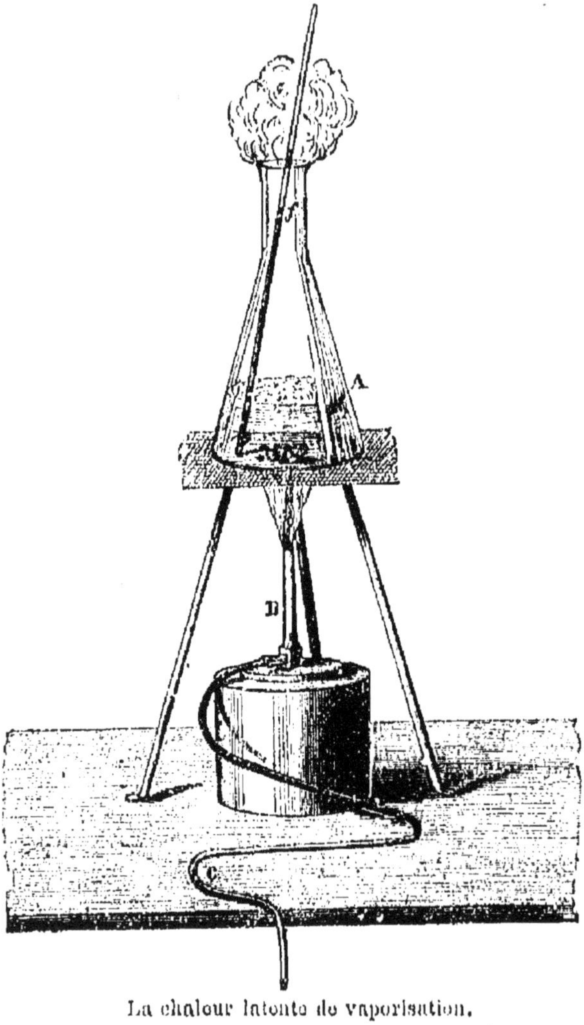

La chaleur latente de vaporisation.

A Carafe d'eau bouillante.
B Bec de Bunsen.
c Tube de caoutchouc venant de la conduite de gaz.
f Thermomètre marquant toujours 100° c.

De plus, observons que si je soulève le thermomètre, et que je tienne son réservoir au milieu de la vapeur qui s'échappe à la surface de l'eau, le mercure reste toujours à 100° C; ce qui montre que la température de la vapeur d'eau n'est pas plus élevée que celle de l'eau bouillante elle-même.

En considérant ces faits, nous sommes portés naturellement à nous demander : Que devient la chaleur qui pénètre ainsi dans l'eau bouillante, la laissant toujours à la même température. Vous voyez tout de suite que cette question est analogue à celle que j'ai discutée dans ma dernière conférence, relativement à la glace fondante ; et, pour rendre compte de la chaleur qui disparaît dans l'ébullition de l'eau, il nous semble tout naturel d'invoquer les mêmes principes qui nous ont servi à expliquer la disparition de chaleur dans la fusion de la glace. Le docteur Black, d'Édimbourg (il y a cent vingt ans), s'appuyant sur l'ancienne théorie, qui considérait la chaleur comme une sorte de matière, disait que la chaleur disparue se cachait entre les particules de la vapeur en laquelle l'eau s'est transformée, et que, lorsque la vapeur se transforme de nouveau en eau, la chaleur est chassée de son refuge et forcée de redevenir sensible. Mais, d'après la théorie moderne, qui regarde la chaleur comme une sorte d'énergie, toute la chaleur communiquée à l'eau en ébullition est simplement employée à produire un travail, et ce travail consiste à faire passer l'eau de l'état liquide à l'état de vapeur.

Essayons de nous faire une idée bien claire de ce travail. Voici un grand réservoir de verre, auquel est attaché un long tube. Le réservoir est rempli d'eau, que l'on a colorée d'une teinte rouge vif, pour la rendre bien visible. Cette eau colorée se tient, comme vous le voyez, à une hauteur de 5 à 6 centimètres dans le tube. Je plonge le réservoir ainsi préparé dans un grand bocal d'eau chaude. L'eau du réservoir est chauffée immédiatement par la masse environnante, et, en même temps, son volume augmente : vous voyez, en effet, que le liquide coloré s'élève lentement dans le tube.

Cette expérience nous apprend que, lorsque l'eau est à une température inférieure au point d'ébullition, la chaleur qu'on lui communique produit deux effets : elle élève sa température et accroît son volume. L'accroissement de température consiste, selon la théorie moderne, dans l'énergie plus grande du mouvement vibratoire des molécules à travers des espaces infiniment petits. L'accroissement de volume est une conséquence de cette augmentation d'énergie vibratoire ; car, lorsque les molécules vibrent avec une énergie plus grande, il leur faut naturellement un espace plus large ; elles s'écartent davantage les unes des autres, et en viennent ainsi à occuper, dans l'agrégat, une plus grande place. Mais ce second effet, bien qu'il dépende du premier, implique en lui-même un double travail, qui ne peut s'accomplir sans une dépense proportionnelle d'énergie. D'abord, il faut que les molécules s'écartent les unes des autres, malgré les forces moléculaires qui tendent à les maintenir rapprochées ; et, en second lieu, puisque l'eau augmente de volume, il faut nécessairement qu'elle chasse l'atmosphère devant elle, ce qui revient pratiquement à soulever un poids de cent kilogrammes par décimètre carré.

Ainsi, lorsque l'eau de ce réservoir est chauffée, une partie de la chaleur est employée à élever sa température, et une autre partie à faire le travail que je viens de dire. La partie employée à élever la température continue d'exister en tant que chaleur ; la partie dépensée pour accomplir le travail cesse d'exister sous forme de chaleur, et, en fait, elle est représentée par la quantité de travail accompli. Mais quand le point d'ébullition est atteint, l'eau, en supposant toujours qu'on l'ait mise dans un vase ouvert, ne saurait être élevée à une température plus haute. Au lieu de s'échauffer toujours davantage, elle commence à prendre rapidement la forme de vapeur; dans ce nouvel état, son volume, qui ne s'était précédemment accru qu'avec beaucoup de lenteur, devient tout à coup près de 1,700 fois plus considérable. A partir de ce moment donc, toute la chaleur introduite dans la masse est employée au double travail que j'ai décrit, c'est-à-dire, à écarter les molécules les unes des autres, en surmontant les forces qui tendent à les maintenir unies et à soulever le poids de l'atmosphère.

La chaleur ainsi dépensée pour transformer un kilogramme d'eau, rendu au point d'ébullition, en vapeur, à la même température, s'appelle la *chaleur latente de vaporisation*; et nous avons maintenant à nous demander quelle quantité de chaleur il faut pour produire ce changement. Comme précédemment, nous prendrons pour unité de mesure la quantité de chaleur nécessaire pour élever la température d'un kilogr. d'eau d'un degré centigrade, et nous appellerons cette unité de chaleur *calorie*. Le problème consiste maintenant à déterminer combien il faut ajouter d'unités de cette nature à un kilogr. d'eau bouillante, avant que toute la masse d'eau se change en vapeur.

Voici une expérience très simple, que chacun peut reproduire, sans appareils coûteux, et qui suffit amplement pour obtenir un résultat approximatif. Hier, j'ai pris un kilogramme d'eau, et je l'ai introduit dans ce ballon; la température de l'eau était de 20° C.. J'ai placé alors cette lampe à esprit-de-vin sous le ballon, et, observant le temps écoulé, j'ai vu que l'eau commençait à bouillir au bout d'une demi-heure. Cette observation m'a donné une mesure approximative de la quantité de chaleur qui a passé, en une demi-heure, de la lampe dans le ballon; car, pour élever un kilogr. d'eau de 20° C. à 100°, il faut juste 80 unités de chaleur, 80 calories. Laissant le ballon d'eau en ébullition et la lampe à esprit-de-vin dans la même position, j'ai attendu que l'eau se fût tout entière vaporisée ; il a fallu pour cela trois heures et demie environ. Puisque 80 unités de chaleur ont passé de la lampe dans le ballon pendant chaque demi-heure, il s'ensuit que 80 unités multipliées par 7, ou 560 unités, ont dû passer dans l'eau en trois heures et demie ; l'expérience nous montre donc qu'il faut, pour changer un kilogr. d'eau bouillante en vapeur d'eau à la même température, lui fournir cette énorme quantité de chaleur.

Vous comprendrez sans difficulté qu'une expérience de ce genre ne peut donner qu'un résultat grossièrement approximatif ; et j'ai à peine besoin d'ajouter que les méthodes délicates et compliquées par lesquelles on obtient une mesure exacte ne sauraient vous être exposées ici. Il est intéressant néanmoins de savoir que, d'après des recherches récentes, faites avec un soin extrême, et dans lesquelles on s'est appliqué autant que possible, à écarter toutes les causes d'erreur, ou du moins à en tenir compte dans le calcul, la chaleur latente de la vapeur d'eau, à 100° C., est de 537 unités ; c'est-à-dire qu'il faut 537 calories pour changer un kilogr. d'eau bouillante en vapeur.

Chaleur dégagée dans la condensation de la vapeur. — Nous avons vu, dans la précédente conférence, que lorsqu'un liquide se change en solide, il y a autant de chaleur dégagée et rendue sensible qu'il faudrait en dépenser pour ramener le solide à l'état liquide ; et je vous ai expliqué assez longuement comment la théorie moderne de la chaleur rend compte de ce fait. Nous rencontrons un phénomène exactement analogue lorsqu'une vapeur retourne à l'état liquide. Il faut une dépense de 537 unités de chaleur pour transformer un kilogr. d'eau bouillante en vapeur d'eau à la même température ; et quand la vapeur d'eau se change de nouveau en eau,

537 unités de chaleur redeviennent sensibles. On peut mettre ceci grossièrement en évidence par une expérience qu'il serait long et ennuyeux de vous faire, mais que je vais vous expliquer brièvement.

Supposons que je verse un kilogr. d'eau à 0° C. dans ce bocal, et qu'ensuite, ayant entouré le bocal d'un corps mauvais conducteur, je laisse la vapeur d'un vase d'eau bouillante passer dans l'eau à 0° C. à travers un tube de verre recourbé : la vapeur, en traversant le tube, se condensera et redeviendra liquide, et la chaleur qu'elle abandonne s'ajoutera à l'eau froide. Au bout de quelque temps, l'eau entrera en ébullition ; elle aura alors reçu juste 100 unités de chaleur produites par la condensation de la vapeur d'eau. Pour apprécier comme il faut cette expérience, observez que la vapeur d'eau, qui est entrée dans le vase à la température de 100°, s'y trouve maintenant sous forme d'eau à la même température ; elle n'est, par conséquent, ni plus chaude ni plus froide qu'auparavant. D'où nous sommes autorisés à conclure que les cent unités de chaleur reçues par le kilog. d'eau sont dues tout entières à la simple liquéfaction de la vapeur. Si maintenant nous pesons l'eau du bocal, nous trouverons que son poids s'est accru, pendant l'expérience, d'une quantité équivalente à 180 grammes environ. C'est-à-dire qu'une quantité de vapeur d'eau pesant 180 grammes environ a dégagé 100 unités de chaleur en passant à l'état liquide. Cette expérience nous permet donc de conclure qu'un kilogr. de vapeur d'eau engendrerait, en se liquéfiant, 500 calories. Ce résultat n'est qu'approximatif. Si l'on faisait l'expérience avec beaucoup de soin, et en éliminant toutes les causes d'erreur, le nombre exact de calories serait de 537.

Cette expérience, disons-le en passant, nous met tout de suite en état de comprendre le système de chauffage des maisons par la vapeur d'eau, que l'on a récemment introduit dans cette ville. La vapeur d'eau ne fait que transporter la chaleur qu'elle a puisée dans la chaudière et qu'elle distribue dans tout l'édifice; et vous voyez, par les considérations que je vous ai exposées, avec quelle efficacité elle s'acquitte de cet office. Supposons

Fig. 5.

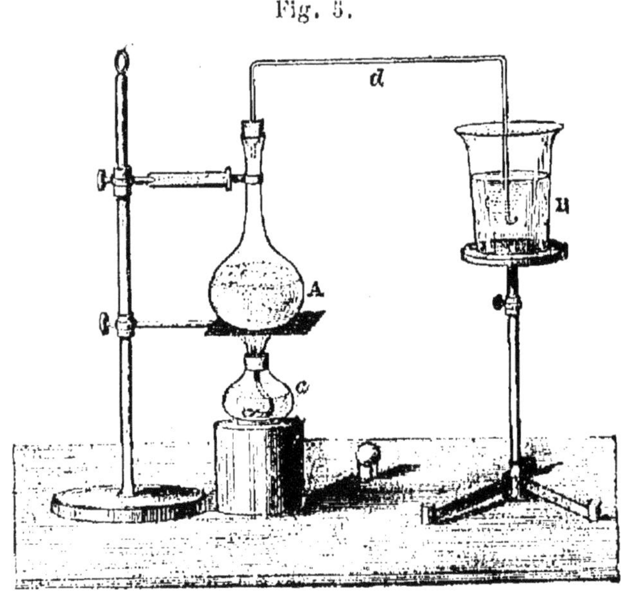

Chaleur développée par la condensation de la vapeur.

A Ballon d'eau bouillante.
B Bocal d'eau froide.
c Lampe à esprit de vin.

d Tube de verre recourbé, passant à travers le bouchon du ballon, et plongeant sous la surface de l'eau du bocal.

qu'un kilogr. de vapeur d'eau à 100° C. sorte de la chaudière, et après avoir communiqué de la chaleur à toutes les parties de la maison, retourne à la chaudière sous forme d'eau à 30° C. : ce kilogr. de vapeur a distribué, dans la maison, d'abord 537 unités de chaleur, qu'il a dégagées en retournant à l'état liquide, plus 70 unités, qu'il a perdues en tombant de 100° C. à 30°; en tout, 607 calories; tandis que, si un kilogr. d'eau chaude sort de la chaudière à la température de 100° C., et y retourne à 30°, il ne fournit, dans son passage à travers la maison, que 70 unités de chaleur.

Remarquez que je ne veux émettre aucune opinion sur les mérites respectifs des deux systèmes de chauffage. C'est là une question beaucoup plus complexe, et qui implique des considérations en dehors de notre sujet. Je veux seulement dire que, envisagée uniquement comme moyen de transport de la chaleur, la vapeur d'eau est beaucoup plus efficace que l'eau chaude, et peut, pour cette seule raison, en transporter une quantité beaucoup plus grande.

Chaleur absorbée dans l'évaporation. — Lorsque l'eau est en ébullition, elle se change rapidement en vapeur ; des bulles de vapeur se forment dans la masse du liquide, se frayent un passage à la surface, et s'échappent dans l'air avec une certaine force d'expansion. Mais l'eau peut se changer en vapeur à des températures plus basses, quoique beaucoup moins rapidement et seulement à la surface libre, là où l'eau est en contact avec l'air. C'est ce qu'on appelle ordinairement *évaporation*. Chaque fois que l'eau est exposée à l'air, l'évaporation se produit, avec plus ou moins de rapidité ; et ce que je veux vous faire remarquer à ce sujet, c'est que le changement de l'eau en vapeur, par le lent phénomène de l'évaporation, est dû à une dépense de chaleur, aussi bien que lorsqu'il s'effectue par la marche plus rapide de l'ébullition. Bien plus : la quantité de chaleur requise pour qu'un kilogr. d'eau soit converti en vapeur augmente à mesure que la température s'abaisse. Nous savons que la chaleur latente de la vapeur d'eau, à 100° C., est de 537. A 12° C., ce qui est à peu près la température de cette salle, elle est de 600 ; en d'autres termes, il faut 600 calories pour transformer un kilogr. d'eau à 12° C. en vapeur à la même température.

Tous les autres liquides, l'alcool, par exemple, le sulfure de carbone, peuvent, comme l'eau, se changer en vapeur; et la quantité de chaleur nécessaire pour changer un poids déterminé de liquide au point d'ébullition en vapeur à la même température s'appelle, dans tous les cas, chaleur latente de vaporisation de ce liquide.

Ainsi, la chaleur de vaporisation de l'alcool est de 208; celle de l'éther est de 90. Il est bon de se rappeler que l'eau occupe une situation très remarquable relativement à la chaleur latente. La chaleur de fusion de la glace est plus grande que celle de tout autre solide; et la chaleur de vaporisation de l'eau est plus grande que celle de tout autre liquide. En d'autres termes, il faut plus de chaleur pour changer en eau un kilogramme de glace fondante que pour liquéfier un kilogramme de tout autre solide rendu déjà à sa température de fusion; et il faut plus de chaleur pour vaporiser un kilogramme d'eau que pour vaporiser un kilogramme de tout autre liquide, déjà en ébullition.

Éclaircissements pratiques. — Je vais maintenant vous donner quelques éclaircissements pratiques au sujet de la chaleur latente des vapeurs. C'est un fait bien connu de vous que, s'il vous arrive de vous mouiller et de garder sur vous des habits humides, vous ne tardez pas à éprouver un froid intense; mais peut-être la raison de ce fait ne vous est-elle pas aussi familière. Ce n'est pas la température de l'eau qui produit cet effet, car l'eau n'est pas plus froide que l'air environnant, c'est l'évaporation de l'eau, phénomène qui se produit d'autant plus rapidement que l'eau est répandue sur une large surface. Cette évaporation, nous l'avons vu, se produit au moyen d'une dépense de chaleur; et la plus grande partie de la chaleur requise est empruntée à votre corps, qui peut être considéré comme un magasin de chaleur, tout disposé pour cet effet. D'une manière approximative, on peut

affirmer que pour chaque goutte d'eau qui se change en
vapeur, vous dépensez de votre chaleur propre une quantité qui suffirait à élever 500 à 600 gouttes d'un degré
centigrade ; ou, si vous voulez, 5 ou 6 gouttes de 100 degrés centigrades, c'est-à-dire à les faire passer du point
de congélation au point d'ébullition. Vous ne remédierez
pas à la situation en vous mettant auprès du feu, car la
chaleur du feu ne contribue qu'à rendre l'évaporation
plus rapide ; et comme elle se dépense à ce travail, elle
ne saurait guère vous échauffer.

Je puis mettre ces considérations en évidence par une
expérience très simple. Sur cette table, voici un grand
thermomètre à air porté par un support de cornue, et
dont le réservoir est enveloppé d'un petit sac de mousseline. Dans le tube du thermomètre, vous voyez un liquide coloré, qui se détache sur le fond d'un carton blanc
qu'on a mis derrière le tube. Ce liquide coloré monte
dans le tube quand l'air du réservoir se dilate, et s'abaisse
quand l'air diminue de volume ; et puisque le volume de
l'air est augmenté par la chaleur et diminué par le froid,
le mouvement du liquide coloré nous indiquera tous les
changements de température qui surviendront à l'intérieur du réservoir.

Prenant un petit bocal d'eau à la température de l'air
ambiant, j'en verse un peu sur le sac de mousseline.
Le réservoir du thermomètre est maintenant revêtu
d'habits mouillés, et vous pouvez voir par vous-mêmes
l'effet produit. L'eau commence à s'évaporer ; le phénomène de l'évaporation implique une dépense de chaleur ;
cette chaleur est fournie en grande partie par le réservoir et l'air qu'il renferme ; l'air, en perdant sa chaleur, se condense ; et voilà que le liquide coloré, s'abais-
sant dans le tube, nous montre d'une manière sensible
le froid produit par l'évaporation. Je place un jet de gaz
enflammé à quelques centimètres du réservoir ; mais le

liquide coloré demeure stationnaire au point où il est descendu. La chaleur qui vient de la flamme active le

Fig 6.

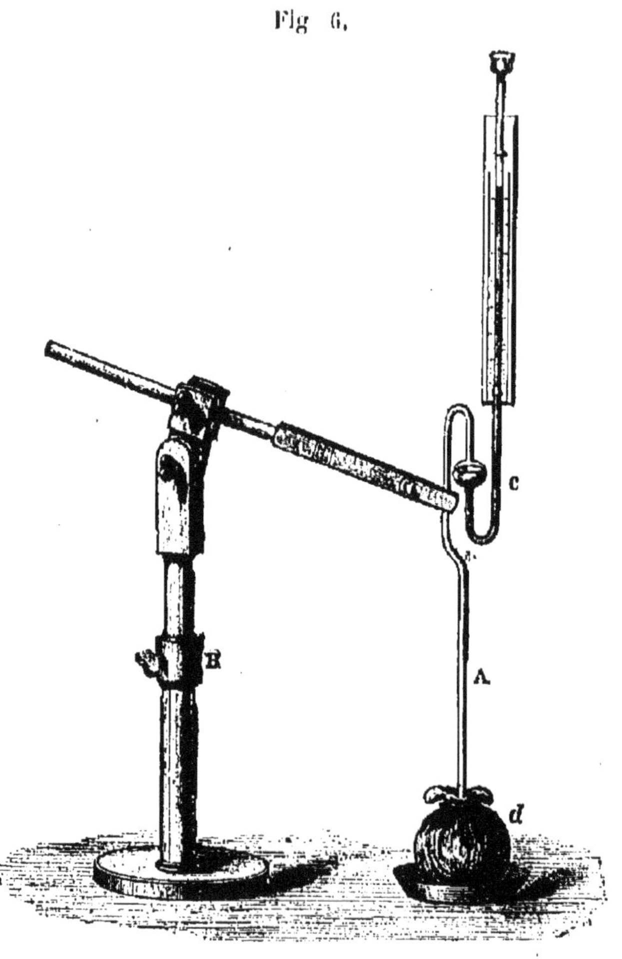

A Grand thermomètre à air,
B Support,
c Liquide coloré du tube.

d Sac de mousseline recouvrant le réservoir du thermomètre.

phénomène d'évaporation, mais elle ne détermine aucun échauffement sensible dans l'air du réservoir.

L'éther sulfurique est un liquide beaucoup plus volatil que l'eau, c'est-à-dire qu'il se transforme beaucoup plus rapidement en vapeur à la température ordinaire, et, par suite, son évaporation produit un froid beaucoup plus intense. La bouteille que je tiens en main est remplie d'éther sulfurique, et, au moyen de cet ingénieux appareil attaché à la bouteille, et qui vous est certainement très familier, j'étends une légère couche d'éther sur le réservoir du thermomètre, déjà refroidi par l'évaporation de l'eau. Vous voyez avec quelle rapidité le liquide coloré s'abaisse dans le tube, nous révélant ainsi la dépense soudaine de chaleur causée par l'évaporation de l'éther. Lorsque l'éther sulfurique est étendu, en couche très légère, sur la surface du corps humain, le froid produit est assez intense pour amener une anesthésie temporaire au point où l'éther est tombé. Aussi cette substance est-elle fréquemment employée par les chirurgiens, quand ils ont à faire des opérations douloureuses.

Congélation de l'eau par l'évaporation. — On s'est servi aussi de l'éther, avec quelque succès, pour produire artificiellement de la glace. Voici un vase de verre étroit, à l'intérieur duquel est suspendue une éprouvette. Le vase de verre est presque entièrement rempli d'éther, et l'éprouvette d'eau.

Je les place tous les deux, ainsi préparés, sur la platine d'une machine pneumatique, et je les couvre avec un récipient en verre. Mon aide va maintenant faire le vide. A mesure que la pression à la surface de l'éther décroît, le phénomène de l'évaporation s'accélère, et maintenant vous pouvez voir l'éther en pleine ébullition dans le vide partiel que l'on a créé. Cette évaporation rapide implique une dépense rapide de chaleur, et la chaleur ainsi dépensée doit être empruntée, cela va de soi, à l'éther lui-même, à l'éprouvette qui y est plongée, et à l'eau qu'elle contient. De là un rapide abaissement de la température de l'eau, qui commence maintenant à se congeler. Au bout de quatre minutes, j'enlève le récipient et l'éprouvette : vous voyez que l'eau s'est changée en une masse solide de glace.

Fig. 7.

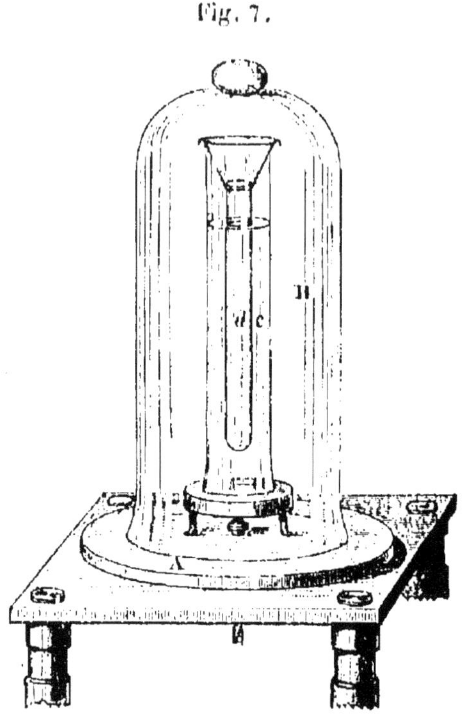

Congélation de l'eau par l'évaporation de l'éther.

A Platine d'une machine pneumatique.
B Récipient imperméable à l'air et s'adaptant sur A.

c Vase de verre très haut, presque entièrement rempli d'éther.
d Éprouvette presque entièrement remplie d'eau, et plongée dans l'éther.

Expérience de Leslie. — Dans l'expérience que je viens de vous faire, l'eau est congelée par l'évaporation de l'éther. Vers le commencement de ce siècle, Sir John Leslie, alors professeur de mathémathiques à l'université d'Edimbourg, conçut l'idée de congeler l'eau par la propre évaporation de ce liquide. Vous savez tous, sans doute, que la température à laquelle l'eau entre en ébullition dépend de la pression qui s'exerce sur elle. A la température ordinaire de l'atmosphère, l'eau bout à 100° C.; mais quand la pression est moindre, l'eau entre en ébullition à une température beaucoup plus basse. Au sommet du Mont-Blanc, par exemple, la pression est un peu moins des trois cinquièmes de ce qu'elle est au niveau de la mer, et l'eau bout à 85° C. Quito, dans l'Amérique du Sud, est à 2.850 mètres au-dessus du niveau de la mer ; la pression de l'atmosphère est un peu moins des deux tiers de ce qu'elle est ici, à Dublin, et l'eau bout, à Quito, à 90° C. environ. Une personne qui a voyagé dans ce pays m'a dit qu'il lui avait été impossible d'y faire cuire des pommes de terre dans l'eau bouillante ; et elle pensait que cela tenait aux pommes de terre elles-mêmes. Mais l'explication véritable semble fournie par le fait que nous étudions en ce moment. L'eau, mise dans un vase ouvert, c'est-à-dire dans un vase d'où la vapeur s'échappe librement, à l'altitude de Quito, commence à bouillir à 90° C.. A partir de ce point, elle ne peut plus s'échauffer davantage, car toute la chaleur qu'on lui ajoute est employée à changer l'eau en vapeur : et il paraîtrait, d'après l'expérience de mon ami, que cette température n'est pas assez élevée pour faire cuire convenablement les pommes de terre.

Sous le récipient d'une machine pneumatique, on peut réduire en très peu de temps la pression à un sixième d'atmosphère ; et, sous cette pression, l'eau bout à une température extrêmement basse. Mais, même dans ces conditions, le changement de l'eau en vapeur s'effectue toujours moyennant une dépense de chaleur ; et comme cette chaleur doit être empruntée aux corps les plus voisins, c'est à l'eau elle-même qu'elle est prise, en grande partie. Aussi, l'eau placée dans le vide de la machine pneumatique doit se refroidir rapidement, à cause de la perte de chaleur déterminée par l'évaporation rapide qui a lieu sous cette pression réduite.

Mais le phénomène de l'évaporation, dans les circonstances ordinaires, cesserait entièrement au bout de quelques minutes, parce que l'espace englobé par le récipient
serait bientôt entièrement rempli, ou, pour me servir de
l'expression usuelle, saturé de vapeur, et ne pourrait en
recevoir davantage. Pour obvier à cette difficulté, sir
John Leslie mit, sur la platine d'une machine pneumatique, un vase peu profond rempli d'acide sulfurique,
substance douée d'un pouvoir extraordinaire pour absorber la vapeur d'eau. Il réussit de la sorte à faire disparaître la vapeur aussitôt qu'elle se produisait, et en maintenant un vide considérable au moyen de la machine
pneumatique, il put prolonger l'évaporation jusqu'à ce
que l'eau tombât au-dessous du point de congélation, et
se transformât peu à peu en glace.

Appareil de Carré. — Cette expérience fut réalisée
avec succès, pour la première fois, à la Société royale,
en 1810. On peut la reproduire sur une plus large échelle,
et beaucoup plus facilement, avec l'appareil que voici
devant vous, et qui a été imaginé et construit par
M. Carré, de Paris.

Cet appareil consiste essentiellement en une machine
pneumatique, en connexion avec un cylindre de plomb
à demi rempli d'acide sulfurique. Le cylindre de plomb
communique lui-même avec un tuyau de laiton, auquel
j'attache, au moyen d'une jointure imperméable à l'air,
une carafe contenant de l'eau à la température de cette
salle, 12° C.

Quand la machine pneumatique est mise en mouvement, au moyen de ce long levier, le premier effet produit
est un vide partiel dans le flacon. L'évaporation s'effectue
beaucoup plus rapidement, sous une pression devenue
moindre, et la température de l'eau s'abaisse. Pendant
ce temps, comme l'air et la vapeur ne cessent d'être

enlevés du flacon par l'action de la machine, ils passent
à la surface de l'acide sulfurique du cylindre de plomb ;
la vapeur est promptement absorbée par l'acide sulfurique, et l'air est chassé à travers le corps de pompe.
Après quarante ou cinquante coups de piston, l'eau com-

Fig. 8.

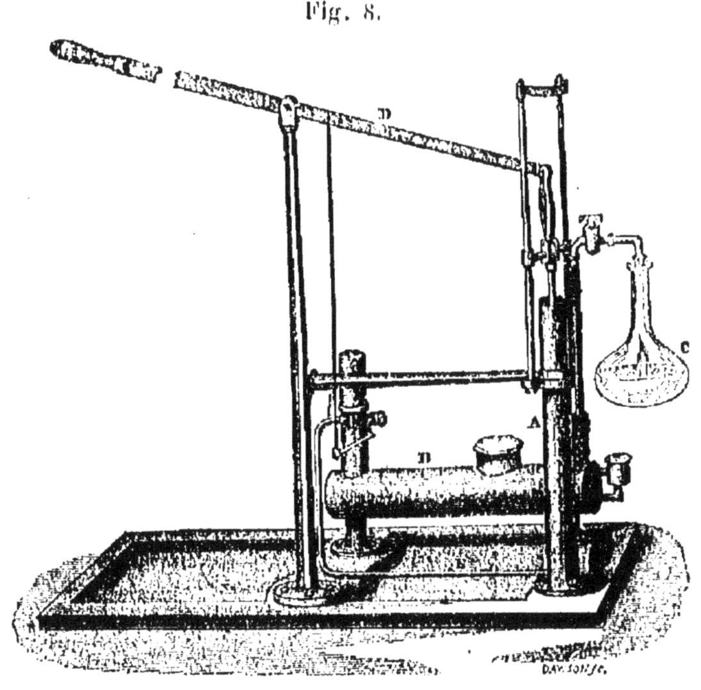

Machine de Carré, pour congeler l'eau par sa propre évaporation.

A Corps de pompe d'une machine pneumatique.
B Cylindre de plomb, contenant de
l'acide sulfurique.
C Carafe d'eau suspendue à un tuyau de
laiton, et communiquant avec le
cylindre de plomb.
D Levier, pour agir sur le piston de la
machine pneumatique.
E Tube de cuivre par lequel passe l'air
qu'on extrait de la machine.

mence à bouillir ; et nous sommes ici en présence d'un
phénomène aussi instructif que frappant. Nous avons
coutume d'associer l'idée d'eau bouillante à l'idée d'eau
chaude, parce que nous voyons d'ordinaire l'eau bouillir
sous la pression de l'atmosphère, et sous cette pression

elle ne bout que si elle est chaude. Mais dans l'expérience présente, nous avons enlevé cette pression atmosphérique, et l'eau entre en ébullition, tout en passant de 12° C. au point de congélation. Il y a plus : c'est le phénomène de l'ébullition lui-même qui refroidit l'eau. Car ici, il n'y a pas de feu pour fournir la chaleur qui doit être dépensée à faire bouillir l'eau ; cette chaleur doit être empruntée à l'eau elle-même ; et l'eau se refroidit simplement parce que la chaleur qui la chauffait auparavant est employée maintenant à la changer partiellement en vapeur.

Et maintenant nous voici enfin parvenus au point de congélation. Au moyen d'un rayon de lumière que projette mon aide, et qui vient d'une lampe à lumière oxhydrique, vous pouvez tous voir, je pense, ce petit groupe de cristaux de glace qui s'est produit soudainement à la surface de l'eau. Il se propage avec rapidité dans toutes les directions ; et pendant que je parle, il a formé déjà une légère couche de glace, qui va s'épaissir graduellement, jusqu'à devenir une masse solide. Mais qu'est devenue, pendant ce temps, la chaleur prise à l'eau du flacon ? La réponse à cette question peut se déduire sans peine des principes antérieurement établis. D'abord, elle a cessé d'exister en tant que chaleur, parce qu'elle a été dépensée à changer l'eau en vapeur. Mais alors, cette vapeur ayant été absorbée par l'acide sulfurique, et ramenée ainsi à l'état liquide, la chaleur dépensée précédemment reparaît. La preuve, c'est que si je pose la main à la surface du cylindre de plomb, je constate qu'il s'est échauffé d'une manière sensible pendant que l'eau se refroidissait. Une partie de cette chaleur est produite, sans doute, par l'action chimique de l'acide sulfurique sur l'eau, mais la plus grande partie est due simplement à la condensation de la vapeur.

Neige d'acide carbonique. — Il y a encore une expérience qui fait voir, sous un jour très intéressant, la chaleur latente des vapeurs. L'acide carbonique, comme vous le savez probablement, existe d'ordinaire à l'état gazeux. Il joue un rôle très important dans les fonctions de la vie animale et de la vie végétale ; et des phénomènes d'expérience quotidienne nous ont depuis longtemps familiarisés avec lui. Quand nous respirons, nous faisons pénétrer dans nos poumons l'oxygène de l'atmosphère, et nous exhalons de l'acide carbonique ; tandis que les parties vertes des plantes et des arbres, sous l'influence de la lumière solaire, absorbent de l'acide carbonique et dégagent de l'oxygène. La flamme d'une bougie, celle du gaz, le feu, soit de charbon, soit de tourbe, soit de bois, sont entretenus par la combustion du carbone, et l'acide carbonique est un des produits de cette combustion. C'est aussi ce même gaz qui pétille si vivement dans l'eau de seltz et dans le champagne. On peut l'amener à l'état liquide au moyen d'une grande pression, d'un grand froid, ou mieux encore des deux ensemble. Une quantité de ce gaz qui, sous la pression ordinaire, occuperait un volume d'environ mille litres, a été condensée dans cette bouteille de fer, et se trouve réduite à un demi-litre, à peu près. La pression qui s'exerce maintenant sur le gaz est de 40 à 50 kilogrammes par centimètre carré. Mais quand mon aide tourne la vis qui ferme le goulot de la bouteille, le liquide entre soudainement en communication avec l'air ; la pression de 40 à 50 kilogrammes devient une pression d'un kilogramme par centimètre carré, et le liquide s'échappe tout de suite au dehors sous forme de vapeur. Ce changement implique, comme nous l'avons vu, une absorption de chaleur, et le froid ainsi déterminé est si intense que l'acide carbonique, qui s'échappe à l'état de vapeur, est en partie immédiatement congelé et solidifié, et retombe sous forme de neige.

Mon aide va tourner la vis et laisser la vapeur s'échapper. Voyez avec quelle force elle se répand dans l'air; et observez ces particules blanches de matière solide flottant dans le courant et marquant sa direction. Ce sont de petits flocons de neige d'acide carbonique. Je puis les recueillir pendant leur formation, en attachant cette boîte de cuivre à la bouteille de fer. Le jet de vapeur se précipite contre les parois de la boîte ; les flocons se rassemblent, et, en quelques instants, en voici une grande quantité de réunie. Cette neige ressemble assez à la neige ordinaire, mais elle est beaucoup plus froide que n'importe quelle neige à cette latitude. La température n'a pas été déterminée exactement; mais on estime qu'elle est de 80 à 90 degrés centigrades au-dessous de zéro. Vous pouvez la prendre doucement dans la main sans aucun inconvénient; mais si vous la pressez entre vos doigts, elle vous amènera des ampoules, comme le ferait un fer rouge.

On peut refroidir encore davantage cette neige d'acide carbonique en versant dessus de l'éther, car l'éther dissout le solide, et il en résulte une disparition de chaleur. De fait, l'acide carbonique à l'état solide et l'éther combinés constituent un mélange réfrigérant d'une extrême puissance, d'après les principes déjà expliqués. Ce mélange peut congeler une forte quantité de mercure, bien que le point de congélation du mercure soit à 40 degrés environ au-dessous de zéro centigrade. Faisons cette expérience : Je mets ce flocon de neige d'acide carbonique dans une soucoupe de porcelaine, après avoir pris soin de garantir la soucoupe du froid intense au moyen d'une feuille de papier que j'ai interposée. Puis, j'ajoute une petite quantité d'éther à la masse solide, et j'introduis dans le mélange un kilogramme de mercure. Le mercure est immédiatement congelé; il forme maintenant un bloc solide que je puis retirer avec ce petit plateau de toile métallique, que j'avais placé préalablement sur le papier de la soucoupe, et qui était destiné à recevoir le mercure. Je transporte toute la masse dans ce grand vase plein d'eau; le mercure ne tarde pas à fondre, et, passant à travers les mailles métalliques, il tombe en jets liquides au fond de l'eau. Mais observez, je vous prie, le curieux phénomène qui s'... 're à nos yeux, et que tous, je l'espère, peuvent voi., grâce au rayon de lumière oxhydrique que mon aide dirige sur le vase d'eau. Le mercure qui tombe est encore, bien qu'à l'état liquide, à plusieurs degrés au-dessous du point de congélation de l'eau; aussi chaque jet de mercure refroidit l'eau qui l'entoure, et vous pouvez voir à la surface quantité de petits cylindres de glace, que le mercure traverse pour descendre au fond du vase.

La chaleur latente des vapeurs joue un rôle important dans les grandes opérations de la nature, et, avant de terminer, il faut que je vous fasse connaître un exemple remarquable de l'influence qu'elle exerce. Nous avons vu que la vapeur d'eau est un puissant moyen de transport de la chaleur, et qu'on s'en sert maintenant pour distribuer à nos habitations privées et à nos édifices publics la chaleur engendrée dans un foyer central. Eh bien, un procédé du même genre a été mis en œuvre depuis des siècles sans nombre pour répartir sur notre globe la chaleur transmise aux eaux de la zone torride par l'énorme foyer du soleil. Cette chaleur est dépensée, en grande partie, à changer l'eau en vapeur. La vapeur, s'élevant dans l'atmosphère, est transportée, par les vents alizés, au nord et au sud ; passant dans les régions plus froides des zones tempérées, elle se condense, retourne à l'état liquide, et se montre sous forme de gouttelettes d'eau d'une extrême petitesse. Ces gouttelettes, se réunissant en masses considérables, forment les nuages qui flottent au-dessus de nos têtes; puis, elles se fondent en gouttes d'eau et tombent en pluie sur la terre. Pour chaque kilogramme d'eau obtenue de la sorte, 600 unités de chaleur sont abandonnées à notre atmosphère. Et c'est ainsi que par l'action invisible des principes que nous avons étudiés aujourd'hui, l'eau, cet élément universel si merveilleux sous tous ses aspects variés, est mis à profit par la nature pour tempérer l'inclémence de notre climat septentrional au moyen de la chaleur apportée des régions tropicales.

Résumé. — Permettez-moi maintenant de résumer en quelques mots la doctrine de la chaleur latente, telle que j'ai essayé de vous l'exposer dans ces deux conférences. Quand la chaleur est transmise à un corps et l'échauffe, on l'appelle chaleur sensible ; quand elle est transmise à un corps et ne l'échauffe pas, on la nomme chaleur latente. Ce terme de chaleur latente est né d'une conception fausse. On regardait jadis la chaleur comme une espèce de matière, et quand cette matière était ajoutée à un corps sans l'échauffer, on supposait qu'elle se cachait, en quelque sorte, entre les molécules du corps, et on l'appelait latente. Mais nous savons maintenant que la chaleur est une espèce d'énergie, et que, comme toute autre espèce d'énergie, elle peut produire du travail. Quand on la transmet à un corps, elle peut ébranler ses molécules de manière à les faire vibrer avec une activité plus grande qu'auparavant ; dans ce cas, elle échauffe le corps. Mais elle peut accomplir d'autres sortes de travail, par exemple, écarter les molécules du corps malgré les forces qui tendent à les maintenir unies, ou encore vaincre la pression atmosphérique qui s'oppose à l'expansion du corps : alors elle n'échauffe pas le corps et cesse, en fait, d'exister comme chaleur.

Donc, d'après la théorie moderne, quand un corps reçoit de la chaleur, nous devons entendre sous le nom de chaleur sensible, cette partie qui se dépense à rendre plus rapides les vibrations moléculaires du corps, et à l'échauffer ; tandis que sous le nom de chaleur latente, il faut entendre cette partie qui est employée à produire quelque autre travail tel que je viens de le décrire, et, par suite, à déterminer un changement d'état dans la constitution du corps. La chaleur appelée sensible continue d'exister comme chaleur ; la chaleur appelée latente cesse d'exister en tant que chaleur. Quand un corps se trouvé dans certaines conditions, la chaleur qu'il reçoit est employée *tout entière* à produire un changement d'état dans sa constitution, et aucune portion de cette chaleur ne contribue à l'échauffer. Cela a lieu quand le corps passe de l'état solide à l'état liquide, ou de l'état liquide à l'état de vapeur. Dans ces circonstances, par conséquent, la chaleur latente s'offre à nous sous sa forme la plus simple et la plus frappante. Aussi a-t-on recours d'ordinaire à ces changements d'état quand on veut étudier et démontrer les lois qui régissent le phénomène.

Enfin, il faut se souvenir que, chaque fois qu'une vapeur repasse à l'état liquide, ou un liquide à l'état solide, les molécules du corps, écartées d'abord les unes des autres par suite de la dépense de chaleur, s'entrechoquent de nouveau, et engendrent, par cette collision, exactement la même somme de chaleur que celle qui avait été dépensée pour les disjoindre. Il s'ensuit que le nom de chaleur latente, fondé en premier lieu sur une erreur, n'est pas absolument impropre, et peut être maintenu, faute d'un meilleur terme. Il est vrai que la chaleur ainsi désignée a cessé, en réalité, d'exister en tant que chaleur ; mais elle a donné au corps, dans lequel on croyait autrefois qu'elle se dissimulait, un pouvoir de produire plus tard une somme égale de chaleur sensible.

L'ÉCLAIR

LE TONNERRE ET LES PARATONNERRES

DEUX CONFÉRENCES

1º L'ÉCLAIR ET LE TONNERRE

2º LES PARATONNERRES

PREMIÈRE CONFÉRENCE

L'ÉCLAIR ET LE TONNERRE

L'électricité produite par une machine électrique ordinaire donne lieu, dans certaines conditions, à des phénomènes qui présentent une ressemblance frappante avec les phénomènes de la foudre. Dans les deux cas, il y a une lueur vive et soudaine ; dans les deux cas, il y a une détonation, que nous appelons le tonnerre, quand il s'agit de la foudre ; dans les deux cas, il se développe une chaleur intense, capable d'enflammer des corps combustibles. De plus, l'étincelle de la machine électrique voyage à travers l'espace avec une rapidité extraordinaire : l'éclair fait de même ; l'étincelle marche en zigzag : l'éclair en fait autant ; l'étincelle passe silencieuse et inoffensive à travers des conducteurs de métal et des fils métalliques forts et solides, tandis qu'au contraire en se frayant un passage à travers les corps mauvais conducteurs, elle y produit des effets destructeurs : et il en est de même de l'éclair. Enfin, l'électricité d'une machine est capable de déterminer un redoutable ébranlement dans le corps humain ; et nous savons que la foudre produit un ébranlement si terrible que d'ordinaire il amène la mort immédiate. Ces raisons avaient fait supposer depuis longtemps aux hommes de

science que la foudre est d'une nature identique à celle
de l'électricité; et qu'elle ne diffère de l'électricité de nos
machines que par des effets plus puissants et plus terribles.

Identité de la foudre et de l'électricité. —
Mais il était réservé au célèbre Benjamin Franklin de
démontrer la vérité de cette conjecture par une expérience directe. Le premier il eut l'idée de tirer l'électricité d'un nuage comme on la tire du conducteur d'une
machine électrique. A cet effet, il proposa d'installer, au
sommet d'une tour élevée, une sorte de guérite, et de
fixer, sur cette guérite, un conducteur métallique, de 8 ou
9 mètres de haut, terminé en pointe, et n'ayant aucune
communication avec le sol. Il prédit que, lorsqu'un nuage
chargé d'électricité viendrait à passer sur la tour, le conducteur métallique s'électriserait de lui-même, et qu'un
observateur, placé dans la guérite, en pourrait tirer, à son
gré, une série d'étincelles électriques.

Avec un désintéressement qui est le propre des grands
esprits, Franklin publia ce projet, plus soucieux d'étendre
le domaine de la science par de nouvelles découvertes
que de se réserver la gloire de les avoir faites. Le projet
fut communiqué par lettre à M. Collinson, de Londres, à
la date du 29 juillet 1750, et cette lettre fut, dans l'espace
d'un an ou deux, traduite dans les principales langues de
l'Europe. Deux ans plus tard, l'expérience indiquée par
Franklin fut réalisée par Dalibard, riche savant, à sa campagne de Marly-la-Ville, située à une petite distance de
Paris. Au milieu d'un plateau élevé, Dalibard dressa un
conducteur métallique de 12 mètres de haut, de 2 à 3 centimètres de diamètre, et se terminant à son sommet par
une fine pointe d'acier; le conducteur métallique reposait
sur un support isolant, et des cordons de soie le mainte-
naient dans une position fixe.

En l'absence de Dalibard, que des affaires avaient appelé
à Paris, l'appareil fut confié à la surveillance d'un vieux
soldat, nommé Coifflier. Celui-ci, dans l'après-midi du
10 mai 1752, tira des étincelles de l'extrémité inférieure
du conducteur, au moment où un nuage chargé d'électricité passait dans le voisinage. Sachant de quelle importance était ce phénomène, le vieux soldat se hâta d'appeler
le prieur de Marly, pour qu'il vînt le constater et l'observer. Le prieur arriva tout de suite, suivi de quelques-uns
des notables du village. L'expérience fut répétée devant
la petite assemblée ; des étincelles électriques, se succé-
dant rapidement, furent tirées de nouveau du conducteur.
La prédiction de Franklin s'accomplissait à la lettre ; et
l'identité de la foudre et de l'électricité était, pour la première fois, démontrée au monde savant.

Expérience de Franklin. — Pendant ce temps,
Franklin attendait avec impatience l'achèvement de la
tour de Christchurch, à Philadelphie, sur laquelle il vou-
lait faire lui-même l'expérience. On dit même qu'il rassembla des fonds pour hâter les travaux. Mais, malgré
tous ses efforts, la construction de la tour n'avançait que
lentement ; son esprit actif, qui supportait mal ce retard,
le fit imaginer un autre expédient, aussi remarquable par
sa simplicité que par le plein succès qu'il obtint. Il construisit un cerf-volant, qu'il fabriqua toutefois avec un
mouchoir de poche en soie, au lieu de papier, pour éviter
que la pluie ne l'endommageât. Au sommet du cerf-volant, il attacha un fil de fer pointu, d'un pied de long, et,
pour lancer le cerf-volant, il se munit d'un rouleau de fil
de chanvre, qu'il savait être conducteur de l'électricité.
C'est avec cet instrument qu'il essaya de reconnaître la
nature d'un nuage orageux.

L'occasion favorable se présenta le soir du 4 juillet
1752, et Franklin s'élança dehors, accompagné de son fils,

avec son cerf-volant. Il avait pris aussi une clef de porte ordinaire et une bouteille de Leyde. Le cerf-volant fut bientôt en l'air, et le savant attendit le résultat de l'expérience dans une étable où il s'était réfugié avec son fils, pour se mettre à l'abri de la pluie qui commençait à tomber, et un peu, dit-on, pour échapper aux moqueries des passants, qui, n'ayant aucune sympathie pour ses spéculations scientifiques, auraient pu facilement le prendre pour un fou. Afin de ne pas s'exposer à recevoir la décharge électrique à travers le corps, il tint le cerf-volant par un ruban de soie attaché à la clef, qui elle-même était fixée à l'extrémité inférieure du rouleau de chanvre.

Un éclair partit bientôt du nuage, suivi d'un second, puis d'un troisième, mais aucun signe d'électricité ne parut ni dans le cerf-volant, ni dans la corde de chanvre, ni dans la clef. Franklin commençait presque à désespérer du succès, quand tout à coup il remarqua que les fibres de la corde se hérissaient, tout comme si la corde eût été placée près d'une machine électrique en action. Il présenta la clef à la tige d'une bouteille de Leyde : une étincelle éclata. A ce moment survint une averse ; la corde, mouillée par la pluie, devint meilleure conductrice, et des étincelles se produisirent plus fréquemment. Au moyen de ces étincelles il chargea la bouteille de Leyde, et reconnut, à sa grande joie, qu'il pouvait reproduire tous les phénomènes de l'électricité ordinaire avec celle qu'il avait amenée des nuages.

L'année suivante, une expérience analogue, suivie de résultats encore plus frappants, fut réalisée en France par de Romas. Bien qu'on prétende qu'il n'avait aucune connaissance de ce que Franklin avait fait en Amérique, il se servit aussi d'un cerf-volant ; et, afin de rendre la corde meilleure conductrice, il l'entrelaça d'un léger fil de cuivre. Il lança alors le cerf-volant comme à l'ordinaire, et quand celui-ci eut atteint une hauteur d'environ 150 mètres, il en tira des étincelles qui avaient, dit-on, plus de 2^m,50 de long, et éclataient comme des coups de pistolet.

Mort de Richmann. — Il est hors de doute que des expériences de cette nature, sur l'électricité des nuages, présentaient un très grand danger; ce qui fut bientôt démontré par un accident funeste. Le professeur Richmann, de Saint-Pétersbourg, avait installé sur le toit de sa maison un conducteur de fer, terminé en pointe, dont l'extrémité inférieure plongeait dans un vase de verre, destiné, raconte-t-on, à mesurer la force de la décharge qui devait venir des nuages. Le 6 août 1753, voyant un orage approcher, il courut à son appareil; et comme il se tenait tout auprès, la tête penchée pour observer l'effet qui devait se produire, une décharge électrique passa à travers son corps et l'étendit raide mort. Cette catastrophe attira l'attention du public sur le danger de ces expériences, et fit dire à Voltaire : « Il y a des grands seigneurs dont il ne faut approcher qu'avec d'extrêmes précautions. Le tonnerre est de ce nombre » (1). Depuis ce temps, on a renoncé d'un commun accord à faire des expériences sur l'électricité des nuages.

Cause immédiate de la foudre. — Maintenant que je vous ai cité quelques-unes des expériences les plus mémorables qui ont servi à démontrer l'identité de la foudre et de l'électricité, j'essaierai de vous donner une idée claire de la cause immédiate de la foudre, telle que la conçoivent aujourd'hui les savants. Vous savez qu'il y a deux sortes d'électricité, appelées *positive* et *négative*; et que chacune d'elles repousse l'électricité de même nom, tandis qu'elle attire l'électricité de nom contraire. Eh bien, tout nuage orageux est chargé de l'une

(1) *Dict. philos.*, art. *Foudre.*

ou l'autre de ces deux électricités ; et dans sa course au-dessus de nous, il développe, par ce qu'on appelle *induction* ou influence, une électricité de sens contraire sur cette partie de la terre qu'il a immédiatement au-dessous de lui. Nous avons ainsi deux corps, le nuage et la terre, chargés d'électricités opposées, et séparés par une couche atmosphérique. Les deux électricités opposées exercent l'une sur l'autre une attraction puissante ; elles ne peuvent tout d'abord se rejoindre, à cause de la couche d'air qui conduit mal l'électricité et établit entre elles une sorte de barrière. Cependant l'électricité continue de s'accumuler ; l'attraction devient toujours plus forte, et peut, à la fin, surmonter la résistance de l'air ; une décharge violente a lieu entre le nuage et la terre, et l'éclair est la conséquence de cette décharge.

Le phénomène tout entier peut être reproduit devant vous, sur une petite échelle, au moyen de cette machine électrique de Carré, que vous voyez ici. Quand mon aide tourne la manivelle, il se développe de l'électricité négative dans ce grand cylindre de cuivre qui figurera, dans notre expérience, le nuage orageux. A une distance d'une dizaine de centimètres du cylindre, je tiens une boule de cuivre, qui est en communication électrique avec le sol par l'intermédiaire de mon corps. Le cylindre de cuivre, électrisé, agit par induction ou influence, sur la boule, et y développe, aussi bien que dans mon corps, une charge d'électricité positive. L'électricité positive de la boule et l'électricité négative du cylindre s'attirent mutuellement, mais la couche d'air interposée présente une résistance qui ne permet pas à la décharge de se produire.

Mon aide continue néanmoins à tourner le plateau ; les deux électricités opposées s'accumulent rapidement dans le cylindre et dans la boule ; à la fin leur attraction mutuelle est assez forte pour vaincre la résistance qui s'oppose à leur réunion ; une décharge a lieu, et au même moment il se produit une étincelle accompagnée d'un petit coup sec.

Cette étincelle est un éclair en miniature, et le petit coup sec est un diminutif du coup de tonnerre. De plus, au moment où paraît l'étincelle, vous pouvez observer un léger mouvement convulsif dans ma main et dans mon poignet. Ce mouvement convulsif représente, en petit, l'ébranlement violent et généralement mortel que produit l'éclair en traversant le corps humain.

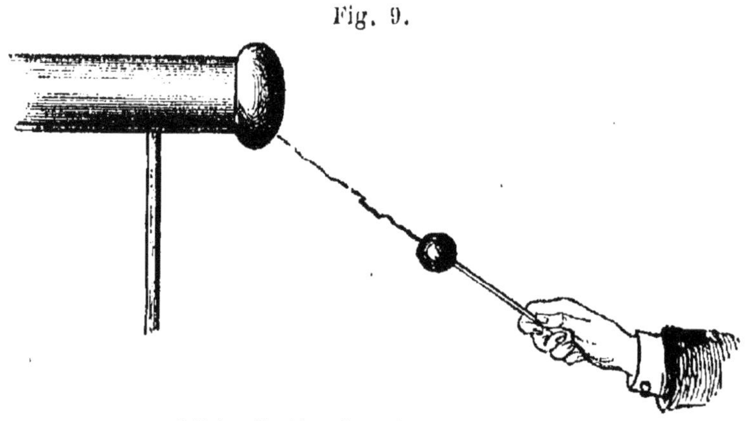

Fig. 9.

L'étincelle électrique, image de l'éclair.

Je puis continuer à tirer des étincelles du conducteur aussi longtemps que la machine est en action ; et il est intéressant de remarquer que ces étincelles marchent en zigzag tout comme l'éclair. La raison est la même dans les deux cas ; une décharge a lieu entre les deux corps électrisés suivant la ligne de moindre résistance : or, par suite des conditions variées de l'atmosphère et des particules de matière qui s'y trouvent flottantes, la ligne de moindre résistance est presque toujours en zigzag.

Ce que c'est que l'éclair. — La foudre peut donc être considérée comme une décharge électrique, soudaine et violente, qui se produit entre deux corps fortement chargés d'électricités de sens contraire. Parfois cette décharge électrique a lieu, comme je l'ai dit, entre un nuage et la terre ; d'autres fois, elle a lieu entre un nuage et un autre ; d'autres fois enfin, elle se produit, sur une échelle plus petite, entre la masse centrale d'un nuage et ses fragments isolés.

Mais si vous me demandez en quoi consiste la décharge elle-même, je suis complètement incapable de vous le dire. On a coutume de parler et d'écrire sur ce sujet comme si l'électricité était une substance matérielle, un fluide très subtil, qui passerait, comme un torrent rapide, au moment de la décharge, du corps chargé d'électricité positive au corps chargé d'électricité négative. Mais il ne faut pas oublier que ce n'est là qu'une manière conventionnelle de s'exprimer, qui n'a d'autre but que de venir en aide à nos idées et de nous permettre de parler des phénomènes, nullement de représenter la vérité objective. Tout ce que nous savons de certain est ceci : immédiatement avant la décharge, les deux corps sont fortement chargés d'électricités de noms contraires ; et immédiatement après la décharge, ils sont revenus à leur état ordinaire, ou, tout au moins, ont une charge moins forte d'électricité.

On suppose souvent que la lueur qui accompagne une décharge électrique n'est autre que l'électricité elle-même, qui passe d'un corps à un autre. Mais non ; elle n'est qu'un effet de la décharge. L'énergie électrique se dépense à surmonter la résistance de l'atmosphère et engendre ainsi de la chaleur ; et cette chaleur est si intense qu'elle produit une vive lumière sur tout le parcours de la décharge. Quand une étincelle apparaît, par exemple, entre le conducteur de la machine et cette boule de cuivre, on peut prouver d'une façon très satisfaisante que des particules extrêmement petites de ces corps solides sont d'abord transformées en vapeur et brillent ensuite avec une chaleur intense. Les gaz dont l'air est composé et les particules solides qui flottent dans l'air sont également amenés à l'incandescence. Il en est do même dans le cas de l'éclair : sa lumière résulte de la chaleur intense engendrée par la décharge électrique, et elle doit son caractère à la composition et à la densité de l'atmosphère à travers laquelle la décharge se produit.

Durée d'un éclair. — Combien de temps dure un éclair? Vous savez que, lorsque l'œil reçoit une impression lumineuse, cette impression persiste pendant un temps appréciable (au moins un dixième de seconde) après que la source de lumière s'est éteinte ou éloignée. Aussi nous continuons, en réalité, à voir la lumière pendant un dixième de seconde au moins après qu'elle a cessé d'exister. Maintenant, si vous songez à l'instant si court pendant lequel l'éclair est visible, et si vous retranchez de cet instant la dixième partie d'une seconde, vous verrez tout de suite que sa durée réelle doit être d'une extrême brièveté.

Sur cette question de la durée de l'éclair, il n'existe pas encore d'opinion sérieusement fondée et acceptée par la généralité des savants. Les données les plus divergentes ont été proposées, tout récemment, par des hommes considérables, qui tous semblent parler à ce sujet avec une assurance parfaite. Ainsi, par exemple, le professeur Mascart décrit une expérience qu'il attribue à Wheatstone et qui a prouvé qu'un éclair dure moins d'un *millième* de seconde (1); le professeur Everett décrit la même expérience, sans dire qui l'a faite, et en conclut que « la durée de la lueur produite par l'éclair est certainement moindre qu'un *dix-millième de seconde* » (2); le profes-

(1) *Electricité statique*, II, 661.
(2) Deschanel, *Physique*, 6° édition, p. 641.

seur Tyndall nous affirme, dans son langage pittoresque, qu'un éclair déchire la nue, apparaît et disparaît en moins d'un *cent millième* de seconde (1); et, s'il faut en croire le professeur Tait, d'Edimbourg, « Wheastone a montré que l'éclair dure certainement moins d'un *millionième* de seconde » (2).

Expériences du professeur Rood. — Je ne saurais dire laquelle de ces assertions s'accorde le mieux avec l'état actuel de la science ; car aucun des écrivains ci-dessus mentionnés ne renvoie au mémoire original où il a puisé ses informations. En me reportant à mes propres lectures, je crois n'avoir rencontré qu'une seule relation originale d'expériences faites directement sur l'éclair à l'effet d'en déterminer la durée. Ces expériences furent réalisées par le professeur Ogden Rood, de Columbia College, à New-York, entre les années 1870 et 1873, et se trouvent racontées, dans l'*American Journal of Sciences and Arts* (3).

Pour la description de son appareil et les détails de ses observations, je vous renverrai au mémoire lui-même; mais je puis vous dire en quelques mots que les résultats auxquels il est arrivé modifieraient considérablement, si on les acceptait, les idées reçues jusqu'à présent sur ce sujet. D'abord, il se convainquit que ce qui apparaît à l'œil comme un simple éclair est ordinairement, sinon toujours, un éclair multiple, constitué par une succession d'éclairs distincts, mais qui se suivent avec une telle rapidité qu'ils produisent une impression continue sur la rétine. Il essaya ensuite de fixer approximativement la durée de ces éclairs successifs; et il trouva qu'elle était

____

(1) *Fragments of science*, fifth edition, p. 311
(2) *Lecture on Thunderstorms, Nature*, vol. xxii, p. 341.
(3) *Third series*, vol. v, p. 161.

sujette à de très grands écarts, entre un vingtième et un seize-centième de seconde.

Expériences de Wheatstone. — Ces résultats sont extrêmement intéressants ; mais nous ne saurions les regarder comme définitivement établis tant qu'ils n'auront pas été confirmés par d'autres observateurs. Il faut remarquer cependant qu'ils s'accordent parfaitement avec les expériences faites, il y a longtemps, par le professeur Wheatstone, au sujet de la durée de l'étincelle électrique qui, comme je vous l'ai dit, est un éclair en miniature. Dans ces expériences classiques, réalisées avec un soin irréprochable, le professeur Wheatstone montra qu'une étincelle tirée directement d'une bouteille de Leyde, ou encore du conducteur d'une forte machine électrique, c'est-à-dire une étincelle comme celle que vous avez vue il y a un instant, dure moins d'un millionième de seconde.

Mais il prouva aussi que la durée de *l'étincelle* augmente notablement quand on introduit un fil métallique résistant sur le chemin de la décharge. Ainsi, par exemple, quand on faisait passer la décharge d'une bouteille de Leyde à travers un fil de cuivre long d'un demi-mille, présentant des solutions de continuité par intervalles, les étincelles qui apparaissent à ces points de rupture duraient un vingt-quatre millième de seconde (1). De là, nous devrions naturellement conclure, semble-t-il, que la durée de l'éclair est encore plus grande, puisque la résistance du milieu, dans ce cas, est infiniment plus considérable que dans les expériences de Wheatstone (2).

(1) *Phil. Trans. Royal Society*, 1831, vol. CXXV, p. 583-591.

(2) Dans les expériences faites avec une bouteille de Leyde, Feddersen a montré que la durée de la décharge s'accroît non seulement avec la distance, mais encore avec les dimensions plus grandes de la

Expérience du disque tournant. — Je ne pourrais, sans vous ennuyer, vous rendre compte de la belle et ingénieuse méthode d'investigation par laquelle Wheatstone est parvenu à établir les faits ci-dessus mentionnés.

Fig. 10

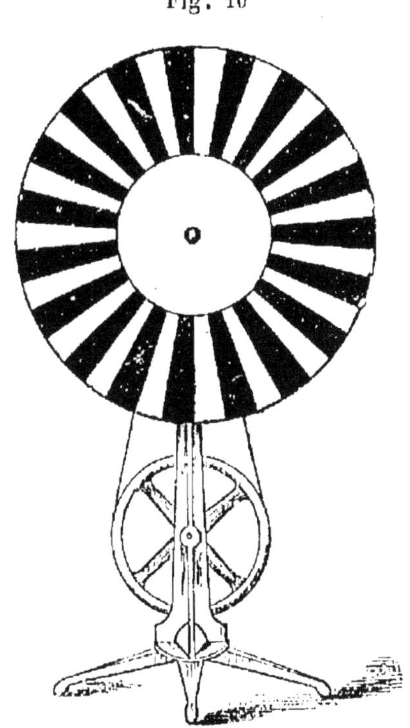

Disque de carton en repos.

Mais je vais vous faire une expérience beaucoup plus simple, et qui vous fera très bien voir combien la durée de l'étincelle électrique doit être courte.

Voici un disque circulaire de carton, dont la partie exté-

bouteille de Leyde elle-même. Or, un éclair peut être regardé comme la décharge d'une bouteille de Leyde d'une énorme dimension, décharge qui aurait lieu entre deux points extrêmement éloignés ; par suite, la durée de l'éclair doit se prolonger notablement. Cf. *American Journal of Science and Arts*, Third series, vol. I, p. 45.

rieure est divisée, comme vous le voyez, en secteurs alternatifs blancs et noirs, tandis que l'espace qui environne le centre est entièrement blanc. Le disque est monté sur un support au moyen duquel je puis lui imprimer un mouvement de rotation très rapide. Quand on le

Fig. 11.

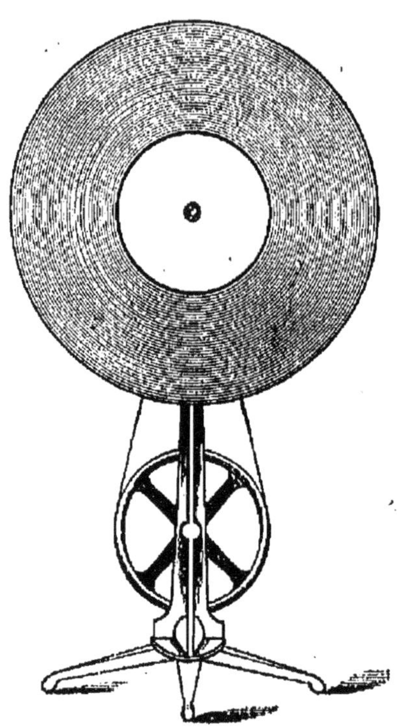

Le même disque tournant rapidement.

fait tourner, l'effet produit sur l'œil est très remarquable ; l'espace central reste toujours blanc, mais, dans la bande extérieure, la distinction du blanc et du noir disparaît totalement pour faire place à une teinte uniforme de gris. Cette couleur est due au mélange, en proportions égales, du blanc et du noir ; et ce mélange s'effectue, non pas sur le disque de carton, mais sur la rétine de l'œil.

J'ai dit, il y a un instant, qu'une impression faite sur la rétine dure encore un dixième de seconde après la disparition de la cause qui l'a produite. Or, quand ce disque est en rotation, les secteurs se suivent si rapidement que l'espace occupé, à un moment quelconque, par un secteur blanc, sera occupé par un secteur noir dans un temps beaucoup plus court qu'un dixième de seconde. Il en résulte que l'impression produite par chaque secteur blanc persiste sur la rétine jusqu'à ce que le secteur noir suivant soit venu occuper la même place ; et, de la même manière, l'impression produite par chaque secteur noir persiste jusqu'à ce que le secteur blanc qui suit ait pris la place du noir. L'impression produite par la bande extérieure tout entière est donc une impression de noir et de blanc combinés ensemble, c'est-à-dire une impression de gris.

Je puis dire que, jusqu'ici, ce phénomène vous est bien connu. Mais je veux maintenant vous faire voir le disque en rotation à la lumière de l'étincelle électrique ; vous remarquerez alors qu'au moment de l'illumination, les secteurs blancs et noirs se détachent aussi clairement et aussi distinctement que si le disque était en repos.

Pour la réussite de cette expérience, il est bon, non seulement d'avoir une brillante étincelle, afin que le disque soit bien éclairé, mais aussi d'avoir une série d'étincelles qui permettent de reproduire fréquemment le phénomène et vous laissent l'observer tout à votre aise. Afin d'atteindre ce double résultat, j'ai pris les dispositions que voici :

Devant le disque se trouve une grande et puissante bouteille de Leyde. Le conducteur partant de l'armature intérieure s'élève à une certaine hauteur au-dessus de la bouteille et se termine par une boule de cuivre presque en face du centre du disque. Un autre conducteur part de l'armature extérieure, se termine également par une boule de cuivre et se trouve disposé de telle sorte que la distance entre les deux boules de cuivre soit d'environ deux centimètres. Les deux conducteurs sont chacun en communication avec les conducteurs d'une machine de Holtz ; de telle sorte que lorsque la machine est en action, la bouteille de Leyde se charge promptement, puis se décharge toute seule, avec une brillante étincelle entre les deux boules de cuivre. Nous pouvons donc, en continuant de manœuvrer la machine, obtenir, aussi longtemps que nous le voudrons, une série d'étincelles qui se suivent à des intervalles courts et réguliers, tout droit en face du disque.

Maintenant que tout est préparé, et qu'une demi-obscurité règne dans cette salle, nous imprimons au disque un mouvement de rotation rapide ; et vous pouvez voir, à la faible lumière qui nous reste, que la bande extérieure est d'un gris uniforme, et l'espace central tout blanc. Mais aussitôt que mon aide fait fonctionner la machine de Holtz, de brillantes étincelles se produisent par intervalles ; le disque en mouvement, éclairé un instant à chaque décharge, semble absolument immobile, et les secteurs blancs et noirs deviennent distinctement visibles.

La raison en est bien claire. L'instant que dure l'étincelle est si court que le disque, bien qu'animé d'un mouvement rapide, n'avance pas d'une manière sensible pendant cette petite fraction de temps ; par suite, dans l'image peinte sur la rétine, l'impression produite par les secteurs blancs reste distincte de l'impression produite par les secteurs noirs ; et l'œil voit le disque tel qu'il est en réalité.

Arrêtons-nous un instant à une considération très intéressante suggérée par cette expérience. Un boulet de canon part d'ordinaire avec une vitesse de 500 mètres environ à la seconde. Marchant avec cette vitesse, il est, comme vous le savez, entièrement invisible à l'œil dans les circonstances ordinaires. Mais supposons que, dans l'obscurité de la nuit, il soit éclairé par cette étincelle électrique qui dure, admettons-le, un millionième de seconde. Pendant le temps que dure l'étincelle, le boulet de canon avance de la millionième partie de 500 mètres, c'est-à-dire d'un demi-millimètre. Pratiquement, nous pourrions dire que le boulet ne change pas de place d'une manière sensible pendant la durée de l'étincelle. Maintenant, l'impression qu'il produit sur l'œil, de la position qu'il occupe au moment où il est éclairé, persiste sur la rétine pendant un dixième de seconde au moins. Par conséquent, si nous dirigeons nos regards vers ce point de l'espace où se trouve le boulet de canon au moment où part l'étincelle, nous verrons le boulet immobile dans l'air, bien que nous sachions qu'il parcourt 500 mètres à la seconde, ou environ 1,800 kilomètres à l'heure.

Eclat de la lumière de l'éclair. — Je voudrais vous dire un mot maintenant au sujet de l'intensité de la lumière de l'éclair. Il y a un peu plus de trente ans, le professeur Swan, d'Edimbourg, fit voir que l'œil exige un temps sensible — environ un dixième de seconde — pour percevoir l'éclat d'un objet lumineux dans toute son intensité. De plus, il montra, par une série d'expériences intéressantes, que si un jet de lumière dure moins d'un dixième de seconde, son éclat apparent est proportionnel à sa durée (1). Examinons les conséquences de ce fait, relativement à l'éclat de notre étincelle électrique. Si l'étincelle durait un dixième de seconde, nous la verrions dans toute son intensité lumineuse ; si elle durait la

(1) Voir le Mémoire original par Swan, *Trans. Royal Society*, Edinburgh, 1840, vol. XVJ, pp. 581-603; et un second mémoire, *ibid.* vol. XXII, p. 33-39.

dixième partie de ce temps, nous percevrions seulement la dixième partie de son éclat, — la centième partie seulement, si elle ne durait que la centième partie du même temps, et ainsi de suite. Mais nous savons, de fait, qu'elle dure moins d'un millionième de seconde, c'est-à-dire moins de la cent-millième partie d'un dixième de seconde. Par conséquent, nous ne voyons que la cent-millième partie de son éclat réel.

Voilà une conclusion étonnante, et qui pourtant, je puis le dire, est absolument justifiée par la science. Cette étincelle électrique, si brillante qu'elle nous semble, est en réalité cent mille fois plus brillante qu'elle ne nous apparaît. Nous ne pouvons parler avec autant de précision quand il s'agit de l'éclair, dont la durée n'a pu encore être déterminée aussi exactement. Mais si nous supposons qu'un éclair, dans un cas particulier, dure la millième partie d'une seconde, il résulterait de ce que nous venons de dire que cet éclair est cent fois plus brillant qu'il ne nous paraît.

Formes diverses de l'éclair. — L'éclair dont j'ai parlé jusqu'ici est appelé communément l'éclair *sinueux*, nom qui a dû lui venir du zigzag qu'il décrit à nos yeux. Mais bien souvent l'électricité des nuages se manifeste sous d'autres formes, et c'est sur ce sujet que j'appellerai votre attention pour quelques minutes. La plus commune de ces formes, au moins dans ce pays, est celle que l'on désigne familièrement sous le nom d'éclair *fulgurant*. Cet éclair n'est probablement rien autre chose que l'illumination générale de l'atmosphère ou des nuages par l'éclair en zigzag, qui n'est pas alors visible par lui-même.

En général, après un éclair en masse, nous entendons le roulement du tonnerre. Mais il arrive parfois, pendant l'été surtout, que des éclairs illuminent l'atmosphère, et cela à maintes reprises, sans que le tonnerre se fasse entendre. Ce phénomène s'appelle ordinairement éclair d'été ou *éclair de chaleur*. Il est dû probablement, dans la plupart des cas, à des décharges électriques qui se produisent dans les régions les plus élevées de l'atmosphère, où l'air est extrêmement raréfié ; et alors il paraît être analogue aux décharges que l'on obtient, au moyen d'une bobine d'induction, dans un tube de verre contenant un gaz raréfié. Mais, dans bien des cas aussi, l'éclair d'été, comme l'éclair en masse, est dû sans doute à l'éclair en zigzag, qui est alors trop éloigné pour que nous puissions le voir lui-même directement, et entendre le roulement du tonnerre.

Les renseignements les plus clairs et les plus satisfaisants que l'observation nous fournisse à ce sujet se trouvent peut-être dans la lettre suivante du professeur Tyndall, écrite en mai 1883 : « Lorsque, du haut de la Belle-Alpe, près de Brigue, en Suisse, on regarde le sud et le sud-est, le jeu de l'éclair silencieux à travers les nuages et les montagnes est parfois merveilleux. On peut voir l'éclair palpiter, pendant des heures entières, à des intervalles extrêmement rapprochés. La plupart le considèrent comme un éclair sans tonnerre, — *Blitze ohne Donner*, *Wetterleuchten*, comme je l'ai entendu appeler par des touristes allemands. Le Monte-Generoso, qui domine le lac de Lugano, est à cinquante milles environ de la Belle-Alpe, à vol d'oiseau. Les deux points sont réunis par le télégraphe. Souvent, quand le Wetterleuchten, vu de la Belle-Alpe, était en pleine activité, il m'est arrivé de télégraphier au propriétaire de l'hôtel du Monte-Generoso ; et alors j'ai toujours appris que nos éclairs silencieux coïncidaient avec un orage plus ou moins fort qui se faisait sentir dans la Haute Italie (1). »

(1) *Nature*, vol. XXVIII, p. 54.

Une autre forme de l'éclair, décrite par beaucoup d'auteurs, est appelée l'éclair *en globe*. On dit que cet éclair ressemble à une boule de feu, grosse comme la tête d'un enfant, ou même davantage, qui se meut d'abord lentement, puis, après un certain nombre de secondes, éclate avec un bruit terrible, en lançant dans toutes les directions des étincelles qui mettent le feu à tous les objets qu'elles atteignent. Il existe un grand nombre de récits au sujet de ce phénomène ; mais ces récits proviennent en grande partie de personnes qui n'avaient aucune compétence spéciale pour observer et décrire avec précision les faits dont elles furent témoins. Aussi ces relations, acceptées des uns, sont rejetées des autres ; et il me semble que, dans l'état actuel de la question, l'existence de l'éclair en globe peut à peine être regardée comme un fait démontré. En tout cas, si ce phénomène a réellement existé, je puis seulement dire que rien de ce que nous savons actuellement de l'électricité ne peut nous aider à l'expliquer (1).

Feu Saint-Elme. — Une forme beaucoup plus authentique, et en même temps fort intéressante, sous laquelle l'électricité des nuages manifeste parfois sa présence, est connue sous le nom de feu Saint-Elme.

Ce phénomène se présente parfois sous l'apparence d'une étoile, qui brille à la pointe des lances ou des baïonnettes d'une compagnie de soldats ; d'autres fois, il prend la forme d'une aigrette lumineuse de couleur bleuâtre, qui semble s'échapper des mâts et des espars d'un navire

---

(1) Voyez cependant un essai d'explication dans le *Treatise on Electricity*, de Larive, Londres, 1853-8, vol. III, pp. 199-200 ; et un autre plus récent de M. Spottiswoode, dans une conférence sur la décharge électrique, conférence prononcée devant la *British Association*, à York, en septembre 1881, et publiée par Longmans, Londres, p. 42. Voyez aussi, pour des témoignages récents au sujet du phénomène lui-même, Scott, *Elementary Meteorology*, pp. 175-8.

en mer, ou de la flèche d'un clocher. Les anciens le connaissaient très bien. César, dans ses *Commentaires*, nous dit qu'après une nuit orageuse, les pointes de fer des javelines de la cinquième légion semblaient être en feu ; et Pline dit qu'il vit comme des étoiles briller sur les lances des soldats qui montaient la garde la nuit sur les remparts. Quand deux lumières de ce genre apparaissaient ensemble sur les mâts d'un navire, on les appelait Castor et Pollux, et les marins y voyaient le présage d'un voyage heureux. Quand un seul se montrait, on l'appelait Hélène, et on le regardait comme un fâcheux augure.

Dans les temps modernes, quantité d'observateurs ont vu le feu Saint-Elme, et en ont maintes fois décrit les phases variées. Dans les mémoires de Forbin, nous lisons que, dans un voyage qu'il fit en 1696, comme il passait par les îles Baléares, un orage éclata soudainement dans la nuit, avec des éclairs et du tonnerre. « Nous vîmes sur le vaisseau », dit-il, « plus de trente feux Saint-Elme. Il y en avait un, entre autres, de plus d'un pied et demi de haut, sur la girouette du grand mât. J'envoyai un homme pour le prendre et nous l'apporter. Quand il fut en haut, il nous cria que cela faisait un bruit semblable à celui de la poudre mouillée à laquelle on aurait mis le feu. Je lui dis de détacher la girouette et de descendre ; mais à peine avait-il ôté la girouette du grand mât que le feu disparut, pour apparaître de nouveau au sommet du mât, de sorte qu'il fut impossible de s'en saisir. Il se fit voir pendant longtemps et s'éteignit graduellement. »

Le 14 janvier 1824, un certain M. Maxadorf regardait une charge de paille, au milieu d'un champ, au-dessus de laquelle il y avait un nuage très noir et très épais. La paille semblait littéralement en feu ; une aigrette lumineuse sortait de chaque brin de paille ; le fouet du charretier brillait lui-même d'une flamme bleu pâle. A mesure que le nuage passait, la lumière disparut graduellement,

après avoir duré une dizaine de minutes. — On raconte
aussi qu'à Alger, en mai 1831, un soir que des officiers
d'artillerie français se promenaient, après le coucher du
soleil, tête nue, chacun d'eux vit une aigrette de lumière
bleuâtre sur la tête de son voisin; et quand ils voulurent
porter la main à leur tête, le même phénomène se produisit au bout de leurs doigts. — Dans les Alpes, il arrive
souvent aux touristes de voir la même flamme bleue à la

Fig. 12.

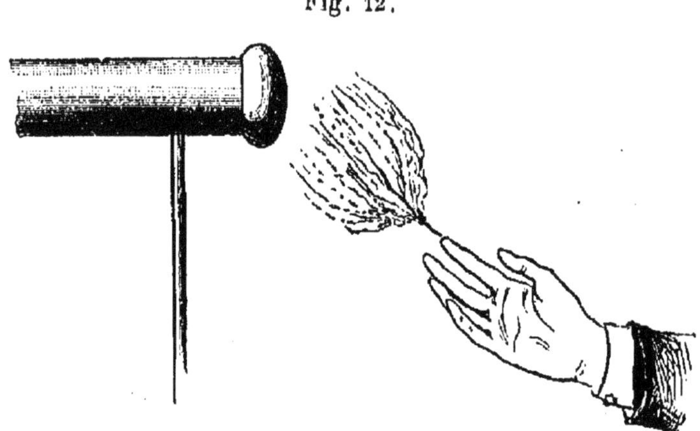

Aigrettes lumineuses, image du feu Saint-Elme.

pointe de leur *alpenstock*. Tout récemment, on a vu, pendant un orage, toute une forêt devenir lumineuse juste au
moment qui précédait chaque éclair, et rentrer dans l'obscurité au moment de la décharge (1).

On peut facilement expliquer ce phénomène. Il consiste
dans une décharge électrique progressive et comparativement silencieuse entre la terre et le nuage; et, généralement, quoi qu'il y ait bien des exceptions, il a pour effet
d'empêcher que l'électricité ne s'accumule au point de

(1) Ch. Jamin, *Cours de physique*, I, 480-1; Tomlinson, *The Thunderstorms*, Third Edition, pp. 95-103; *Thunderstorms*, a lecture by
Professor Tait, *Nature*, vol. XXII, p. 366.

produire un éclair. Je puis vous montrer cette sorte de décharge électrique à l'aide de notre machine. Si je prends un conducteur de métal terminé en pointe et que je l'approche du grand conducteur, vous pouvez constater, quand on met la machine en mouvement, et que la salle est plongée dans l'obscurité, que la pointe du conducteur devient lumineuse et brille comme une pâle étoile bleue. Je remplace ce conducteur par des pinces : une aigrette de lumière bleue se montre tout de suite à chaque extrémité, et paraît s'en échapper avec une sorte de sifflement. Je laisse de côté les pinces, et j'approche ma main ouverte du conducteur ; vous voyez comment je puis, à mon gré, amener une aigrette lumineuse au bout de mes doigts. De temps à autre il passe une étincelle, qui me secoue vivement, et montre comment l'électricité peut s'accumuler parfois si rapidement que l'aigrette lumineuse ne suffit pas à la décharge. Enfin, je présente au conducteur une petite branche d'arbre touffue : toutes les feuilles brillent d'une lumière bleue, qui cesse un moment lorsqu'une étincelle se produit, pour recommencer quand l'électricité est développée de nouveau par la machine en action.

Supposez un nuage orageux à la place de la pointe du conducteur, vous verrez sans peine comment, sous son influence, la lance et la baïonnette du soldat, l'alpenstock du touriste, la pointe d'une flèche de clocher, les mâts d'un vaisseau en mer, les arbres d'une forêt, peuvent être illuminés par une décharge électrique silencieuse qui, suivant les circonstances, se changera ou non, par intervalles, en un éclair ordinaire.

Origine de l'éclair. — Quand nous essayons d'expliquer l'origine de l'éclair, nous nous trouvons tout de suite en face de deux questions très importantes et pleines d'intérêt : d'abord, de quelles sources l'électricité du nuage orageux découle-t-elle ? et, secondement : Comment cette électricité peut-elle se développer sous une forme qui dépasse de si loin le pouvoir de nos machines électriques ? Il y a longtemps que ces questions préoccupent les hommes de science ; mais je ne puis pas dire qu'elles aient encore reçu une solution pleinement satisfaisante. Néanmoins, quelques faits de grande valeur scientifique ont été établis, et l'on a mis en avant des théories qui méritent une attention sérieuse.

En premier lieu, il est absolument certain que l'atmosphère qui entoure notre globe, contient presque toujours de l'électricité. De plus, il paraîtrait que cet état électrique de l'atmosphère est aussi variable que le vent. Il change avec les saisons ; il change de jour en jour ; il change d'heure en heure. La charge d'électricité est quelquefois positive, quelquefois négative ; parfois elle est forte, d'autrefois elle est faible, et la transition d'un état à un autre se produit tantôt lentement et graduellement, tantôt d'une manière brusque et violente.

En règle générale, par un beau temps sec, l'électricité de l'atmosphère est positive, et faiblement développée. Par un temps humide, la charge d'électricité peut être positive ou négative ; elle est ordinairement forte, surtout quand il survient de grosses averses soudaines. En temps de brouillard, elle est également forte, et presque toujours positive. Dans une tempête de neige, elle est très forte, et le plus souvent positive. Enfin, dans un orage, elle est extrêmement forte et généralement négative ; mais elle peut changer de signe soudainement lorsqu'un éclair se produit, ou quand la pluie commence à tomber.

Jusqu'ici j'ai simplement mentionné des faits établis par des observations très exactes, faites en différents lieux par des hommes compétents, et embrassant une période de nombreuses années. Mais en ce qui concerne le mode de développement de l'électricité atmosphérique, nous n'avons encore aucune connnaissance certaine. On a dit que l'électricité peut être engendrée dans l'atmosphère par le frottement de l'air et des corps légers qui s'y trouvent flottants, contre la surface de la terre, contre les arbres et les maisons, contre les rochers, les falaises et les montagnes. Mais cette opinion, quelque probable qu'elle puisse être, n'a reçu aucune confirmation de la recherche expérimentale directe.

La seconde théorie consiste à dire que l'électricité de l'atmosphère est due, en grande partie, à l'évaporation de l'eau salée. Il y a bien des années, un savant français, Pouillet, fit une série d'expériences de laboratoire qui semblaient établir que l'évaporation est généralement accompagnée d'un développement d'électricité ; et, en particulier, il se convainquit que la vapeur qui s'échappe de l'eau salée est toujours électrisée positivement. Or, l'atmosphère contient toujours, en quantité plus ou moins grande, de la vapeur qui vient, presque entièrement, de l'eau salée de l'océan. D'où Pouillet conclut que la source principale de l'électricité atmosphérique est l'évaporation de l'eau de mer. Cette explication, certes, rendrait bien compte de la présence de l'électricité dans l'atmosphère, si le fait qui lui sert de base était établi sans contestation. Mais il y a quelque raison de douter que le développement d'électricité, dans les expériences de Pouillet, soit dû seulement au phénomène de l'évaporation, et non à d'autres causes dont il n'a pas suffisamment remarqué l'influence.

On a proposé récemment une autre théorie, d'après laquelle l'électricité serait engendrée par la simple pression de particules infinitésimales de vapeur contre des particules d'air de même grandeur (1). Si cette conjecture paraît être établie comme un fait, elle suffirait amplement

____

(1) Professeur Tait, *On Thunderstorms*, Nature, vol. XXII, pp. 436-7.

à rendre compte de toute l'électricité atmosphérique. De la nature même d'un gaz, il résulte, croit-on, que les molécules qui le composent sont animées sans cesse d'un mouvement vibratoire extrêmement rapide ; dès lors les particules de vapeur d'eau et les particules d'air qui coexistent dans l'atmosphère doivent s'entre-choquer continuellement. Par suite, si faible que soit la charge d'électricité développée à chaque collision particulière, la quantité totale engendrée sur une grande surface, en un seul jour, doit être considérable. Mais il est clair que cette manière d'expliquer l'origine de l'électricité atmosphérique ne peut être regardée tout au plus que comme une hypothèse probable, jusqu'à ce que la donnée sur laquelle elle s'appuie reçoive une confirmation de l'observation ou des expériences.

Longueur d'un éclair. — Il semblerait donc que nous ne sommes pas encore en état d'indiquer avec certitude les sources de l'électricité atmosphérique. Mais, quelles que soient ces sources, on ne peut guère douter que l'électricité de l'atmosphère ne soit associée intimement aux particules de vapeur d'eau extrêmement petites qui constituent le nuage orageux. Cette considération acquiert une grande importance quand on en vient à considérer les propriétés spéciales de l'éclair, relativement aux autres formes d'électricité. Le caractère le plus frappant de l'éclair est le pouvoir étonnant qu'il possède de se créer un passage à travers le milieu résistant de l'air. Sous ce rapport il est infiniment au-dessus de toutes les formes d'électricité que l'on a pu produire jusqu'à ce jour par des moyens artificiels. L'étincelle d'une machine électrique ordinaire peut atteindre une longueur de huit à dix centimètres : la machine dont nous nous sommes servis dans nos expériences de ce jour, peut donner, dans des conditions favorables, une étincelle d'environ 0^m20 ; la plus

longue étincelle électrique qu'on ait jamais produite artificiellement, est probablement l'étincelle de la gigantesque
bobine d'induction de M. Spottiswoode ; et elle ne dépasse guère un mètre. Mais la longueur d'un éclair ne se
mesure pas en centimètres et en mètres ; elle varie entre
un et trois kilomètres, pour les éclairs ordinaires, et douze
et quinze kilomètres, dans des cas exceptionnels.

Ce pouvoir de se décharger violemment à travers un
milieu résistant, pouvoir par lequel le nuage orageux
laisse si loin derrière lui le conducteur d'une machine
électrique, est dû à la propriété que les savants désignent
d'ordinaire sous le nom de *potentiel électrique*. Le potentiel d'un corps électrisé est d'autant plus élevé que ce
corps peut envoyer son étincelle à travers l'air à une plus
grande distance. Le potentiel d'un nuage orageux doit
être singulièrement élevé, puisque l'éclair de ce nuage
peut percer l'air sur une distance de plusieurs kilomètres.
Eh bien, nous pouvons rendre compte de ce potentiel si
remarquable, si nous admettons seulement que les particules de vapeur d'eau extrêmement petites, qui flottent
dans l'atmosphère, ont reçu, de quelque cause que ce soit,
une charge, même très faible, d'électricité. Le nombre
de ces particules nécessaires pour former une goutte de
pluie ordinaire s'élève à des millions de millions ; et l'on
peut démontrer scientifiquement qu'avec chaque particule
qui s'ajoute pendant la formation de la goutte de pluie, il
se produit forcément une élévation du potentiel. Il est
clair, par conséquent, qu'en pratique il n'y a pas de limite
au potentiel qui peut être développé par la simple agglomération de particules extrêmement petites de vapeur
d'eau, dont chacune apporte une très faible charge d'électricité (1).

Cette explication, qui attribue le potentiel très élevé de

______

(1) Voyez la note à la fin de cette conférence, p. 92.

l'éclair à la formation de gouttes de pluie dans le nuage orageux, nous aide à comprendre pourquoi il arrive si souvent qu'immédiatement après un éclair la pluie commence à tomber très fort. Le potentiel s'est élevé rapidement pendant que les gouttes de pluie augmentaient de volume ; à la fin, il est devenu si élevé que le nuage orageux peut se décharger lui-même, et presque au même moment les gouttes de pluie ont acquis une telle dimension qu'elles ne peuvent plus rester suspendues en l'air, et lutter plus longtemps contre la pesanteur qui les attire.

Cause physique du tonnerre. — Arrêtons-nous maintenant au phénomène du tonnerre, qui est lié si intimement à l'éclair, et qui excite bien souvent une terreur plus grande que l'éclair lui-même, bien qu'il soit parfaitement inoffensif de sa nature, et qu'on ne l'entende jamais qu'après que le danger réel est passé. Le bruit du tonnerre, comme celui de l'étincelle électrique, a pour cause l'ébranlement de l'air produit par la décharge électrique. L'air est d'abord dilaté par la chaleur intense qui se développe le long de la ligne de décharge ; puis il se précipite de nouveau pour remplir le vide partiel produit par son expansion.

Ce mouvement soudain donne naissance à une série d'ondulations sonores, qui arrivent à l'oreille sous la forme du tonnerre. Mais il y a certains caractères propres au tonnerre qui méritent une attention spéciale.

Roulement du tonnerre. — On peut les ranger, à mon avis, sous deux chefs. D'abord, le bruit du tonnerre n'est pas un bruit instantané, comme celui de l'étincelle électrique ; c'est un bruit prolongé, qui dure parfois plusieurs secondes. En second lieu, chaque éclair donne lieu, non pas à un seul coup, mais à une série de coups qui se succèdent à intervalles irréguliers. Ces deux phénomènes, pris ensemble, produisent sur l'oreille cet effet spécial appelé communément le *roulement* du tonnerre ; et l'on peut démontrer d'une manière satisfaisante que tous les deux s'accordent avec les propriétés bien établies du son.

Pour comprendre pourquoi le bruit du tonnerre se fait entendre comme un coup prolongé, il suffit de se rappeler que le son met du temps à parcourir l'espace. Puisqu'un éclair est pratiquement instantané, nous pouvons prendre pour accordé que le son se produit, au même moment, tout le long de la ligne de décharge. Mais les ondes sonores, partant au même instant de tous les points de la ligne de décharge, ne peuvent parvenir à l'oreille qu'à des temps successifs ; arrivant d'abord du point le plus voisin de l'observateur, et en dernier lieu du point le plus éloigné. Supposons, par exemple, que le point le plus voisin de l'éclair soit à un kilomètre de l'observateur, et le point le plus éloigné à trois kilomètres ; le son prendra environ trois secondes pour venir du point le plus proche, et environ neuf secondes pour venir du point le plus distant ; de plus, à chaque instant successif, depuis le moment où le premier son parvient à l'oreille, le son continuera d'arriver des points intermédiaires successifs. Par conséquent, le tonnerre, bien qu'instantané à son origine, parviendra à l'oreille comme un coup prolongé, d'une durée de six secondes.

Succession des coups. — La succession des coups, produite par un simple éclair, est due à plusieurs causes, dont chacune contribue plus ou moins, selon le cas, à l'effet général. D'abord, si nous acceptons les résultats obtenus par le professeur Ogden Rood, de Columbia college, ce qui apparaît à l'œil comme un simple éclair consiste en réalité et le plus ordinairement, en une

succession d'éclairs qui produisent tous leur coup de
tonnerre ; et bien que les éclairs, s'ils se succèdent à un
intervalle d'un dixième de seconde, déterminent une
impression continue sur l'œil, les divers coups de tonnerre, dans les mêmes conditions, impressionnent
l'oreille comme autant de coups distincts.

Une autre cause que je dois mentionner, c'est le chemin
en zig zag suivi par la décharge électrique. Pour vous
faire bien comprendre l'influence de cette cause, j'appellerai votre attention, pour un instant, sur le diagramme
que voici :

Fig. 13.

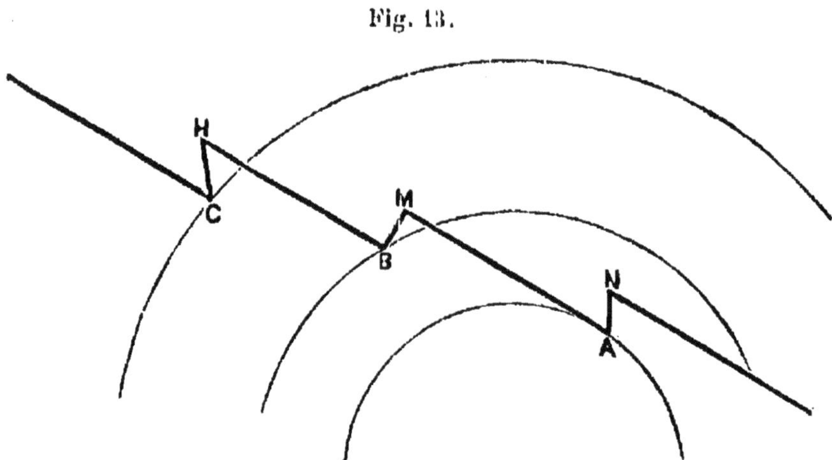

Origine des coups successifs du tonnerre.

La ligne brisée représentera le chemin suivi par l'éclair,
et nous supposerons l'observateur en O. Le son lui
arrive d'abord du point A, qui est le plus près de lui ; il
continuera ensuite d'arriver, à des instants successifs,
des points successifs A N, et de la ligne A M, produisant
ainsi l'effet d'un coup prolongé. Pendant ce temps les
ondes sonores sont parties du point B, et elles parvien-
dront à leur temps à l'observateur, en O. Venant dans
une direction autre que celle des précédentes, elles frap-
peront l'oreille comme le commencement d'un nouveau

coup, qui sera prolongé, à son tour, par les ondes sonores arrivant, à des instants successifs, des points successifs de la ligne BM et de la ligne BH. Un peu plus tard, le son arrivera du point plus éloigné C, et un troisième coup commencera. Il y aura, de la sorte, plusieurs coups distincts, partis, pour ainsi dire, des différents points du chemin suivi par l'éclair.

Une troisième cause de la succession des coups réside dans les décharges électriques plus faibles qui doivent souvent se produire dans le nuage orageux lui-même. Un nuage orageux n'est pas une masse continue, comme le cylindre de cette machine ; il a beaucoup de parties isolées, reliées plus ou moins imparfaitement au corps principal. De plus, la matière qui compose le nuage orageux est un conducteur fort imparfait, comparée à notre cylindre de cuivre. Pour ces deux raisons, il doit souvent arriver, dans le temps qu'un éclair vient à passer, que diverses parties du nuage soient à des états électriques différents, de manière à faire naître des décharges électriques dans le nuage lui-même. Chacune de ces décharges produit son coup de tonnerre ; et nous pouvons ainsi avoir quantité de coups plus faibles, tantôt antérieurs et tantôt postérieurs au coup principal, dû à la décharge la plus forte.

Enfin, l'écho joue souvent un rôle considérable dans la répétition des coups de tonnerre. Les ondes sonores, marchant dans toutes les directions, sont réfléchies par la surface des montagnes, des forêts, des nuages, des bâtiments, et revenant de différents points, avec une intensité variée, elles parviennent à l'oreille comme le bruit d'une artillerie éloignée.

Variations d'intensité dans le bruit du tonnerre. — Par ce qui vient d'être dit, on comprend facilement comment le bruit du tonnerre est sujet à de grandes variations d'intensité, pendant tout le temps de sa durée, suivant le nombre de coups qui peuvent arriver à l'oreille d'un observateur à chaque moment particulier. Mais chacun doit avoir observé qu'un seul coup de tonnerre subit souvent de semblables variations, grossissant parfois d'une façon formidable pour s'éteindre rapidement l'instant qui suit. Pour expliquer ce phénomène, je ferai observer, tout d'abord, qu'il n'y a aucune raison de supposer que l'ébranlement causé par l'éclair est exactement de la même grandeur à tous les points de la ligne de décharge. Au contraire, il semble très probable que cet ébranlement dépend, jusqu'à un certain point, quant à son intensité, de la résistance que la décharge rencontre. Par suite, l'amplitude des ondes sonores causées par l'éclair est probablement différente aux différentes parties de la ligne de décharge ; et chaque coup particulier semblera grossir ou s'affaiblir selon l'intensité plus ou moins grande des ondes sonores qui parviennent à l'oreille à chaque moment successif.

Mais il y a encore une autre cause qui doit amener des changements dans l'éclat du coup de tonnerre, alors même que les ondes sonores, mises en mouvement par l'éclair, seraient partout d'égale intensité. Cette cause est dans la position de l'observateur relativement au chemin suivi par l'éclair. Pendant une partie de sa course, l'éclair peut suivre une route qui demeure, sur une certaine longueur, à une distance à peu près invariable de l'observateur ; alors tout le son produit sur ce parcours parviendra à l'oreille de l'observateur à peu près au même instant et frappera l'oreille avec une grande force.

A un autre moment, l'éclair peut s'éloigner en droite ligne de l'observateur et parcourir en ce sens une longueur égale à la première ; et il est évident que le son engendré sur ce parcours arrivera à l'observateur à des instants successifs, et produira, par suite, un effet relativement faible.

Pour étudier de plus près cette intéressante question, supposons l'observateur situé à un point que nous prendrons pour centre, et imaginons ensuite un certain nombre de cercles concentriques, coupant la route suivie par l'éclair et séparés les uns des autres par une distance de 33 mètres, mesurée dans la direction du rayon. Il est évident que tout le son produit entre deux cercles consécutifs arrivera à l'oreille dans un temps qui doit être mesuré par le temps que le son met à parcourir 33 mètres, c'est-à-dire un dixième de seconde. Par conséquent, pour déterminer la quantité de son qui parvient à l'oreille en des périodes successives d'un dixième de seconde, nous n'avons qu'à remarquer combien il s'en est produit entre deux cercles consécutifs. Mais, en supposant que les ondes sonores, mises en mouvement par l'éclair, soient d'une égale intensité à chaque point de la ligne de décharge, il est clair que la quantité de son développée entre deux cercles consécutifs sera simplement proportionnelle à la longueur de la route de l'éclair comprise entre eux.

Ces principes établis, suivons maintenant le parcours d'un coup de tonnerre, d'après le diagramme que voici. Cette ligne brisée, tirée presque au hasard, représente le chemin d'un éclair; on suppose l'observateur placé en O, centre des cercles concentriques; ces cercles sont séparés l'un de l'autre par une distance de 33 mètres, mesurée dans la direction du rayon; et nous avons à voir comment un coup de tonnerre peut varier d'intensité dans les périodes successives d'un dixième de seconde.

Prenons, par exemple, le coup de tonnerre qui commence lorsque les ondes sonores arrivent à l'oreille du point A. Le son qui parvient à l'oreille dans la première unité de temps est celui qui se produit le long des lignes A B et AC; dans la seconde unité, celui qui se produit le long des lignes BD et CE, dans la troisième unité, celui qui se produit le long de DF et de EG. Jusqu'à présent, le son a été d'une intensité à peu près uniforme, bien qu'il ait subi une légère atténuation dans la seconde et la troisième unité de temps. Mais dans la quatrième unité il diminue considérablement ; car la ligne FK n'a qu'environ un tiers de la longueur de DF et de EG réunies ; par suite, la quantité de son qui parvient à l'oreille dans cette quatrième unité de temps n'est environ que le tiers de celle qui lui est parvenue dans les trois précédentes unités ; le

Fig. 14.

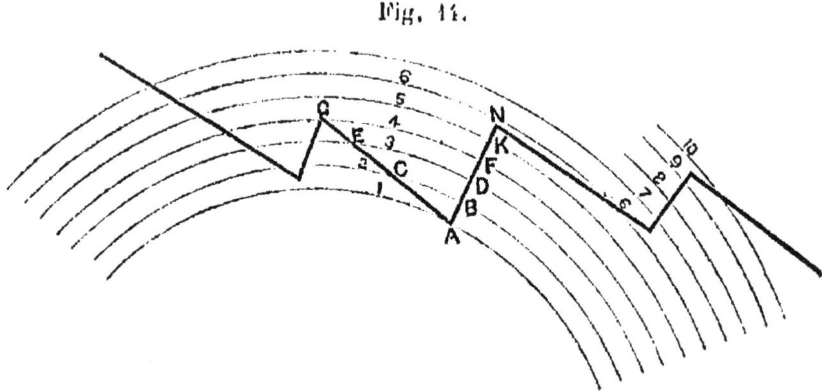

Variations d'intensité d'un coup de tonnerre.

son est donc trois fois plus faible. Mais, dans la cinquième unité, le bruit reprendra une intensité soudaine ; car la partie de la route de l'éclair comprise entre le cinquième et le sixième cercle est environ six fois aussi grande que celle qui est comprise entre le quatrième et le cinquième ; le son redeviendra donc environ cinq ou six fois plus intense. Après cet accroissement soudain, il s'affaiblit presque subitement dans la sixième unité de temps ; il continue de se faire entendre faiblement à mesure que le chemin suivi par l'éclair s'éloigne en droite ligne de l'observateur ; il s'enfle encore un peu pendant la neuvième unité de temps, et, à partir de ce moment, il ne subit plus de variation jusqu'à ce qu'il s'éteigne tout à fait. Ce n'est là qu'une simple explication ; mais elle semble suffisante pour faire voir que les variations d'intensité d'un coup de tonnerre doivent être attribuées, en grande partie, à la position de l'observateur relativement aux différentes parties de la route suivie par l'éclair.

Distance d'un éclair. — Il est à peine besoin de vous rappeler qu'en notant l'intervalle qui sépare un éclair du coup de tonnerre qui le suit, nous pouvons estimer approximativement la distance du point de décharge le plus rapproché. La lumière voyage si rapidement, que nous pouvons admettre, sans erreur sensible, que nous voyons l'éclair au moment même où la décharge se produit. Mais le son, nous l'avons vu, demande un temps sensible pour parcourir même de courtes distances ; par conséquent il y a presque toujours un intervalle mesurable entre l'instant où nous voyons l'éclair et celui où le son commence à nous arriver. La distance parcourue par le son pendant ce temps sera la distance qui nous sépare du point de décharge le plus rapproché. Maintenant, la rapidité de la marche du son dans l'air varie légèrement avec la température ; mais, à la température ordinaire de notre climat, nous ne serons pas loin de la vérité si nous admettons que le son parcourt 333 mètres par seconde ou environ 1 kilomètre par trois secondes.

Vous remarquerez aussi qu'en répétant cette observation, nous pouvons savoir si l'orage approche de nous ou s'en éloigne. Tant que l'intervalle entre chaque éclair et le coup de tonnerre correspondant continue à diminuer, le nuage orageux approche ; quand l'intervalle commence à s'accroître, l'orage s'éloigne et le danger est passé.

Le bruit du tonnerre est effrayant quand l'éclair est proche ; mais, chose curieuse, il ne paraît pas se propager aussi loin que la détonation d'un canon ordinaire. Nous n'avons aucune preuve que le tonnerre ait jamais été entendu à une distance de plus de quatre ou cinq lieues ; tandis que le bruit d'un simple canon s'est fait entendre à cinq fois cette distance ; et le bruit de l'artillerie, dans une bataille, à une distance plus grande encore. A l'occasion de la visite de la reine Victoria à Cherbourg, août 1858, les salves tirées en l'honneur de la souveraine s'entendirent de Bonchurch, dans l'île de Wight, à une distance de vingt-quatre lieues. On les entendit également de Lyme Regis, dans le Dorsetshire, à 136 kilomètres de Cherbourg, à vol d'oiseau ; et l'on dit que ce n'était pas seulement l'effet général qui se laissait percevoir, mais qu'on distinguait très bien les coups d'un seul canon. On prétend que l'artillerie de Waterloo s'entendit de la ville de Creil, à 185 kilomètres du champ de bataille ; et la canonnade du siège de Valenciennes, en 1793, fut entendue, jour par jour, de Deal, sur la côte d'Angleterre, à une distance de 193 kilomètres (1).

Je me suis efforcé jusqu'ici de vous donner quelques idées générales sur la nature et l'origine de l'éclair et du tonnerre. Dans ma prochaine conférence, j'ai l'intention de vous parler brièvement des effets destructeurs de la foudre, et de voir comment on peut prévenir ces effets au moyen des paratonnerres.

NOTE DE LA PAGE 82

Sur le haut potentiel d'un éclair.

Le potentiel d'une sphère électrisée est égal à la quantité d'électricité dont la sphère est chargée, divisée par le rayon de la sphère. Maintenant, les particules de vapeur d'eau qui se réunissent pour former une goutte de pluie peuvent être considérées comme des sphères très petites ; et si v représente le potentiel de chacune, q la

(1) Cf. Tomlinson, *The Thunderstorm*, pp. 87-9.

quantité d'électricité dont elle est chargée, et r le rayon de la sphère, nous aurons $v = \dfrac{q}{r}$. Supposons que 1000 de ces particules se réunissent en une seule ; la quantité d'électricité de la goutte ainsi formée sera $1000\,q$; et le rayon, qui augmente en raison de la racine cubique du volume, sera $10\,r$. Par conséquent, le potentiel de la nouvelle sphère sera $\dfrac{1000\,q}{10\,r}$ ou $\dfrac{100\,q}{r}$; c'est-à-dire qu'il sera 100 fois aussi grand que le potentiel de chacune des particules qui la composent. Quand un million de particules se constituent en une seule goutte, le même calcul montrera que le potentiel est devenu dix-mille fois plus grand ; et quand une goutte est produite par l'agglomération d'un milliard de particules, le potentiel de la goutte sera cent millions de fois plus grand que celui de chaque particule (1).

(1) Cf. Tait, *On Thunderstorms*, Nature, 1 vol., XXII, p. 436.

SECONDE CONFÉRENCE

LES PARATONNERRES

Les effets de la foudre sur les corps qu'elle frappe sont analogues à ceux qui peuvent être produits par la décharge de nos machines électriques et de nos batteries.

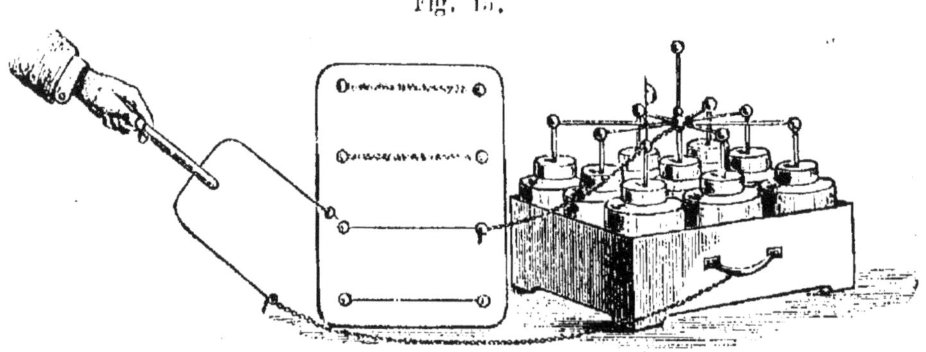

Fig. 15.

Décharge d'une batterie électrique à travers de légers fils métalliques.

Quand la décharge d'une batterie électrique traverse un conducteur métallique de dimensions suffisantes pour la laisser passer facilement, elle parcourt le conducteur sans bruit et sans effet sensible. Mais si le conducteur est assez mince pour offrir une résistance considérable, alors la décharge lui communique une chaleur intense, et peut le fondre ou même le vaporiser.

Voici une planche sur laquelle un certain nombre de fils métalliques très légers ont été fixés, sur un fond de papier blanc, entre des boules de cuivre.

Les fils sont si minces que la décharge de cette batterie électrique, composée de neuf grandes bouteilles de Leyde, suffit pour les vaporiser en un instant. J'ai déjà, dans une occasion précédente, fait passer la décharge à travers deux de ces fils, et il n'en reste plus rien que les traces de leur vapeur, qui indiquent le chemin de la décharge électrique d'une boule à l'autre. En ce moment, la batterie est toute prête, et je vais la décharger à travers un troisième fil, au moyen de cet excitateur que j'ai dans les mains. La décharge a passé : vous avez vu une étincelle et un peu de fumée ; et si vous regardez maintenant le papier, vous verrez que le fil métallique a disparu, laissant la trace de sa vapeur incandescente, qui indique le chemin suivi par la décharge.

Destruction de bâtiments par la foudre. —
Cette expérience nous montre que l'électricité emmagasinée dans notre batterie passe sans effet visible à travers les arcs solides d'un excitateur, tandis qu'elle vaporise instantanément les fils métalliques légers tendus sur la planche. Il en est de même de la foudre. Elle passe inoffensive, comme chacun sait, à travers un solide conducteur métallique ; mais quand elle traverse les fils de sonnettes ou les fils télégraphiques, elle les fond ou même les vaporise. Le 16 juillet 1759, elle frappa une maison dans Southwark, au sud de Londres, et suivit le fil de la sonnette. Le fil disparut, mais le chemin suivi par le fluide se reconnaissait distinctement à des traces de vapeur çà et là sur la surface du mur. En 1754, la foudre frappa un clocher, à Newbury, dans les États-Unis d'Amérique, et, après avoir mis le toit en pièces, elle atteignit la cloche. De là elle suivit un fil de fer de la

grosseur d'une aiguille à tricoter, et le fondit entièrement, laissant sur les murs une traînée blanche de vapeur.

La décharge électrique produit encore, quand elle passe à travers un mauvais conducteur, un ébranlement mécanique, et si la substance est combustible, souvent elle l'enflamme. Ainsi, comme vous le savez, si la foudre tombe sur la flèche d'une église, elle la met en pièces, projetant les pierres dans toutes les directions, tandis qu'elle met le feu aux vaisseaux et aux constructions en bois ; elle a causé plus d'une fois les accidents les plus graves en déterminant l'explosion de poudrières.

Je vous citerai un ou deux exemples. En janvier 1762, la foudre tomba sur la tour d'une église, dans le comté de Cornouailles, et une pierre pesant plus de 150 kilogrammes fut arrachée de sa place et projetée à une distance de 54 mètres ; en même temps, une pierre plus petite fut lancée à 360 mètres de l'église. En 1809, la foudre frappa une maison près de Manchester, et transporta littéralement un mur massif de 3^m50 de haut et de 0^m90 d'épaisseur à une distance de plusieurs pieds. Vous pourrez vous faire quelque idée de la force énorme développée en cette circonstance, quand je vous dirai que le poids total de maçonnerie transportée de la sorte n'était pas moins de 13,000 kilogrammes.

L'église de Saint-Georges, à Leicester, fut sérieusement endommagée par la foudre, le 1er août 1846. Vers huit heures du soir, le recteur de la paroisse vit un jet de lumière très vive se précipitant avec une vitesse incroyable contre la partie supérieure de la flèche. « Sur une largeur de 15 mètres du côté est, et de près de 18 mètres du côté ouest, la maçonnerie massive de la flèche fut démolie en un instant et mise en pièces. D'énormes blocs de pierre furent lancés dans toutes les directions, broyés en petits morceaux ; quelques-uns furent même réduits en poudre. Un fragment de dimensions considérables fut projeté contre la fenêtre d'une maison éloignée de 90 mètres ; il détruisit les boiseries et joncha le parquet d'une chambre d'une couche de fine poussière et de fragments de verre. On a calculé qu'environ 100,000 kilogrammes de pierre furent lancés, dans cette circonstance, à une distance de 9 mètres, dans l'espace de trois secondes. Non seulement la flèche fut détruite, mais les clochetons des angles de la tour furent plus ou moins endommagés, les contreforts secoués violemment ; plusieurs des créneaux à la base de la flèche furent brusquement détachés, le toit de l'église criblé de trous, les toits des entrées latérales détruits, et les escaliers de pierre de la galerie complètement mis en morceaux (1). »

La foudre a causé, de tout temps, les plus grands dommages, par son pouvoir d'incendier tout ce qui est combustible. Fuller dit, dans son *Histoire de l'Église*, « qu'il n'y a peut-être pas une seule abbaye, en Angleterre, qui n'ait été incendiée au moins une fois par le feu du ciel. » Il cite, par exemple, l'abbaye de Croyland, brûlée deux fois ; le monastère de Canterbury, deux fois ; l'abbaye de Peterborough, deux fois : l'abbaye de Sainte-Marie, dans le Yorkshire ; l'abbaye de Norwich, et plusieurs autres. Sir William Snow Harris, qui écrivait il y a une vingtaine d'années, nous dit que le nombre d'églises ou de clochers détruits entièrement ou en partie par la foudre dépasse tout ce qu'on peut croire, et qu'il serait fastidieux d'entrer dans des détails à ce sujet.

A une époque relativement récente, en 1822, par exemple, nous voyons que la magnifique cathédrale de Rouen a été brûlée. En 1850, l'admirable cathédrale de

____

(1) *The Thunderstorm*, par Charles Tomlinson, F. R. S., 3e édition, p.p. 153-154.

Saragosse, en Espagne, est frappée par la foudre et incendiée. Dans le mois de mars de l'année dernière, une dépêche de notre ministre à Bruxelles, Lord Howard de Walden, dépêche datée du 24 février, fut adressée par Lord Russell à la Société Royale : on y lisait que, « le dimanche précédent, un violent orage s'était abattu sur la Belgique, que douze églises avaient été frappées par la foudre, et que trois de ces antiques et belles constructions avaient été totalement détruites (1). »

De nos jours encore, les ruines dues à des incendies allumés par la foudre sont très nombreuses, même beaucoup plus nombreuses qu'on ne le suppose ordinairement. On ne fait pas de statistiques de ces incendies, et par conséquent nos renseignements à ce sujet sont fort incomplets et inexacts. Je vais vous mentionner cependant un petit fait très précis et très significatif, dans sa portée restreinte. Dans la petite province de Schelswig-Holstein, dont la surface n'atteint pas le quart de celle de l'Irlande, la Société Provinciale des assurances contre l'incendie a payé, en seize années, pour des dommages causés par la foudre, un peu plus de 100,000 livres sterling (2,500,000 fr.), soit plus de 10,000 livres sterling (250,000 fr.) par an. Les pertes totales dues à ces incendies occasionnés par la foudre ne sont pas estimées, dans cette province, à moins de 12,500 livres sterling (plus de 300,000 fr.) chaque année (2).

Destruction de vaisseaux en mer. — Les effets destructeurs de la foudre sur les vaisseaux en mer, avant l'adoption générale des paratonnerres, nous semblent maintenant presque incroyables. Les statistiques offi-

(1) Deux conférences sur l'électricité atmosphérique et la protection contre la foudre; à la fin de son *Treatise on frictional Electricity*, p. 273.

(2) Cf. *Report of Lightning Rod Conference*, p. 110.

cielles nous apprennent que les dommages causés à la flotte royale toute seule, en Angleterre, s'élevaient à une somme de 6,000 à 10,000 livres sterling (150,000 à 250,000 fr.) chaque année. Sir William Snow Harris, qui se consacra plusieurs années à l'étude de ce sujet, avec un zèle extraordinaire et un plein succès, nous dit qu'entre l'année 1810 et l'année 1815, c'est-à-dire dans une période de cinq ans « il n'y eut pas moins de quarante vaisseaux de ligne, vingt frégates, et douze sloops et corvettes mis hors de combat par la foudre. Pour la marine marchande, il y a eu, dans un nombre d'années relativement petit, trente-quatre vaisseaux, dont la plupart étaient de très grands bâtiments avec de riches cargaisons, détruits totalement, — incendiés ou coulés à fond, — pour ne rien dire d'une foule de vaisseaux partiellement détruits ou sérieusement endommagés (1). »

Et ces renseignements, remarquons-le, ne tiennent pas compte des vaisseaux signalés simplement comme disparus, et parmi lesquels il y en a plusieurs, sans aucun doute, de frappés par la foudre, en pleine mer, et de coulés à fond. Un célèbre vaisseau de quarante-quatre canons, la *Résistance*, fut frappé par la foudre dans le détroit de Malacca ; son magasin de poudre fit explosion, et le vaisseau coula au fond de la mer. Trois personnes seulement furent sauvées, recueillies par un bateau qui se trouvait à passer. On a remarqué avec raison que sans ces trois survivants, on n'aurait jamais rien appris sur le sort du vaisseau, que les listes de l'amirauté auraient simplement signalé comme disparu.

Rien n'est plus effrayant que la scène qui se passe à bord d'un vaisseau frappé par la foudre en pleine mer, lorsque le vent souffle violemment, les vagues s'élèvent

____

(1) *Loco citato.*

comme de hautes montagnes, la pluie tombe par torrents, et les éclairs brillent par intervalles dans l'obscurité, apportant la mort et la ruine à leur suite. Je vais vous lire un ou deux récits très brefs d'une scène de ce genre, racontés dans la langue rude, mais expressive du marin. En janvier, 1766, la *Thisbé*, de trente-six canons, fut frappée par la foudre, en vue des îles Sorlingues, et fit naufrage. Voici un extrait du Livre de bord : « 4 heures du matin ; forts coups de vent ; on ferle la grande voile et le hunier ; on vient au vent avec des voiles d'étai. — Le vent souffle très fort du S.-E. — 4 h. 15, un éclair, suivi d'un coup de tonnerre formidable, étend sur le carreau plusieurs de nos hommes. — Un second éclair met en feu la grande voile, le grand hunier, et les voiles d'étai d'artimon. Obligés d'abattre le grand mât, qui entraîne le mât de hune d'artimon et la vergue du petit hunier. On s'aperçoit que le mât de misaine est également brisé par la foudre. Le petit mât de hune passe par-dessus bord vers 9 heures du matin. On met la voile de misaine (1). »

Quelques années plus tard, en mars 1796, le *Lowestoffe* fut frappé par la foudre dans la Méditerranée ; et voici ce que nous lisons dans le journal de bord : « Nord de Minorque ; fortes rafales ; grêle, pluie, tonnerre et éclairs. 12 h. 15, le vaisseau est frappé par la foudre, qui précipite trois hommes du mât d'avant, et en tue un. 12 h. 30, nouveau coup de foudre. Le grand mât de hune est mis en pièces ; plusieurs hommes étendus sans connaissance sur le pont. Le vaisseau est frappé de nouveau ; les mâts et les gréements prennent feu. Le grand mât est mis en pièces ; le petit mât de hune brisé ; des hommes sont étendus sans connaissance sur le pont et précipités de la hune ; un homme est tué sur le coup.

____

(1) Sir William Harris, *loc. cit.*, p. 224.

1 h. 30, on abat le grand mât. 4 heures, vent maniable ;
on met la voile de misaine (1). »

En 1810, le *Repulse*, vaisseau de soixante-quatorze
canons, fut assailli par un orage, en face de la côte d'Espagne. « Le vent avait été variable dans la matinée, et à
12 h. 35 il y avait un grain très fort, avec pluie, tonnerre
et éclairs. Le vaisseau fut frappé par deux éclairs d'une
lumière intense, qui brisèrent le grand mât de perroquet
et endommagèrent gravement le grand mât. Plusieurs
hommes furent tués sur le coup ; trois autres survécurent
quelques jours seulement ; et dix furent estropiés pour
le reste de la vie. Après la seconde décharge, la pluie se
mit à tomber par torrents ; le bâtiment reçut plus d'ava-
ries qu'il n'en aurait reçu au milieu du combat le plus
vif, et l'escadre, occupée à des opérations très importantes, perdit momentanément l'un de ses vaisseaux les
meilleurs et les plus rapides » (2).

Destruction de poudrières. — Les accidents
dus à la foudre tombant sur une poudrière ne sont pas
moins terribles. En voici un exemple frappant. Le 18 août
1769, la tour de Saint-Nazaire, à Brescia, fut frappée par
la foudre. Il y avait, sous cette tour, environ 200,000
livres de poudre, appartenant à la république de Venise,
et emmagasinées dans des caveaux. La poudre fit explosion, jeta par terre une grande partie de la belle ville de
Brescia, et ensevelit des milliers d'habitants sous les
ruines. On dit que la tour elle-même fut lancée comme
une seule masse à une grande hauteur, et retomba en
pluie de pierres.

Ce désastre est peut-être le plus terrible de tous ceux
qu'a enregistrés l'histoire. Mais les exemples ne nous

______

(1) *Ibid.*

(2) *The Thunderstorm*, par Ch. Tomlinson, F. R. S., 3ᵉ édition, p. 172.

manquent pas à notre époque. En 1856, le tonnerre tombe sur l'église Saint-Jean, dans l'île de Rhodes. Une grande quantité de poudre avait été déposée sous les voûtes de l'église. Cette poudre fut enflammée par l'éclair ; l'église devint en instant un monceau de ruines ; un très grand nombre d'habitants furent tués. L'année suivante, la poudrière de Joudpore, dans la présidence de Bombay, fut frappée par la foudre. Plusieurs milliers de livres de poudre à canon sautèrent ; cinq cents maisons furent détruites ; et l'on dit que près de quatre mille personnes perdirent la vie (1).

Expériences. — Et maintenant, avant d'aller plus loin, je vais faire une ou deux expériences pour montrer que l'électricité de nos machines peut produire des effets analogues à ceux de la foudre, bien qu'infiniment moins grands et moins puissants. Voici un grand verre à boire ordinaire, rempli d'eau aux trois quarts. J'y introduis deux conducteurs de cuivre recourbés et soigneusement isolés, au-dessous de la surface de l'eau, par une enveloppe de caoutchouc. Les pointes, toutefois, sont à découvert, à deux centimètres l'une de l'autre, presque au fond du verre. En dehors du verre, les conducteurs de cuivre sont montés sur un support, au moyen duquel je puis envoyer toute la charge de cette batterie électrique à travers l'eau, d'une pointe à l'autre. Puisque l'eau est mauvaise conductrice de l'électricité, comparée aux métaux, la décharge y rencontre, dans son passage, une grande résistance, et, en surmontant cette résistance, elle produit un ébranlement mécanique considérable, qui suffit d'ordinaire à briser le verre.

Il faudra, pour charger la batterie, environ trente tours

(1) Pour ces faits, cf. Anderson, *Lightning Conductors*, p. 197 ; Tomlinson, *The Thunderstorm*, p.p. 167-169 ; Harris, *loco citato*, p.p. 273-274.

de cette grande machine de Holtz. Observez comment la balle de sureau de cet électroscope se redresse pendant qu'on actionne la machine, montrant par là que l'électricité s'accumule. Maintenant, la voilà qui demeure stationnaire, ce qui nous indique que la batterie est complètement chargée. Vous remarquerez que l'armature extérieure de la batterie a été préalablement mise en communication avec l'un des conducteurs de cuivre qui plongent dans le verre. Au moyen de cet excitateur, je vais mettre l'armature en communication avec l'autre conducteur. Et voyez, avant même que le contact ait eu lieu, une étincelle a jailli, et notre verre est complètement mis en pièces.

Vous trouverez probablement que c'est là bien peu de chose en comparaison d'une maçonnerie solide et de pierres pesant des milliers de kilogrammes lancées en l'air. Certes, c'est peu de chose; mais c'est précisément un des points à remarquer dans notre expérience. Non seulement cette expérience nous montre que des effets de cette nature peuvent être engendrés par l'électricité artificiellement produite, mais elle nous fait parfaitement voir combien l'électricité des nuages est incomparablement plus puissante que l'électricité de nos machines.

La propriété que possède l'électricité d'enflammer les substances combustibles peut être facilement mise en évidence. Ce tube de caoutchouc communique avec la conduite de gaz, sous le plancher, et à l'extrémité du tube est adapté un robinet que je tiens dans ma main. J'ouvre le robinet, et je laisse le gaz se précipiter vers le conducteur de la machine de Carré, pendant que mon aide tourne le plateau; une étincelle passe et le gaz est enflammé. Maintenant, mon aide va se mettre sur un tabouret isolant, et placer sa main sur le grand conducteur de la machine, pendant que je ferai tourner la roue. Son corps s'électrise; et quand il présente le poing à ce vase qui contient de l'esprit-de-vin, et qui est en communication avec le sol, une étincelle jaillit, et l'esprit-de-vin s'enflamme soudainement. Je fixe maintenant un peu de coton-poudre autour d'un des boutons d'un excitateur, et je m'en sers pour décharger une petite bouteille de Leyde ; au moment de la décharge, la poudre prend feu.

Fig. 16.

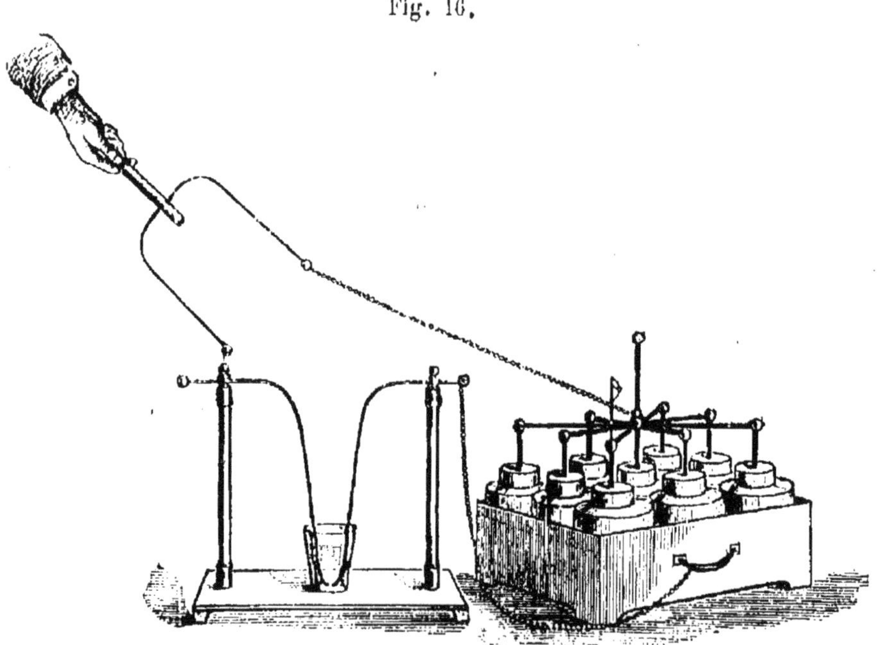

Verre à boire brisé par la décharge d'une batterie électrique.

Il serait très facile de faire sauter de la poudre au moyen de l'étincelle électrique ; mais la fumée produite par l'explosion rendrait cette salle tout à fait incommode tout le reste de la conférence. Je vais donc substituer à la poudre un mélange détonant d'oxygène et d'hydrogène, avec lequel j'ai rompli ce petit vase métallique, appelé communément pistolet de Volta. Je puis, par un moyen très simple, faire passer l'étincelle électrique à travers le mélange, quand je présente le vase au conduc-

teur de la machine. Le vase est solidement fermé au
moyen d'un bouchon ; et, au moment où l'étincelle jaillit,
vous entendez une vive explosion, et le bouchon est projeté violemment vers le plafond.

Destruction de la vie. — Le dernier effet de la
foudre, dont je parlerai, et qui, peut-être plus que tout
autre, nous remplit de terreur, est l'extinction soudaine
et complète de la vie, quand l'éclair frappe l'homme ou

Fig. 17.

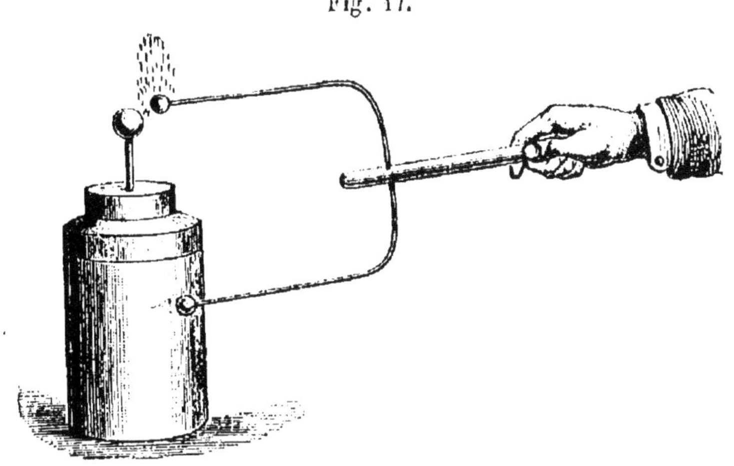

Coton-poudre enflammé par l'étincelle électrique.

l'animal. Cet effet est si rapide, dans la plupart des cas,
que la mort se produit, selon toute probabilité, sans
aucune espèce de souffrance ; la victime est morte avant
de se sentir frappée. Je ne puis pas vous dire avec quelque
exactitude le nombre de personnes tuées chaque année
par la foudre, parce que la statistique de ces morts acci-
dentelles n'a été faite jusqu'ici que très imparfaitement,
dans presque tous les pays, et qu'elle est, sans aucun
doute, fort incomplète. Mais peut-être serez-vous étonnés
d'apprendre que le nombre actuellement constaté de
personnes tuées par la foudre, est, en moyenne, de 22 en

Angleterre, chaque année, de 80 en France, de 110 en Prusse, de 212 en Autriche, de 440 dans la Russie européenne (1).

Autant qu'on peut le savoir d'après les sources actuelles d'informations, il paraîtrait que le nombre de personnes tuées par la foudre est, en tout, d'à peu près un tiers de celles qui sont frappées. Les autres sont tantôt simplement étourdies, tantôt plus ou moins brûlées, tantôt ren-

Fig. 18.

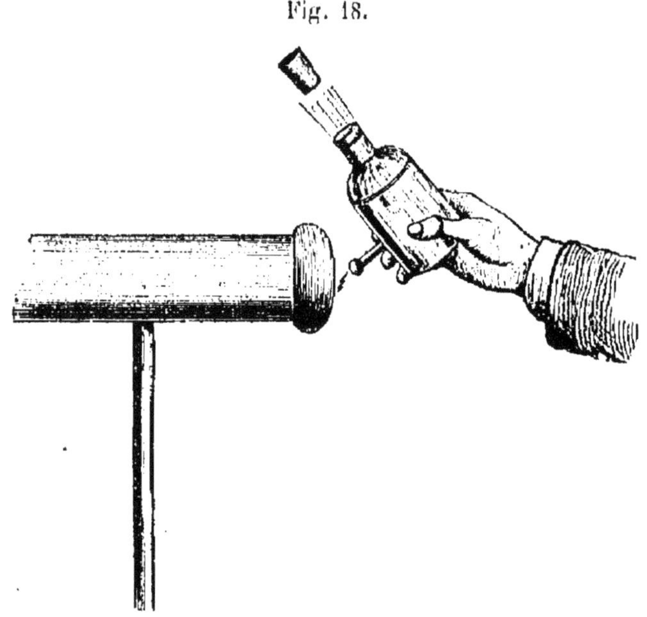

Pistolet de Volta; explosion déterminée par l'étincelle électrique.

dues sourdes pour un temps, tantôt partiellement paralysées. Parfois cependant, surtout quand la foudre tombe sur une nombreuse réunion, le nombre de ceux qui sont frappés légèrement dépasse considérablement le nombre de ceux qui sont tués.

M. Tomlinson cite un cas très curieux de ce genre. « Le 29 août 1847, à l'église de la paroisse de Welton, Lin-

(1) C. Anderson, *Lightning Conductors*, p.p. 170-175.

colnshire, les fidèles chantaient l'hymne qui précède le sermon, et le Rév. M. Williamson venait de monter en chaire, lorsque la foudre pénétra dans l'église, venant du clocher, et une explosion se produisit aussitôt au centre de l'édifice. Tout ce qui pouvait se remuer se précipite vers la porte, et M. Williamson descend de la chaire, s'efforçant de calmer les craintes des assistants. Mais on remarqua tout de suite qu'un certain nombre de fidèles gisaient en différentes parties de l'église, et semblaient morts ; quelques-uns avaient leurs vêtements en feu. Cinq femmes furent trouvées blessées, avec des visages noircis ou brûlés ; un enfant eut ses habits presque entièrement consumés. Un vieillard vénérable, M. Brownlow, âgé de soixante-huit ans, fut trouvé mort et étendu par terre au pied de son banc, immédiatement au-dessous d'un des candélabres. Aucune trace de blessures sur son corps ; mais les boutons de son gilet avaient été fondus, la jambe droite de son pantalon déchirée, et son habit littéralement brûlé. Sa femme, qui se trouvait dans le même banc, n'eut aucun mal (1). »

Un récit non moins frappant nous est fait par le docteur Plummer, chirurgien des volontaires Illinois, dans le *Medical and Surgical Reporter*, du 19 juin 1865. « Notre régiment fut hier le théâtre d'un des accidents les plus terribles que j'aie jamais vus. Vers deux heures, un orage violent éclata au-dessus de nos têtes. Comme une nouvelle garde venait pour remplacer celle qui avait fini sa faction, un éclair aveuglant partit, suivi sur-le-champ d'un coup de tonnerre formidable. Tous les hommes de la première garde, et une partie de ceux de la nouvelle, furent lancés violemment contre terre. Le choc fut si violent et

(1) *The Thunderstorm*, pp. 158-159. — Voyez aussi une relation d'après laquelle quatre personnes furent frappées par la foudre, sur le mont Cervin, en juillet 1869 ; toutes furent blessées, mais aucune ne fut tuée. Voir Whymper, *Escalades dans les Alpes* (Hachette, 1873).

si soudain que les hommes du dernier rang furent presque
tous jetés au premier rang. Un homme fut tué immédiatement et trente-trois autres furent brûlés plus ou moins
par le fluide électrique. Des bottes et des souliers de soldats furent arrachés des pieds de leurs possesseurs et mis
en pièces, et, si étrange que cela puisse paraître, ceux qui
les portaient ne reçurent presque aucun mal aux pieds.
Les brûlures semblaient avoir été causées par de l'eau
bouillante, la peau étant, dans la plupart des cas, retirée
et enlevée. Les hommes paraissent tous en voie de gué-
rison; plusieurs pourront reprendre leur office dans quelques jours. »

Le choc en retour. — Il arrive parfois que des
personnes sont jetées par terre, et même tuées, au moment où une décharge électrique se produit entre un

Fig. 19.

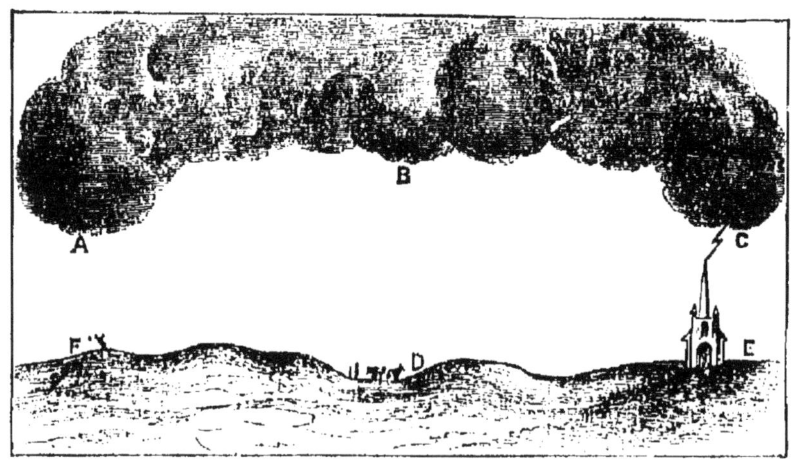

Le choc en retour.

nuage et la terre, bien qu'elles soient très éloignées du
point où l'éclair apparaît; tandis que d'autres, situées
entre les premières et le point de décharge, souffrent peu
ou même pas du tout. Ce curieux phénomène fut soigneu-

sement étudié pour la première fois par Lord Mahon, en 1779, et fut appelé par lui le *choc en retour*. La théorie de Lord Mahon, maintenant acceptée communément, peut se comprendre sans difficulté au moyen du dessin que voici.

A B C représente le nuage orageux, qui s'abaisse vers la terre en A et en C. L'électricité du nuage développe par induction une charge d'électricité opposée dans la partie de terrain qui se trouve au-dessous. Mais l'action inductive s'exerce avec la plus grande puissance en E et en F, points où le nuage est le plus rapproché de la terre. Par suite, les corps situés dans les environs de ces points peuvent être très fortement électrisés, relativement aux corps qui se trouvent en un lieu intermédiaire, en D par exemple. Maintenant, quand un éclair se produit en E, la partie inférieure du nuage perd soudainement son électricité; son action inductive cesse, et, par conséquent, une personne située en F cesse tout à coup d'être électrisée. Ce passage subit d'un état électrique intense à l'état neutre détermine, dans son système nerveux, un ébranlement qui peut être assez fort pour l'étourdir ou même la tuer. Pendant ce temps, les personnes situées en D, et qui ont été aussi électrisées, jusqu'à un certain point, par l'influence du nuage orageux, doivent de la même manière subir un changement d'état électrique au moment où l'éclair se produit; mais ce changement sera moins violent, parce qu'elles ont été moins fortement électrisées.

On a imaginé diverses expériences pour appuyer cette théorie de Lord Mahon; mais la meilleure que je connaisse nous est fournie par cette machine électrique de Carré. Si vous vous tenez près d'une extrémité de ce grand conducteur, quand la machine est en action, et qu'on tire des étincelles de l'autre bout, vous sentirez un choc distinct chaque fois qu'une étincelle part. Le grand conducteur joue ici le rôle du nuage ; l'étincelle à un bout, représente l'éclair, et l'observateur, à l'autre bout, reçoit le choc en retour, bien qu'il se trouve à une distance considérable du point où l'éclair est aperçu.

Une expérience de cette nature ne peut être, cela va de soi, présentée d'une manière satisfaisante à un aussi vaste auditoire que celui-ci. Mais je puis vous donner une idée suffisante de l'effet produit, au moyen de cette touffe de rubans de papier coloré. Pendant que la machine est en action, j'approche la touffe de l'extrémité du conducteur la plus éloignée du point où la décharge a lieu. Vous voyez que les rubans de papier sont électrisés par induction, et, en vertu de leur répulsion mutuelle, ils s'éloignent les uns des autres. Mais quand une étincelle vient à passer, l'action inductive cesse aussitôt ; les rubans de papier cessent d'être électrisés ; et la touffe tout entière reprend soudainement son état normal.

Tout en acceptant la théorie de Lord Mahon sur le choc en retour comme une théorie excellente, dans ses justes limites, j'essaierai d'indiquer une autre cause qui doit souvent contribuer pour une grande part à produire l'effet en question, et qui ne dépend pas de la forme du nuage. Il peut très bien arriver que la portion du terrain influencée par le nuage orageux ait une surface de telle nature que le point le plus fortement électrisé, par exemple E, dans la figure, soit en bonne communication électrique avec un point éloigné, tel que F, tandis qu'il n'est relié que très imparfaitement à un point beaucoup plus proche, D. Dans un cas semblable, il est évident que les corps en F participeront à l'électrisation intense de E, et subiront aussi un changement soudain et violent d'état électrique au moment de l'éclair ; tandis que les corps en D, beaucoup moins électrisés avant la décharge, seront moins fortement ébranlés quand la décharge se produira.

Ce principe peut être mis en évidence par une expérience très simple. Voici une chaîne de cuivre longue d'environ six mètres. Je prierai une personne de bonne volonté de la prendre par un bout; je garde l'autre bout dans ma main. Je me place maintenant près du conducteur de la machine; et je demanderai à quelqu'un de vouloir bien se tenir à trois mètres de moi, près du milieu de la chaîne, mais sans toucher celle-ci. Observez maintenant ce qui se passe quand la machine est actionnée et que je tire une étincelle du conducteur. La personne située à l'extrémité de la chaîne (à six mètres de moi) reçoit un choc presque aussi violent que celui que je reçois moi-même, parce qu'elle est en bonne communication électrique avec le point où la décharge a lieu. Mais la personne plus fortunée, qui se tient à trois mètres seulement de l'étincelle, ne reçoit presque aucune impression, parce qu'elle ne communique avec moi que par le plancher de cette salle, qui est relativement mauvais conducteur de l'électricité.

Résumé. — Récapitulons brièvement les principaux effets destructeurs de la foudre. D'abord, en ce qui concerne les corps bons conducteurs : la foudre passe inoffensive à travers ceux-ci quand ils sont assez grands pour lui offrir un passage facile, tandis qu'elle les fond et les volatilise si leurs dimensions sont assez petites pour opposer à l'électricité une résistance considérable. En second lieu, la foudre agit avec une force mécanique énorme sur les mauvais conducteurs; elle peut démolir des masses considérables de maçonnerie et en projeter les fragments à de grandes distances. Troisièmement, elle met le feu aux corps combustibles. Enfin, elle cause la mort instantanée des hommes et des animaux.

Paratonnerres de Franklin. — Le but des paratonnerres est de protéger la vie et la propriété contre ces effets destructeurs. Franklin, le premier, en conseilla l'usage, en 1749, avant même sa fameuse expérience du cerf-volant; et immédiatement après cette expérience, en 1752, il plaça sur sa propre maison, à Philadelphie, le premier paratonnerre qui ait existé. Il imagina même un appareil ingénieux qui l'avertissait de l'approche d'un nuage orageux. Cet appareil consistait en une sonnerie, qu'il suspendit à son paratonnerre, et qui se faisait entendre lorsque le paratonnerre se chargeait d'électricité.

Les paratonnerres de Franklin furent bientôt adoptés en Amérique. Lui-même contribua beaucoup à leur succès par les instructions très simples et très claires qu'il faisait paraître chaque année, pour le plus grand avantage de ses concitoyens, dans la publication connue sous le nom d'*Almanach du Bonhomme Richard*. Il est fort intéressant, à la distance qui nous sépare de lui, de lire les règles pratiques tracées par cet illustre savant et homme d'État; et, bien que certaines modifications aient été suggérées par l'expérience de cent trente années, surtout en ce qui concerne les dimensions du paratonnerre, on est surpris de voir avec quelle exactitude sont indiqués les principes généraux du paratonnerre et ceux de son action.

« Il a plu à Dieu », dit-il, « dans sa bonté pour l'homme, de lui découvrir enfin les moyens de préserver sa demeure, et toutes les autres constructions, des accidents causés par la foudre. Voici la méthode à suivre : Procurez-vous une petite tige de fer qui peut être faite comme celle dont se servent les cloutiers, mais de telle longueur qu'une de ses extrémités plongeant de trois ou quatre pieds dans le sol humide, l'autre extrémité puisse s'élever de six ou huit pieds au-dessus du point le plus haut de la maison. A l'extrémité la plus élevée de la tige, attachez un fil de cuivre long d'environ un pied, gros comme une aiguille à tricoter ordinaire, et terminé en une pointe fine; la tige peut être fixée solidement sur la maison au moyen de petits crampons de fer. Si la maison ou la grange ont une certaine longueur, on peut mettre une tige et une pointe à chaque extrémité, avec un fil métallique courant le long du faîte, d'un bout à l'autre. Une maison ainsi pourvue n'éprouvera aucun dommage de la foudre, car celle-ci est attirée par les pointes et descend, à travers le métal, jusque dans le sol, sans causer aucun accident. De même les vaisseaux qui ont, au sommet de leurs mâts, une tige métallique terminée en pointe, avec un fil métallique partant du pied de la tige et descendant le long d'un hauban jusque dans l'eau, ne sont pas endommagés par la foudre. »

Introduction des paratonnerres en Angleterre. — Le succès des paratonnerres s'établit plus lentement en Angleterre et sur le continent européen. On craignait, non sans raison, que, dans certains cas, ils n'attirassent la foudre là où sans eux elle n'aurait pas tombé. On préférait s'en remettre à la chance que l'on avait eue jusqu'alors d'échapper au danger, plutôt que d'inviter, en quelque sorte, la foudre à descendre sur les maisons, dans l'espoir qu'une tige métallique la conduirait inoffensive dans le sol. Mais les dommages causés chaque année par la foudre amenèrent bientôt les hommes pratiques à faire bon accueil à un système qui offrait une immunité complète à si bon marché ; et quand on eut reconnu que les bâtiments protégés par des paratonnerres avaient été maintes et maintes fois atteints par la foudre sans en éprouver aucun dommage, la conviction générale de l'utilité des paratonnerres prit peu à peu possession de l'esprit public.

Le premier bâtiment public protégé par un paratonnerre, en Angleterre, fut la cathédrale de Saint-Paul, à Londres. Le 18 juin 1764, le beau clocher de l'Église de Saint-

Bride, dans la cité, fut frappé par la foudre et mis en ruines. Ce fait éveilla l'attention du doyen et du chapitre de Saint-Paul sur les accidents de ce genre, qui paraissaient menacer leur propre église. Après une longue délibération, ils portèrent la question devant la Société Royale, demandant des instructions et des avis. Un comité de savants fut chargé par la Société Royale d'étudier le cas. Benjamin Franklin lui-même, qui se trouvait alors à Londres, en qualité de représentant des États d'Amérique lors de leur différend avec l'Angleterre, fut nommé membre du comité. La délibération aboutit à faire placer, en 1760, des paratonnerres sur la cathédrale de Saint-Paul.

Ce fut à cette occasion que s'éleva la célèbre controverse sur les mérites respectifs des pointes et des boules. Franklin avait recommandé un conducteur terminé en pointe; mais plusieurs membres du comité voulaient que le conducteur se terminât en boule, et non pas en pointe. Le comité se prononça en faveur de l'opinion de Franklin, et des conducteurs se terminant en pointe furent, en conséquence, adoptés pour la cathédrale de Saint-Paul. Mais la controverse n'en demeura pas là. On était à une époque de grande agitation politique, et l'esprit de parti s'introduisait jusque dans les discussions pacifiques de la science. Le poids de l'opinion scientifique était en faveur de Franklin; mais on insinuait, de l'autre côté, que les conducteurs se terminant en pointe avaient une teinte de républicanisme, et pouvaient causer des dangers à l'empire. En général, les Whigs recommandaient fortement les pointes, tandis que les Tories se montraient non moins chauds partisans des boules.

Les Tories l'emportèrent un temps. Le roi les appuyait. On fit en sa présence des expériences sur une large échelle, au Panthéon, vaste construction d'Oxford-street; il se persuada que ces expériences prouvaient l'immense

supériorité des boules sur les pointes ; et pour donner
une suite pratique à ses convictions, Sa Majesté fit placer
un énorme boulet de canon sur le paratonnerre du Palais
Royal à Kew. Mais le comité de la Société Royale
n'était pas convaincu. Avec le temps l'esprit de parti
s'apaisa ; on reconnut que Franklin avait pour lui l'expérience aussi bien que la raison ; et la bataille des boules
et des pointes est reléguée depuis longtemps dans le domaine de l'histoire (1).

Fonctions d'un paratonnerre. — Un paratonnerre remplit deux fonctions. Premièrement, il favorise
une décharge silencieuse et progressive de l'électricité
entre le nuage et la terre, et tend ainsi à empêcher cette
accumulation qui doit nécessairement se produire avant
un éclair. Secondement, si l'éclair se produit, le paratonnerre lui offre un canal de sûreté qui lui permettra d'arriver à la terre sans causer aucun dommage.

On peut mettre en évidence ces deux fonctions du paratonnerre par une expérience très simple. Si, pendant
que notre machine est actionnée, je présente ma main
fermée au grand conducteur de cuivre, une étincelle part
aussitôt, et je ressens en même temps un léger choc électrique. Le conducteur de la machine représente, comme
d'ordinaire, le nuage électrisé ; ma main figure, en quelque sorte, un bâtiment qui s'élève au-dessus de la surface
du sol ; l'étincelle est l'éclair ; et le choc électrique nous
rappelle le pouvoir destructeur d'une décharge soudaine.

Je vais maintenant protéger ce bâtiment au moyen d'un
paratonnerre. A cet effet, je prends dans ma main une
tige de cuivre, que je mets en communication avec la
terre par une chaîne de même métal. Tout d'abord, je fixe

(1) *Philosophical Transactions of the Royal Society*, 1773, p. 42, et
1778, part. i, p. 132 ; Anderson, *Lightning Conductors*, pp. 40-42 ;
Lightning Rod conference, pp. 76-79.

une boule de métal à l'extrémité de mon paratonnerre. Vous voyez l'effet : une étincelle éclate rapidement, mais je ne ressens aucun choc. Je puis accroître la force de la décharge en suspendant ce condensateur au conducteur de la machine. Il se produit encore des étincelles, beaucoup plus vives et plus puissantes que les premières, mais je ne reçois toujours aucun choc. Il est évident, dès lors, que mon paratonnerre n'empêche pas l'éclair d'avoir lieu; mais elle le conduit inoffensif dans le sol.

Maintenant, je vais prendre une tige qui se termine par une pointe fine, et, après l'avoir mise en communication avec le sol, comme précédemment, au moyen d'une chaîne de cuivre, je vais présenter la pointe au conducteur de la machine. Vous voyez que le résultat est bien différent : il n'y a pas de décharge, il ne se produit pas d'étincelle, aucun choc n'est ressenti. L'électricité continue d'être engendrée dans la machine; il s'en développe aussi par induction dans la chaîne de cuivre et dans mon corps. Mais ces deux électricités opposées se déchargent silencieusement au moyen de cette pointe de fer, et il n'apparaît aucune espèce d'effet sensible.

Ces expériences sont des plus simples; et pourtant elles nous présentent avec toute la clarté possible toute la théorie des paratonnerres. En particulier, elles nous démontrent d'une manière sensible qu'un bon paratonnerre ne se borne pas à rendre la foudre inoffensive quand elle éclate, mais qu'il contribue beaucoup à l'empêcher d'éclater. La ville de Pietermaritzburg, capitale de la colonie de Natal, dans l'Afrique du Sud, nous fournit un remarquable exemple de cette propriété des paratonnerres. A certaines saisons de l'année, cette ville est exposée à des orages très fréquents et la foudre y causait autrefois des dégâts considérables; mais depuis que l'on a établi des paratonnerres sur les principaux bâtiments, la foudre n'est jamais tombée sur la ville. Les nuages orageux viennent tout comme auparavant; mais ils passent en silence sur la cité, et ils ne commencent à darder leurs éclairs que lorsqu'ils arrivent dans la campagne, après avoir dépassé les paratonnerres.

Mais souvent, même dans le cas d'un conducteur se terminant en pointe, l'accumulation de l'électricité se fait avec une rapidité telle que la décharge silencieuse ne suffit pas à en avoir raison. Alors une décharge brusque se produira, de temps à autre, et un éclair partira. Dans ces circonstances, le paratonnerre est appelé à remplir son second office, et à conduire la foudre dans le sol en l'empêchant de faire aucun mal.

Conditions d'un bon paratonnerre. — La considération des fonctions d'un paratonnerre nous permet d'établir les conditions qu'il doit remplir pour produire l'effet qu'on en attend. La première de ces conditions, c'est que l'extrémité supérieure ait au moins une pointe fine. Nos expériences nous ont démontré qu'un conducteur finissant en pointe tend, dans une certaine mesure, à empêcher l'éclair de se produire ; tandis qu'un conducteur sans pointe, ou finissant en boule, tend seulement à rendre la foudre inoffensive, quand elle éclate. Il est évident, par suite, que le conducteur qui se termine en pointe offre plus de sûreté.

Mais une pointe fine est fort exposée à être fondue quand la foudre l'atteint et à devenir ainsi beaucoup moins efficace par la suite. Pour parer à ce danger, la Conférence des paratonnerres a proposé récemment que l'extrémité du conducteur soit une pointe émoussée, destinée à recevoir la décharge dans toute sa force, quand elle se produit, et qu'un peu plus bas, il y ait un certain nombre de

----

(1) Cf. *A Lecture on Thunderstorms*, by professor Tait, of Edinburgh, dans la *Nature*, vol. xxii ; p. 365.

pointes fines pour favoriser la décharge silencieuse. Cette proposition, qui semble admirablement appropriée à la double fonction que doit remplir un paratonnerre, mérite d'être rappelée dans les termes exacts du rapport officiel.

« Il semble préférable de séparer les deux fonctions de la pointe. On prolongera donc la tige jusqu'au sommet, et l'on se bornera alors à la couper, de telle sorte que si une décharge brusque se produit, toute la puissance conductrice du paratonnerre soit prête à la recevoir. En même temps, vu l'importance de la décharge silencieuse par les pointes, nous proposons qu'à un pied (0ᵐ30) au-dessus de l'extrémité de la partie supérieure, l'on attache solidement, par des vis et des soudures, un anneau de cuivre portant trois ou quatre aiguilles de cuivre, longues de 0ᵐ12 chacune, d'un diamètre de 0ᵐ006 à la base et diminuant progressivement d'épaisseur pour finir en une pointe aussi fine que possible; et pour empêcher que la pointe ne s'émousse, nous conseillons de la recouvrir de platine, de la dorer ou de la nickeler (1). »

La seconde condition que doit remplir un paratonnerre, c'est que la matière qui le compose ainsi que ses dimensions soient de nature à laisser un passage aux plus forts coups de foudre ; autrement, il pourrait être fondu par la décharge, et l'électricité, se cherchant un autre passage, pourrait se frayer violemment un chemin à travers de mauvais conducteurs qu'elle briserait ou incendierait. Le cuivre est maintenant regardé comme la meilleure matière pour un paratonnerre; on s'en sert presque exclusivement dans ce pays. Si on l'emploie sous forme de cordage, ce cordage ne doit pas avoir moins d'un centimètre de diamètre; si l'on préfère une bande de cuivre — ce que les constructeurs trouvent souvent le plus conve-

____

(1) Rapport de la Conférence des paratonnerres, p. 4.

nable — il faut lui donner 0^m04 de largeur et 0^m003 d'épaisseur. En France l'on s'est servi jusqu'à ce jour plutôt de
tiges de fer pour les paratonnerres ; mais puisque le pouvoir
conducteur du fer est bien inférieur à celui du cuivre,
la tige de fer doit avoir des dimensions beaucoup plus
considérables ; son diamètre doit être d'au moins 0^m025 (1).

La troisième condition est que le paratonnerre soit
continu dans toute sa longueur, et placé en bonne communication électrique avec le sol. Cette condition est de
première importance ; et l'expérience prouve que c'est
celle-là surtout que l'on est porté à négliger. Dans une
grande ville, la meilleure communication avec le sol est
fournie par le système des conduites d'eau et des conduites de gaz, qui constituent un réseau de conducteurs
partout en contact avec la terre. Il y a deux points
cependant, auxquels il faut apporter la plus grande
attention : premièrement, le contact électrique entre le
paratonnerre et le tube métallique doit être absolument
parfait ; secondement, le tuyau choisi doit avoir des dimensions suffisantes pour permettre à la foudre de se rendre
facilement à travers lui jusqu'à la conduite principale.

Si l'on n'a pas à sa disposition un pareil système de
conduites d'eau ou de gaz, alors le paratonnerre doit être
mis en communication avec un sol humide au moyen d'un

(1) Les dimensions indiquées ici sont plus considérables, à quelques égards, que celles qui sont « recommandées comme un minimum » dans le Rapport de la Conférence des paratonnerres, p. 6.
Mais c eux qui consulteront ce Rapport remarqueront que le minimum recommandé a précisément la dimension des paratonnerres
que le paragraphe précédent du même Rapport prétend avoir été
fondus par la foudre ; il semble donc bien que ce minimum soit loin
d'offrir une grande sécurité. On observera aussi qu'il y a quelque con-
fusion dans les figures que l'on donne, et qu'elles se contredisent.
Pour les dimensions des paratonnerres en fer, voyez les instructions
adoptées par l'Académie des sciences de Paris, 20 mai 1875; *Lightning Rod Conference*, pp. 67-68.

lit de charbon ou d'une plaque de métal qui n'ait pas moins de trois pieds carrés. Cette plaque de métal doit être toujours de même matière que le conducteur ; autrement il s'établirait, entre les deux métaux, une action galvanique qui pourrait, avec le temps, nuire sérieusement au contact. La terre sèche, le sable, la pierre, les cailloux sont de mauvais conducteurs ; et si ces matières se trouvent à proximité de la surface de la terre, le paratonnerre doit la traverser, et se prolonger jusqu'à ce qu'il rencontre l'eau ou un sol toujours humide.

Dégâts causés par les mauvais conducteurs. — Si le contact avec la terre est mauvais, un paratonnerre fait plus de mal que de bien. Il attire la foudre sur le bâtiment, sans lui offrir, en même temps, un libre passage vers la terre. La conséquence est que la foudre se fraye une voie par elle-même, brisant violemment tout ce qui s'oppose à sa marche, et mettant le feu à tout ce qui peut brûler.

Je vais vous citer quelques exemples récents et très frappants. En mai 1879, l'église de Laughton-en-le-Morthen, en Angleterre, bien que pourvue d'un paratonnerre, fut frappée par la foudre et gravement endommagée. A l'examen, on reconnut que la foudre avait suivi la flèche jusqu'au toit, et qu'alors, changeant de route, elle s'était ouvert un chemin à travers un contrefort en maçonnerie massive, déplaçant une quantité d'environ deux charretées de pierres, et, que de là, elle avait sauté sur les plombs du toit, éloignés de deux mètres ; elle avait ensuite suivi les plombs jusqu'à ce quelle fût parvenue aux tuyaux de fonte destinés à l'écoulement de la pluie ; c'est à travers ceux-ci qu'elle était descendue dans le sol. Quand on voulut se rendre compte du contact du paratonnerre avec le sol, on le trouva extrêmement défectueux. Le paratonnerre, parvenu sous le sol, s'y recourbait seulement un peu, pour se perdre au milieu de décombres secs et épars, à une profondeur qui ne dépassait pas 0ᵐ50. Cet exemple est des plus instructifs. La foudre avait le choix entre deux chemins, l'un par les conducteurs préparés pour la recevoir, l'autre, par les plombs du toit et les tuyaux de fonte ; et, par une sorte d'instinct qui nous étonne toujours, si explicable qu'il soit, elle choisit la ligne de moindre résistance, bien qu'elle dût pour cela se créer un passage, dès le début, à travers un mur massif de solide maçonnerie (1).

Le 5 juin de la même année, un éclair frappa la maison de M. Osbaldiston, près de Sheffield, et malgré la protection supposée d'un paratonnerre, elle y causa des dégâts qui s'élevèrent à environ 500 livres sterlings (12.500 fr.). La foudre suivit le paratonnerre jusqu'à un point situé à 2ᵐ70 au-dessus du sol, et traversa alors un mur épais pour se rendre à une conduite de gaz, au pied de la glace du salon. Elle fondit la conduite de gaz, enflamma le gaz, mit la glace en pièces, brisa les vases de Sèvres sur la cheminée, et détruisit le mobilier environnant. Dans ce cas, comme dans le précédent, on reconnut que le contact avec le sol était mauvais, et qu'en outre, le paratonnerre lui-même avait des dimensions insuffisantes. Aussi la décharge électrique trouva-t-elle un chemin plus facile à travers les conduites de gaz, bien qu'elle dût, pour y arriver, s'ouvrir un passage à travers une masse résistante de corps non conducteurs (2).

Dans la même année encore, le 28 mai, la maison de M. Tomes, de Caterham, fut frappée par la foudre, et légèrement endommagée. Après un examen attentif, on reconnut que la plus grande partie de la décharge avait quitté le paratonnerre dont la maison était pourvue, et

---

(1) V. Lettre de M. J. Nervall, F. R. S , dans le *Times*, 30 mai 1879.
(2) V. *Nature*, 12 juin 1879, vol. XX. p. 146.

s'était introduite par la pente du toit dans une chambre d'où elle s'était fait un passage à travers un mur de briques pour aller atteindre une petite citerne en fer. Cette citerne communiquait par un tuyau de fer de grandes dimensions avec deux pompes situées dans les soubassements; ces pompes offrirent à la foudre un chemin facile pour descendre à la terre, et la décharge ne causa que très peu de dégâts. Quand on examina le contact du paratonnerre avec le sol, on trouva que l'extrémité du paratonnerre plongeait tout simplement dans un terrain sec et crayeux, à une profondeur d'environ un pied. Il est donc bien évident que, dans ce cas aussi bien que dans les deux autres, le paratonnerre ne put remplir ses fonctions parce que le contact avec le sol était défectueux (1).

Souvent les constructeurs établissent sous le sol un réservoir d'eau fait avec soin, et dans lequel ils introduisent l'extrémité inférieure du paratonnerre. On semble admettre de plus en plus qu'un réservoir d'eau constitue un bon contact avec le sol. Cela est parfaitement vrai d'un réservoir naturel, tel qu'un lac, où l'eau est en contact avec la terre humide, sur une étendue considérable. Mais un réservoir artificiel peut avoir des propriétés toutes contraires et ne servir pratiquement qu'à isoler le paratonnerre du sol. Un paratonnerre que j'ai pu voir il y a peu de temps dans les environs de cette ville consiste en un grand tuyau de terre cuite, reposant sur un lit de ciment, et à demi rempli d'eau. Le tuyau de terre cuite est un bon isolateur, et il en est de même du lit de ciment. Une disposition de cette nature est identique, dans toutes ses lignes essentielles, à l'appareil au moyen duquel le professeur Richmann introduisit son paratonnerre dans un vase de verre; ce qui lui coûta la vie, il y a cent trente ans.

Un paratonnerre installé de la sorte attirera probable-

(1) Lettre de M. Tomes, dans la *Nature*, vol. XX, p. 143 ; et *Lightning Rod Conference*, p. p. 210-215.

ment la foudre des nuages ; mais il est à croire qu'il la déchargera, en causant de graves accidents, dans le bâtiment qu'il a pour but de protéger, au lieu de la transporter inoffensive dans le sol. Il y a un exemple de cela dans le cas de Christ Church, dans la ville de Clevedon, Somersetshire. Cette église était munie d'un système très efficace de paratonnerres. Ceux-ci, au nombre de cinq, correspondaient aux quatre tourelles et au mât de pavillon, au sommet de la tour principale. Les cinq paratonnerres consistaient en une bonne corde de fils de cuivre ; tous étaient unis ensemble à l'intérieur de la tour, à travers laquelle ils descendaient à terre, pour se terminer dans un égouttoir en terre cuite. Cette espèce de contact avec la terre pouvait suffire tant que l'eau tombait dans l'égouttoir ; mais dès que celui-ci se trouvait à sec, le paratonnerre cessait, de fait, de communiquer avec le sol. Le 5 mars 1876, l'église fut frappée par la foudre, qui suivit jusqu'à une certaine distance la ligne du paratonnerre ; puis, trouvant le passage barré par l'égouttoir, qui était alors à sec, le fluide électrique pénétra à travers les murs, déplaça plusieurs centaines de kilogrammes de pierres, et se fraya un passage vers le sol à travers la conduite de gaz (1).

Un autre exemple très instructif nous est fourni par le paratonnerre du phare de Berehaven, sur la côte sud-ouest de l'Irlande. Ce paratonnerre consiste en une corde de fils de cuivre d'un centimètre d'épaisseur, qui descend le long de la tour « jusqu'au rocher qui est à sa base, où il se termine dans *un petit trou de sept centimètres de diamètre, creusé dans le rocher, à quinze centimètres environ au-dessous de la surface.* » Ici encore nous avons une bonne reproduction de l'expérience de Richmann, avec cette seule différence qu'au lieu d'une bouteille de verre, il y a un petit trou dans le

<hr>

(1) V. Anderson, *Lightning Conductors*, pp. 208-210.

rocher. Un paratonnerre ainsi construit remplit deux fonctions : il augmente les chances qu'a le bâtiment d'être frappé par la foudre, et si, de fait, la foudre éclate, il l'empêche de se rendre dans le sol sans causer de dégâts.

La foudre frappa le phare de Berehaven il y a environ cinq ans. Comme on pouvait s'y attendre, elle ne suivit nullement le paratonnerre pour aller dans le sol, mais elle se fit un passage à travers le phare lui-même, accumulant les ruines autour d'elle d'étage en étage. Le bureau des phares irlandais envoya un rapport détaillé sur cet accident à la Conférence des paratonnerres, en mars 1880, et c'est dans ce rapport que nous avons puisé les renseignements qui précèdent (1).

Précautions à prendre contre des conducteurs rivaux.

— Mais il ne suffit pas de se procurer un bon paratonnerre, qui puisse transporter dans le sol la décharge électrique sans lui permettre de faire aucun mal ; il faut encore prendre garde qu'il n'y ait pas dans le bâtiment protégé des conducteurs rivaux capables de détourner la foudre du chemin qui lui est destiné, et la conduire par une autre voie le long de laquelle elle pourrait tout détruire. Cette précaution est aujourd'hui de la plus grande importance, à cause de l'emploi que l'on fait des métaux de toutes sortes dans la construction et l'ameublement de nos maisons modernes. Je vais prendre un exemple typique, qui vous fera comprendre clairement ce que je vous dis.

Beaucoup de grandes constructions ont leur toit couvert en grande partie de plomb. Le plomb peut s'approcher, à un ou plusieurs points, de gouttières préparées pour recevoir la pluie : les gouttières communiquent avec les tuyaux de fonte dans lesquels l'eau tombe, et ces tuyaux de fonte se rendent souvent dans le sol. Dans ces circonstances, le sol est généralement humide, et se trouve, par suite, en bon contact électrique avec les tuyaux. Voilà donc une ligne irrégulière de conducteurs qui, malgré les solutions de continuité qu'elle présente çà et là, peut, en certaines conditions, offrir à la décharge électrique un passage tout aussi libre que le paratonnerre lui-même. Quelle conséquence en résulte-t-il ? C'est que la décharge, ou une partie de la décharge, abandonnera le paratonnerre, et se fera une route à travers la série interrompue de conducteurs, causant peut-être de graves dommages en franchissant les anneaux mauvais conducteurs de la chaine.

Un autre exemple peut être emprunté aux conduites d'eau et aux conduites de gaz, dont presque toutes les maisons des grandes villes sont maintenant pourvues, et qui constituent un réseau de conducteurs couvrant les murs et les voûtes, et s'étendant sous le sol, avec lequel ils sont dans le meilleur contact électrique. Il arrive souvent qu'un paratonnerre, à un point ou à un autre de son parcours, se trouve très rapproché de ce réseau de tuyaux métalliques. Dans ce cas, une partie de la décharge électrique peut quitter le paratonnerre, se frayer violemment un passage à travers la maçonnerie, pénétrer dans le réseau des conduites, fondre les conduites de gaz, enflammer le gaz et incendier la maison.

Il ne s'agit pas ici de simples spéculations philosophiques. Tous les incidents variés que je viens de décrire ont eu lieu et se sont maintes fois répétés pendant ces dernières années. Vous vous souvenez que, dans quelques-uns des cas que je vous ai racontés, lorsque la décharge électrique ne trouvait pas dans le paratonnerre un chemin convenable pour se rendre dans le sol, elle suivait quelque ligne discontinue de conducteurs accidentels, comme celles dont nous nous occupons à présent. Mais ces lignes discontinues de conducteurs semblent offrir un danger qui leur est propre, même lorsque le paratonnerre est en état de remplir ses fonctions. Je vais vous le montrer par un exemple.

Le 5 juin 1879, l'église de Sainte-Marie, à Rugby, fut frappée par la foudre, et la décharge électrique y alluma un incendie qui la mit à deux doigts d'une ruine complète. Un certain nombre d'ouvriers se trouvaient ce jour-là dans le clocher, auquel ils faisaient des réparations. Vers trois heures ils virent un nuage épais qui s'approchait, et ils descendirent à l'intérieur pour s'abriter. Au bout de quelques minutes ils entendirent un craquement épouvantable, directement au-dessus de leurs têtes ; au même moment le gaz s'alluma sous la tribune de l'orgue, et les boiseries s'enflammèrent. Les ouvriers réussirent à éteindre tout de suite le feu, et l'église n'éprouva que des dégâts insignifiants.

Il n'y avait aucune raison de supposer, dans la circonstance, que le paratonnerre fût défectueux en quoi que ce soit. Mais, à mi-hauteur environ du clocher, il y avait un carillon de huit cloches. A ces cloches étaient attachés des fils de cuivre, d'à peu près 0^{m}003 de diamètre, descendant des battants pour arriver à la tribune de l'orgue, où ils se trouvaient à proximité d'une conduite de gaz installée dans le mur. Une grande partie de la décharge dut se rendre dans le sol, sans causer d'accidents, par le paratonnerre. Mais une partie passa sur les cloches dans la tour, descendit par les fils de cuivre, et se créa un passage à travers la tribune de l'orgue pour atteindre le réseau des conduites de gaz, à travers lequel elle se rendit dans le sol, après avoir fondu, dans son parcours, les tuyaux de plomb et allumé le gaz.

Il est facile de prévenir un danger de ce genre. Il suffit de mettre toutes les grandes masses de métal employées dans la construction d'un bâtiment — les feuilles de plomb et les gouttières du toit, les tuyaux de fonte de la base, les conduites d'eau et de gaz, — en bonne communication métallique avec le paratonnerre, et autant qu'il se peut, les unes avec les autres. Réunies de la sorte, elles présentent une ligne continue et efficace de conducteurs, aptes à transporter la décharge dans le sol sans accidents, et au lieu d'être un rival dangereux, elles deviennent un auxiliaire très utile pour le paratonnerre.

Je ferai remarquer toutefois que le paratonnerre ne doit pas être relié directement aux petits tuyaux de plomb que l'on emploie ordinairement pour distribuer l'eau et le gaz dans les différentes parties d'une maison. Des tuyaux de ce genre sont exposés, nous l'avons vu, à être fondus lorsqu'une partie notable de la décharge électrique les traverse ; il pourrait en résulter de graves inconvénients, et le bâtiment pourrait être mis en feu par le gaz allumé. Tout sera pour le mieux si le paratonnerre est mis en connexion métallique avec les *grands tuyaux* de gaz ou d'eau, soit à l'intérieur soit à l'extérieur du bâtiment.

Isolement des paratonnerres. — On se demande souvent si un paratonnerre doit être isolé du bâtiment qu'il a pour mission de protéger. Je crois que cette pratique a été recommandée autrefois par quelques écrivains, et j'ai souvent remarqué que les constructeurs emploient encore des isoloirs en verre dans l'installation des paratonnerres. Mais, des principes que je vous ai exposés aujourd'hui, il résulte clairement que tout isolement de ce genre est, à tout le moins, complétement inutile. Le bâtiment à protéger est lui-même en communication électrique avec le sol ; et le paratonnerre, s'il est bien installé, est également en communication électrique avec la terre. Le paratonnerre et le bâtiment communiquent donc l'un avec l'autre par le moyen du sol ; et toute tentative pour les isoler est du travail inutile.

Je vous ai fait voir, en outre, que les masses de métal employées pour la construction ou la décoration d'une maison doivent être en contact électrique les unes avec les autres et avec le paratonnerre. Si cela existe, le paratonnerre se trouve, par le fait même, en communication directe avec le bâtiment, et les isoloirs de verre ne peuvent servir à rien. De plus, le bâtiment lui-même, pendant un orage, devient fortement électrisé par l'action inductive du nuage ; et il a besoin de se décharger à travers le paratonnerre, tout comme le sol environnant doit se décharger par.la même voie. Par conséquent, mieux il communique avec le paratonnerre, mieux le paratonnerre remplit ses fonctions.

Sécurité personnelle pendant un orage. — Je suppose qu'il n'y a personne qui ne se soit demandé, à un moment ou à l'autre, ce qu'il aurait de mieux à faire pour se mettre en sûreté pendant un orage. Cette question est d'un tel intérêt pratique que vous m'excuserez, je l'espère, de vous en dire quelques mots, bien qu'elle soit peut-être, à parler strictement, en dehors de notre sujet.

D'abord, je vous surprendrai peut-être en vous disant que vous jouiriez de la sécurité la plus parfaite si vous étiez dans une chambre entièrement couverte de plaques de métal, ou dans une cage construite avec des barreaux de métal, ou encore si vous étiez revêtu comme les chevaliers d'autrefois, d'une armure métallique qui s'ajusterait à votre corps tout entier. La sécurité ainsi obtenue est regardée par les savants comme si absolue que le professeur Tait n'hésite pas à recommander à ceux de ses jeunes amis qui se sentiraient du goût pour les aventures, et que la cause de la science passionne, de se procurer un léger vêtement de cuivre, et ainsi protégés, de saisir la première occasion de pénétrer dans un nuage orageux, pour y étudier, à la source même, le procédé de formation de la foudre (1).

La raison pour laquelle une couverture de métal offre une protection complète, c'est que, lorsqu'un conducteur est électrisé, toute la charge d'électricité s'accumule sur la surface extérieure du conducteur ; et par conséquent, quand une décharge se produit, la surface extérieure seule est affectée. Si donc vous étiez entièrement recouvert d'un vêtement métallique, et électrisé ensuite par l'action inductive d'un nuage orageux, c'est le vêtement métallique seul qui éprouverait les changements d'état électrique ; et quand l'éclair partirait, c'est le vêtement métallique seul qui serait déchargé.

Je vais vous faire une expérience fort jolie et fort intéressante pour mettre en évidence ce principe. Voici un cylindre de cuivre creux, ouvert à ses extrémités, et monté sur un support isolateur. On a fixé dessus une légère tige de cuivre, à laquelle on a suspendu deux balles de sureau, au moyen de fils de chanvre. Deux autres balles de sureau sont également suspendues, par des fils de chanvre, à la surface intérieure du cylindre. Vous savez que ces balles nous indiqueront l'état électrique des surfaces où elles sont attachées. Si la surface est électrisée, les balles qui y sont attachées participeront à son état électrique et se repousseront mutuellement ; si la surface est neutre, les balles qui y sont fixées seront neutres et demeureront en repos.

Je place maintenant cet appareil sous l'influence de notre nuage orageux, c'est-à-dire, du grand conducteur de cuivre de notre machine. Lorsque mon aide actionne

---

(1) *Lecture on Thunderstorms*, Nature, vol. XXII, p. p. 365, 437. Voyez aussi une communication très intéressante du professeur J. Clerk Maxwell, lue devant l'Association Britannique, à Glasgow, en 1876, et réimprimée dans le Rapport de la Conférence des paratonnerres, pp. 109, 110.

la machine, l'électricité commence à se développer dans
le conducteur, et vous voyez tout de suite l'effet produit
sur le cylindre de cuivre. Les balles de la surface extérieure s'écartent l'une de l'autre ; celles de la surface in-

Fig. 20.

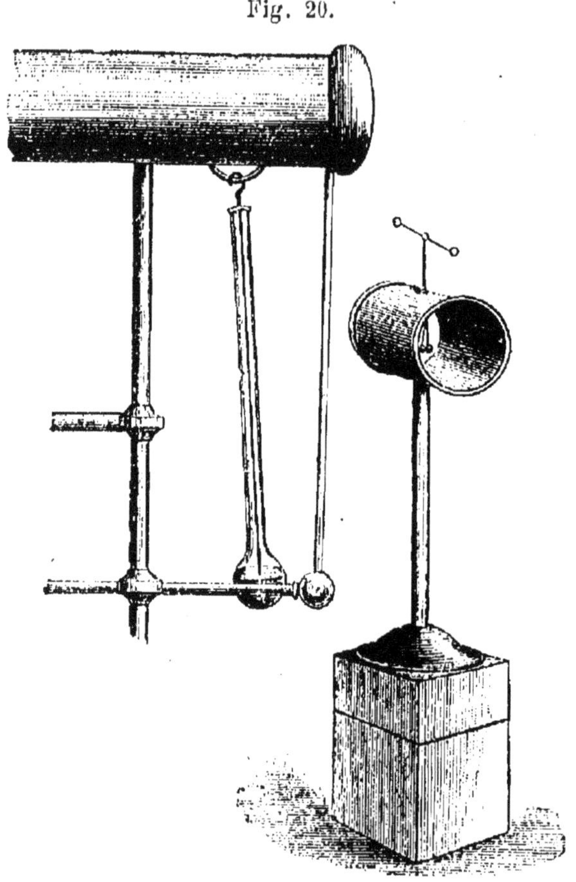

Protection offerte contre la foudre par un conducteur fermé.

térieure restent immobiles. Voilà maintenant qu'une étincelle jaillit ; notre nuage orageux est déchargé ; l'induction
cesse ; les balles de la surface extérieure retombent soudainement, tandis que celles de la surface intérieure
n'éprouvent aucun changement.

Il n'est pas nécessaire que le cylindre de cuivre soit

isolé. Pour varier cette expérience, je vais le mettre en communication avec le sol au moyen d'une chaîne ; vous remarquerez que l'effet est toujours le même. Des étincelles successives jaillissent tant qu'on actionne la machine ; les balles extérieures s'écartent violemment, se trouvant alternativement chargées puis déchargées ; les balles de l'intérieur demeurent tout le temps en repos. Vous voyez donc clairement que si vous étiez placés dans une chambre métallique comme celle-ci, ou couverts d'un vêtement complet de métal, vous jouiriez d'une sécurité absolue pendant un orage, que la chambre fût en communication électrique avec le sol ou non.

Règles pratiques. — Mais il arrive rarement, lorsqu'un orage éclate, qu'on ait à sa disposition une chambre métallique ou une armure complète, et vous me demanderez naturellement ce qu'il y a de mieux à faire dans les circonstances ordinaires. Laissez-moi vous dire, d'abord, ce qu'il ne faut pas faire. Il ne faut pas chercher d'abri sous un arbre, ou sous une meule de foin ; il ne faut pas se tenir sur les bords d'une rivière, ou dans le voisinage d'une vaste nappe d'eau. Si l'on se trouve dans une maison, il ne faut pas se placer sous un candélabre à gaz suspendu au plafond ; il ne faut pas rester près des conduites d'eau ou des conduites de gaz, ou de quelque masse métallique que ce soit.

La nécessité de ces précautions ressort avec une évidence suffisante des principes que je vous ai développés. Vous ne devez pas exposer votre corps à jouer le rôle d'un anneau dans cette chaîne brisée de conducteurs à travers laquelle il est probable, comme nous l'avons vu, que la décharge électrique passera. Or, un arbre est un meilleur conducteur que l'air, et votre corps est un meilleur conducteur qu'un arbre. Par suite, la foudre, qui choisit toujours la ligne de moindre résistance, quitterait l'air pour suivre l'arbre, et quitterait l'arbre pour suivre votre corps. Un danger semblable vous menacerait si vous vous teniez sous le rebord d'une meule de foin ou du toit d'une maison.

Le nombre des personnes tuées par la foudre pour s'être réfugiées sous un arbre pendant un orage est considérable. Pour prendre un seul exemple parmi tant d'autres, je citerai le cas suivant, extrait du *Times*, 14 juillet 1887. « Hier on conduisait la dépouille mortelle d'une négresse à un cimetière de Mount-Pleasant, à soixante milles au nord de Nashville, Tennessee, lorsqu'un orage éclata. La foule se réfugia sous les arbres pour y trouver un abri. Neuf personnes se tenaient sous un grand chêne que la foudre frappa, tuant tout ce monde, y compris trois clergymen, et la mère et les deux sœurs de la jeune fille que l'on transportait au cimetière. »

De même, une vaste nappe d'eau constitue de fait un grand conducteur, qui offre un excellent milieu de décharge entre la terre et le nuage. Si donc un nuage orageux passe au-dessous de vous, la nappe d'eau formera probablement une des extrémités de la ligne de décharge de la foudre ; et si vous vous tenez dans son voisinage, la ligne de décharge pourra suivre votre corps.

Quand la foudre frappe une maison, elle peut fort bien suivre le conduit des cheminées en se créant un passage vers la terre, en partie parce que la cheminée est généralement le point le plus élevé de la maison, et en partie parce qu'elle est un assez bon conducteur, à cause de l'air chaud et de la suie qui se trouvent à l'intérieur. Par conséquent, si vous êtes dans une maison, gardez-vous bien de rester à proximité des cheminées ; et, pour la même raison, éloignez-vous autant que vous le pourrez de toute masse métallique.

En vous indiquant les causes de danger que vous devez éviter dans un orage, j'ai presque épuisé tous les avis pratiques que je puis vous donner. Mais il y a certaines occasions où l'on peut non seulement éviter les causes certaines de danger, mais encore prendre des précautions spéciales pour sa sûreté personnelle. Ainsi, par exemple, dans la campagne, si vous vous trouvez à une petite distance d'un bois, vous pouvez vous regarder comme réellement protégés par un paratonnerre. Car un bois, avec ses branches et ses feuilles, favorise grandement une décharge silencieuse de l'électricité, et tend ainsi à empêcher l'éclair de jaillir ; et si l'éclair se produit, il est bien probable qu'il frappera le bois plutôt que vous-mêmes, parce que le bois est un corps bien plus élevé, et que, somme toute, il offre à la foudre un chemin beaucoup plus facile vers le sol. De même, si vous vous mettez à une petite distance d'un grand arbre isolé, à vingt ou trente mètres de ses plus longues branches, vous serez dans une situation relativement sûre. Si l'orage vous surprend en rase campagne, loin des arbres et des maisons, vous serez plus en sûreté en vous étendant tout de votre long sur le sol qu'en restant debout.

Dans une habitation ordinaire, la meilleure place est probablement l'étage du milieu, et, dans une chambre, le milieu du parquet ; pourvu, naturellement, qu'il n'y ait aucun candélabre à gaz dans votre voisinage. A parler strictement, le *milieu même de la chambre* serait une place encore plus sûre que le milieu du parquet ; et rien ne vaudrait mieux que le plan suggéré par Franklin, et qui consisterait à établir « un hamac, suspendu par des cordes de soie, et à égale distance des murs de tous côtés, comme aussi du parquet et du plafond ». Un habitant de Venezuela a fait connaître, il y a peu de temps, un cas fort intéressant, et qui montre combien l'avis de Franklin est excellent. « La foudre, dit-il, frappa un *rancho* (petite maison de campagne, construite en bois et en terre, et couverte en paille) où un homme dormait dans un hamac tandis qu'un autre était couché par terre sous le hamac, et que trois femmes vaquaient à leurs occupations dans la même pièce ; il y avait aussi des poules et un cochon. L'homme qui dormait dans le hamac n'eut aucun mal ; mais les quatre autres personnes furent tuées, ainsi que les animaux (1). »

Mais comme je suppose que la plupart d'entre vous n'auront pas de hamac à leur disposition quand un orage éclatera, je recommanderai comme étant d'une utilité plus générale, un autre plan suggéré par Franklin, et qui consiste tout simplement à s'asseoir sur une chaise au milieu du parquet et à étendre les pieds sur une autre chaise. De cette manière vous obtiendrez une sécurité presque absolue, surtout si vous prenez la précaution, également indiquée par Franklin, de placer les chaises sur un lit de plumes ou sur un sommier (2).

Sécurité procurée par un paratonnerre. — Les exemples que je vous ai cités au cours de cette conférence, et qui nous montrent des maisons frappées et gravement endommagées par la foudre, bien qu'elles fussent munies d'un paratonnerre, pourraient vous faire conclure tout de suite qu'un paratonnerre ne protège que fort imparfaitement la vie et la propriété. Mais cette conclusion irait directement contre ce que nous savons de plus certain sur le sujet. Dans tous les cas que j'ai rapportés, et dans beaucoup d'autres qu'il m'eût été bien facile de mentionner, les dégâts sont venus uniquement de ce que les paratonnerres remplissaient mal une ou plusieurs des conditions sur lesquelles j'ai tant insisté. Là où ces conditions sont observées, ou bien la foudre n'écla-

(1) *Nature*, vol. XXXI, p. 459.
(2) Pour plus amples renseignements sur ce sujet intéressant, voyez le Rapport de la Conférence des paratonnerres, pp. 233-236.

tera pas, ou bien, si elle éclate, elle se rendra dans le sol sans faire aucun mal.

Il n'y a peut-être aucun fait qui nous démontre d'une manière plus évidente la sécurité complète offerte par les paratonnerres que le changement survenu à la suite de leur introduction dans la marine royale. Je vous ai déjà dit qu'autrefois les dommages causés par la foudre aux vaisseaux de la flotte royale étaient une source régulière de dépenses qui s'élevaient chaque année à plusieurs milliers de livres sterling. Mais après l'adoption générale des paratonnerres, il y a environ quarante ans, grâce aux efforts infatigables de sir William Snow Harris, cette source de dépenses a complètement disparu, et depuis ce temps les accidents de cette nature sont inconnus dans la flotte de Sa Majesté.

Je dois ajouter cependant que l'usage des paratonnerres dans la flotte royale, bien qu'il ait duré assez de temps pour prouver leur efficacité, est à peu près abandonné maintenant. Les grands monstres de fer qui, de nos jours, ont remplacé les vaisseaux de bois de la vieille Angleterre, n'ont que faire de paratonnerres proprement dits. Leurs mâts énormes sont des paratonnerres de dimensions colossales, et leurs coques disgracieuses, d'un énorme volume, sont en parfait contact électrique avec l'océan. Mettre des paratonnerres communs sur de pareilles constructions, ce serait une prodigalité ridicule.

Pour ce qui regarde les constructions sur terre, je puis m'en référer à la petite province de Schleswig-Holstein, dont je vous ai déjà parlé. A quelque cause que cela tienne, cette petite péninsule est exposée tout particulièrement aux orages, et dans ces dernières années, elle a été pourvue de paratonnerres plus abondamment peut-être qu'aucun autre district d'égale étendue en Europe. Eh bien, pour vous faire voir l'utilité de ces paraton- nerres, je puis vous dire que, le 26 mai 1878, un violent orage s'étant abattu sur la petite ville d'Utersen, la foudre est .tombée cinq fois en divers endroits de la ville, et qu'elle n'a pas causé le plus petit accident, chaque décharge ayant été conduite dans le sol par un paratonnerre. De plus, les statistiques de la Compagnie d'assurances contre l'incendie nous apprennent que, sur 552 constructions frappées par la foudre — de 1870 à 1878, — quatre seulement se trouvaient munies de paratonnerres ; et dans ces quatre cas l'on reconnut, après examen, que les paratonnerres étaient installés dans de mauvaises conditions (1).

Il serait facile de multiplier les exemples. Mais comme j'ai déjà dépassé, je le crains, les bornes de votre patience, je me contenterai de dire, pour conclure, que d'après les plus hautes autorités, toute construction munie d'un paratonnerre établi suivant les principes que je vous ai exposés, n'a absolument rien à redouter de la foudre. Sans doute, le tonnerre peut encore la frapper ; mais la décharge se rendra inoffensive dans le sol ; et l'expérience de plus de cent années a pleinement justifié les paroles simples et modestes du grand homme qui inventa les paratonnerres : « Il a plu à Dieu, dans sa bonté pour les hommes, de leur révéler enfin le moyen de mettre leurs habitations et les autres constructions à l'abri des dégâts causés par la foudre. »

(1) Voyez *Die Theorie, die Anlage, und die Prüfung der Blitzableiter*, von Doctor W. Holtz, Greifswald, 1878.

NOTE 1

Sur le paratonnerre de Berehaven. (Voir page 124.)

On sera satisfait d'apprendre que le paratonnerre du phare de Berehaven, dont j'ai parlé dans ma conférence, a été mis en bon état par les soins d'un savant de la plus grande autorité. L'intéressante lettre que voici, du professeur Tyndall, publiée dans le *Times* du 31 août 1887, donne clairement l'historique du fait, et appuie fortement les vues exposées dans ma conférence :

« Vos remarques récentes sur les orages et leurs effets me déterminent à vous soumettre les faits et les considérations qui suivent. Il y a quelques années, un phare en pierre de la côte d'Irlande fut frappé et endommagé par la foudre. Un ingénieur reçut la mission de faire une enquête à ce sujet, et comme j'occupais alors le poste honorable et plein de responsabilité de conseiller scientifique à Trinity House et au ministère du commerce, le rapport me fut communiqué. Le paratonnerre suivait la tour du phare, et son extrémité inférieure avait été soigneusement encastrée dans une pierre perforée à cet effet. Si l'on avait voulu provoquer la foudre à frapper la tour, il n'était guère possible de mieux faire.

» Je donnai des ordres pour faire prolonger immédiatement le paratonnerre, et pour lui faire adjoindre, à son extrémité, une grande plaque de cuivre qui devait être complètement submergée dans la mer. La convenance apparente d'une chaîne comme prolongement du paratonnerre amena les autorités Irlandaises à proposer ce système ; mais je crus devoir m'y opposer. Le contact entre les anneaux n'est jamais parfait. En outre, j'avais par devers moi une partie d'un câble-chaîne à travers lequel la foudre avait passé, et l'électricité, en passant d'un anneau à un autre, avait rencontré une résistance suffisante pour fondre partiellement la chaîne. La suppression de toute résistance est rigoureusement indispensable, dans la communication d'un paratonnerre avec la terre, et c'est ce que l'on obtient en enfermant avec soin dans le sol une plaque d'un métal bon conducteur de grande surface. L'étendue de la surface fait compensation à la conductibilité imparfaite de la terre. De fait, la plaque constitue une large porte, à travers laquelle l'électricité passe librement dans le sol sans causer de dégâts.

» Ces vérités sont élémentaires ; et néanmoins on n'en tient souvent aucun compte. Il y a quelque temps, j'ai suivi avec intérêt l'opération de la pose d'un paratonnerre sur la maison d'un de mes voisins de campagne. Le cordage de cuivre, qui formait une partie du paratonnerre, fut prolongé le long du mur, et on en fixa soigneusement l'extrémité dans le sol, sans y mettre aucune plaque métallique. Je me permis de faire des observations à l'ouvrier chargé du travail, mais il croyait évidemment en savoir beaucoup plus long que moi sur la matière. Une personne digne de foi m'a dit que c'est souvent ainsi que procèdent des conducteurs ignorants dans l'installation des paratonnerres, et l'on me signale le palais de l'évêque de Winchester, à Farnham, comme un édifice « protégé » de cette manière. Si cette information est exacte, la « protection » n'est qu'une dérision, un leurre, un piège. »

NOTE 2

Ouvrages à consulter.

Comme quelques-uns de mes lecteurs peuvent avoir le désir de pousser l'étude de l'électricité atmosphérique et des paratonnerres au-delà des limites dans lesquelles une conférence populaire doit nécessairement se renfermer, j'ajoute ici une liste d'ouvrages qui leur seront, je l'espère, d'une grande utilité pour leur dessein. Parmi les manuels ordinaires de physique, Jamin, *Cours de physique*, vol. I, p. p. 470-494 ; Mascart, *Traité d'Électricité statique*, vol. II, p. p. 555-579 ; de Larive, *A Treatise on Electricity*, in three volumes, London, 1853-8, vol. III, p. p. 90-201 ; Daguin, *Traité de physique*, vol. III, p. p. 209-280 ; Ricos, *Die Lehre von der Reibungs-Elektricität*, vol. II, p. p. 494-564 ; Müller-Pouillet, *Lehrbuch der Physik*, Braunschweig, 1881, vol. III, p. p. 210-225 ; Scott, *Elementary Meteorology*, chap. X. Parmi les innombrables traités spéciaux et écrits détachés sur le même sujet, je recommanderais *Instruction sur les paratonnerres*, adoptée par l'Académie des Sciences, Part. I. 1823, Part. II, 1854, Part. III, 1867, Paris, 1874 ; Arago, *Sur le Tonnerre*, Paris, 1837 ; les *Essais météorologiques* du même auteur ; Sir William Snow Harris, *On the nature of Thunderstorms*, London, 1843 ; du même auteur, *A Treatise on Frictional Electricity*, London, 1867, et plusieurs écrits sur les paratonnerres de 1822 à 1859 ; Tomlinson, *The Thunderstorm* London, 1877 ; Anderson, *Lightning Conductors*, London, 1880 ; Holtz, *Über die Theorie, die Anlage, und die Prüfung der Blitzableiter*, Greifswald, 1878 ; Weber, *Berichte über Blitzschläge in der Provinz Schleswig-

Holstein, Kiel, 1880-1881 ; Tait, *A lecture on Thunderstorms,* delivered in the City Hall, Glasgow, 1880, dans la *Nature,* vol. XXII ; *Report of the Lightning Rod Conference,* London 1882. Ce dernier volume a une autorité considérable, vu qu'il représente le travail collectif de plusieurs savants éminents, appartenant aux Sociétés suivantes : *The Meteorological Society, the Royal Institute of British Architects, the Society of Telegraph Engineers and Electricians, the Physical Society.*

Depuis que ceci est imprimé, deux conférences ont été prononcées devant la *Society of Arts,* par le professeur Oliver Lodge, F. R. S., et publiées dans *the Electrician,* juin et juillet, 1888. On y trouvera, au sujet des paratonnerres, quelques vues nouvelles qui semblent mériter d'être prises en sérieuse considération.

APPENDICE

La conférence sur les paratonnerres qu'on vient de lire représente assez bien, me semble-t-il, la théorie reçue jusqu'à ce jour sur ce sujet. En outre, elle est entièrement d'accord avec le Rapport de la Conférence des paratonnerres, publié en 1883 par un comité d'hommes éminents, représentant plusieurs branches de la science, et qui furent choisis spécialement, il y a une dizaine d'années, pour étudier la question.

Conférences du professeur Lodge. — Mais, au mois de mars 1888, le professeur Olivier Lodge a donné, à la Société des Arts, à Londres, deux conférences où cette théorie était directement prise à partie et attaquée par des arguments très forts, qu'appuyaient des expériences frappantes et originales. Ces conférences donnèrent naissance à une controverse, qui se termina par une discussion en forme, au congrès récent de la *British Association*, à Bath. La discussion fut menée avec beaucoup d'ardeur, et la plupart des principaux représentants des sciences physique et mécanique y prirent une part active. La plus grande partie de ce volume était imprimée avant le congrès de la *British Association*. Mais la discussion sur la théorie des paratonnerres m'a semblé si intéressante et si importante que j'ai cru bon de rendre compte, dans un appendice, des questions en litige et des opinions exprimées à leur sujet.

Le professeur Lodge soutient (1) que la théorie actuelle des paratonnerres est sujette à deux objections. D'abord, elle ne tient compte que du pouvoir conducteur du paratonnerre, et nullement du phénomène connu sous le nom de *self-induction*, ou inertie électrique. En second lieu, elle suppose que toute la substance d'un paratonnerre agit comme conducteur, dans tous les cas de la décharge électrique ; tandis qu'il y a des raisons de croire que, dans bien des cas, c'est seulement une légère écaille extérieure qui agit réellement. Je parlerai séparément de ces deux points.

1° L'effet de la *self-induction*. Quand une décharge électrique commence à passer à travers un conducteur, il se développe dans le conducteur un courant de sens contraire (2) qui obstrue son passage. Ce phénomène est appelé par quelques-uns *self-induction*, par d'autres inertie électrique ; mais son existence est admise par tous. Or, lorsque la foudre tombe sur un paratonnerre, le courant de sens contraire qui se developpe est très considérable ; il peut constituer un obstacle tel que la décharge trouve un passage plus facile par quelque autre route, tels que les murs de pierre, les boiseries et les meubles du bâtiment.

D'après cette vue, l'obstacle que la foudre rencontre dans un conducteur consiste en partie dans la résistance du conducteur, au sens ordinaire du mot résistance, et en partie dans le courant de sens contraire dû à la *self-induction*. Ces deux choses réunies constituent ce que le professeur Lodge appelle l'*obstacle* (impedance) du paratonnerre ; et il considère que cet obstacle peut être énormément grand, même quand la résistance, dans le sens ordinaire, est relativement petite.

Pour démontrer cette théorie, il a imaginé l'expérience suivante, extrêmement ingénieuse et remarquable. Une grande bouteille de Leyde, L, était arrangée de telle sorte que, pendant qu'elle recevait une forte charge d'une machine électrique, elle se déchargeait elle-même, par intervalles, à travers l'espace, en A, entre deux boules de cuivre. La décharge avait alors deux routes alternatives devant elle : l'une à travers un fil métallique conducteur, C, l'autre à travers un second espace, entre les deux boules de cuivre, en B. Pendant l'expérience, les deux boules en A étaient maintenues à une distance fixe de 0^m,02 ; mais on faisait varier la distance des deux

______

(1) V. ses Conférences, publiées dans *The Electrician*, 22 juin, 29 juin, 6 juillet et 13 juillet.

(2) C'est ce qu'on appelle en France, d'un nom d'ailleurs assez mal choisi, « l'extra-courant. »

boules en B. Le conducteur C, que l'on employait tout d'abord, était un gros fil de cuivre, long d'environ 12 mètres et ayant une résistance d'un quarantième d'*ohm* (1) seulement.

On reconnut que, tant que la distance entre les boutons B, demeurait moindre de 0^m,042, toutes les décharges passaient entre les boutons, sous forme d'étincelles. Quand la distance était supérieure 0^m,042, toutes les décharges passaient à travers le conducteur, C, et aucune étincelle n'apparaissait entre les boules en B. Et quand la distance était exactement de 0^m,042, la décharge parfois avait lieu

Fig. 21.

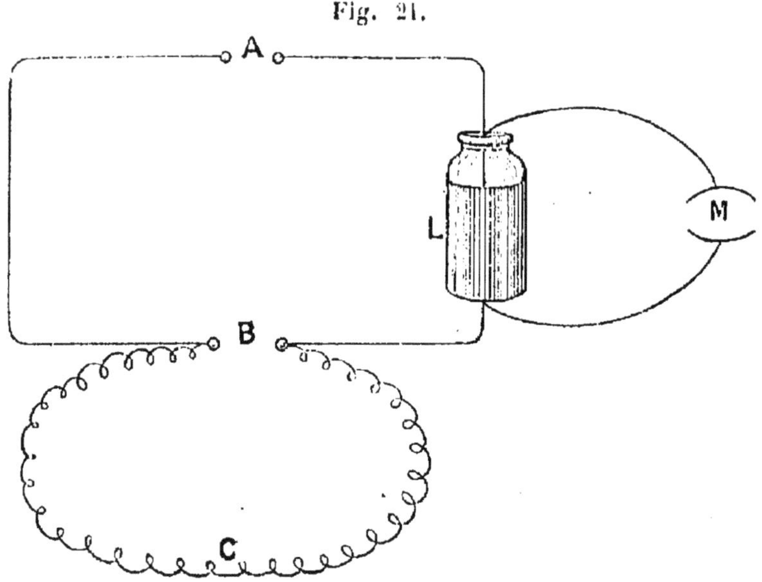

Effet inductif de la décharge de la bouteille de Leyde.

M Machine électrique.
L Bouteille de Leyde.
A, B Espace entre les boutons de cuivre.
C Fil métallique conducteur.

entre les boutons, et parfois suivait le conducteur C. L'interprétation donnée à ces faits, c'est que l'obstacle présenté par le conducteur C était à peu près égal à la résistance de 0^m,042; et l'on a proposé d'appeler cette distance, dans les conditions de l'expérience, la *distance critique*.

(1) L'*ohm* est l'unité de résistance électrique définitivement adoptée au Congrès international des électriciens, réuni à Paris en 1881. Il doit son nom au savant allemand qui a découvert les lois des courants et est représenté par la résistance d'une colonne de mercure dont la hauteur est de 1^m,06, la section, un millimètre carré et la température 0° (*Trad.*).

Venant maintenant à l'application de ces résultats, le professeur Lodge soutient que le conducteur C, dans son expérience, représente un paratonnerre irréprochable ; et pourtant, dans certains cas, la décharge refuse de suivre le conducteur et préfère franchir une épaisseur d'air considérable, malgré l'énorme résistance qu'elle rencontre. De même, dit-il, le fluide électrique peut, dans certains cas, quitter un paratonnerre installé suivant toutes les règles, et se frayer violemment un passage à travers des murs et des conducteurs quelconques qui peuvent se trouver sur son chemin.

Cette conclusion, dit-il, contredit formellement les idées reçues jusqu'à ce jour ; mais elle est parfaitement d'accord avec la théorie scientifique de la décharge électrique. Au moment où la décharge commence à passer dans le conducteur, elle rencontre l'obstacle dû à la *self-induction ;* et cet obstacle est tel que les mauvais conducteurs offrent, somme toute, une pente plus facile vers le sol.

Variation de l'expérience. — Quand on variait l'expérience en remplaçant le gros fil de cuivre par un léger fil de fer, on obtenait un résultat fort curieux. Le fil métallique choisi avait la même longueur que le fil de cuivre, mais présentait une résistance environ 1,300 fois plus grande ; sa résistance était, de fait, de 33,3 *ohms*. Néanmoins, dans cette expérience, lorsque les boules B étaient à une distance de 0^m042, aucune étincelle ne se produisait, ce qui faisait voir que la décharge suivait toujours la ligne du conducteur, et, par conséquent, que le conducteur constituait un obstacle moins considérable que $0^m,042$ d'air. Alors on rapprochait progressivement les boules ; et c'était seulement lorsque la distance avait été considérablement réduite que les étincelles jaillissaient entre elles. Quand la distance était exactement $0^m,0257$, la décharge se produisait parfois entre les boules et d'autres fois dans le conducteur : cette distance était par conséquent la distance critique, dans le cas du fil de fer. On constatait ainsi que l'obstacle présenté à la décharge par le fil de fer était beaucoup moindre que celui que présentait le cuivre : l'un étant égal à une résistance de $0^m,0257$ d'air seulement, et l'autre à une résistance de $0^m,042$.

Il ne paraît pas que le professeur Lodge essaie de donner une explication satisfaisante de ce résultat. Ses expériences variées l'ont amené à cette conclusion que, dans le cas d'une décharge soudaine, la différence de puissance conductrice, entre de bons conducteurs, est une chose qui n'a aucune importance pratique ; et que la différence de section n'a qu'une importance extrêmement restreinte. Mais il ne voit pas pourquoi un léger fil de fer présenterait un obstacle moins fort qu'un fil de cuivre beaucoup plus gros. Il demande qu'on répète l'expérience de manière à confirmer ou à modifier des résultats qui lui semblent pour le moment anormaux (1).

C'est seulement la couche extérieure d'un paratonnerre qui agit comme conducteur.

— Comme conséquence de la *self-induction* ou inertie électrique, le professeur Lodge soutient qu'une décharge de la foudre, dans un conducteur, consiste en une série d'oscillations. Ces oscillations se suivent avec une rapidité extraordinaire ; il peut y en avoir cent mille dans une seconde ; il peut y en avoir un million. Or il a été démontré que lorsqu'un courant pénètre dans un conducteur, il ne pénètre pas du premier coup dans toute sa section ; il commence par l'extérieur, puis il passe progressivement, mais rapidement, dans l'intérieur. D'où il conclut que les oscillations extrêmement rapides d'une décharge de la foudre n'ont pas le temps de pénétrer dans l'intérieur du conducteur. L'électricité oscille dans la couche superficielle, ou écorce extérieure, tandis que la substance intérieure du paratonnerre demeure inerte et ne prend aucune part à l'action. Un conducteur sera donc très efficace pour transporter la décharge, s'il présente la plus grande surface possible ; un ruban, mince et plat, vaudra mieux qu'une tige de même masse ; et un certain nombre de fils métalliques détachés seront préférables à un cylindre solide. Quant aux paratonnerres actuellement en usage, la plus grande partie de leur masse n'aurait, dans la plupart des cas, aucune efficacité pour transporter dans le sol une décharge de la foudre.

La discussion. — La discussion au Congrès de la *British Association* fut ouverte par M. William H. Preece, F. R. S., électricien au Post-Office, qui dit avoir 500,000 paratonnerres sous son contrôle. Il exprima sa conviction, qu'un paratonnerre dûment installé et soigneusement entretenu offrait une sécurité parfaite contre tout dommage venant de la foudre ; et à l'appui de cette opinion, il insista fortement sur le Rapport de la Conférence des paratonnerres. Ce Rapport présentait le jugement solidement fondé de savants les plus éminents, qui avaient consacré des années à l'étude de la question ; et il tenait particulièrement à répéter devant le Congrès leur assertion claire et décisive — assertion qu'il était là pour défendre —

---

(1) Voyez un mémoire lu au congrès de la *British Association* à Bath, 1888, et publié dans *The Electrician*, 14 septembre, p. 607.

« qu'il n'y a aucun exemple authentique d'un paratonnerre bien installé qui n'aurait pas rempli son action. »

Les nouvelles vues émises par le professeur Lodge étaient fondées, en grande partie, sur sa théorie, savoir, qu'une décharge de la foudre consiste en une série de rapides oscillations. Mais cette théorie ne devait être reçue que sous bénéfice d'inventaire. Elle paraissait n'être qu'une déduction de certaines formules mathématiques et ne se trouvait appuyée sur aucune base solide d'observation ou d'expérience. D'ailleurs, bien des faits militaient contre elle. Tout le monde savait que la foudre magnétise des barres d'acier, dérange les boussoles des vaisseaux et transmet des signaux le long des fils télégraphiques. Mais des effets de ce genre ne sauraient être produits par des séries d'oscillations, qui, étant égales et opposées, se neutralisent. On alléguait que ces oscillations ont lieu dans la décharge d'une bouteille de Leyde. Cela pouvait être vrai, et cela l'était probablement; mais il ne s'agissait pas de bouteilles de Leyde; il s'agissait de décharges de la foudre. S'il y avait quelque analogie entre la décharge d'une bouteille de Leyde et la foudre, cette analogie devait se trouver, non pas dans la décharge extérieure du professeur Lodge, mais dans l'explosion du verre même du condensateur qui se produit dans certains cas.

Lord Rayleigh émit l'avis que les expériences du professeur Lodge semblaient destinées à d'importantes applications dans la construction des paratonnerres. Mais, bien que ces expériences eussent leur prix, en raison des idées qu'elles suggéraient, elles ne fournissaient pas une base assez solide pour qu'on adoptât un nouveau système de protection. C'était seulement par des expériences sur les paratonnerres eux-mêmes que la question pouvait être résolue définitivement.

Sir William Thompson espérait de grands résultats des études que l'on ferait ultérieurement sur la *self-induction*, dans le cas des décharges électriques soudaines. Il encourageait beaucoup le professeur Lodge à poursuivre ses recherches; mais il n'exprimait aucune opinion décidée sur la question en litige. Il faisait remarquer incidemment que la meilleure protection pour une poudrière était une maison en fer; aucun paratonnerre, mais un toit de fer, des murs de fer, un plancher de fer. On mettrait sans doute des planches de bois sur le parquet de fer pour éviter le danger d'étincelles pouvant résulter du choc des pas sur la tôle. La poudrière en fer serait installée sur un rocher de granit sec, ou sur un sol humide; elle pourrait même être établie sur des fondations situées au-dessus de l'eau; elle pourrait être mise partout; quel que fût l'entourage, l'intérieur serait en sûreté. Il ajoutait qu'une conclusion pratique importante pouvait être sûrement tirée de la considération de ces oscillations électriques et des expériences qui y avaient rapport.

Le professeur Rowland, de John Hopkins University, en Amérique, dit que la question semblait se poser ainsi : l'expérience du professeur Lodge était-elle en réalité l'image des effets de la foudre? Il inclinait vers la négative. Dans cette expérience, le circuit presque tout entier se composait de bons conducteurs; tandis que, dans le cas de la foudre, le chemin de la décharge était en grande partie l'air : il y avait donc là deux phénomènes bien différents. L'air étant très mauvais conducteur, un éclair consistait peut-être, non pas en une série d'oscillations, mais plutôt en une seule oscillation. En outre, il n'était pas si certain que la longueur de l'étincelle, dans l'expérience, pût être prise comme mesure de l'obstacle présenté par le conducteur. — Le professeur Georges Forbes était vivement impressionné de la beauté et de l'importance des expériences du professeur Lodge, mais il ne considérait pas le résultat comme si évident qu'on fût fondé à mettre de côté les principes posés par la Conférence des paratonnerres.

M. de Fonvielle, de Paris, appuyait les vues de M. H. Preece. Il citait l'exemple de Paris, où l'on avait établi un nombre suffisant de paratonnerres, suivant les principes reçus, et où les dommages causés par la foudre étaient pratiquement inconnus. Il suggérait que la tour Eiffel, alors en voie de construction, et qui devait atteindre une hauteur de 300 mètres, fournirait une occasion unique pour des expériences sur les paratonnerres.

Sir James Douglass, ingénieur en chef à Trinity-House, avait une grande expérience des phares. Les paratonnerres avaient été installés et entretenus sur neuf tours, pendant les cinquantes dernières années, conformément aux avis de Faraday. Jamais un accident sérieux n'était survenu ; et les petits accidents qui arrivaient de temps à autre étaient toujours dus à quelque défaut dans le paratonnerre. On avait maintenant établi une inspection plus sévère, et, quant à lui, il se sentirait parfaitement en sûreté dans une tour où cette inspection avait eu lieu.

M. Symons, F. R. S. secrétaire de la Société météorologique, avait pris part à une discussion sur les paratonnerres en 1859. Toute sa vie il avait eu la passion d'étudier les circonstances des cas parvenus à sa connaissance où la foudre avait causé des dégâts; et l'impression générale que lui avaient laissée ses recherches concordait parfaitement avec les vues exposées par Sir James Douglass. Il avait été membre de la Conférence des paratonnerres et avait édité le Rapport de cette Conférence; et il tenait à protester contre l'idée de rejeter tout ce qu'on avait fait jusqu'alors relativement aux paratonnerres, en s'appuyant sur de simples expériences de laboratoire.

Le professeur Lodge répliqua qu'il comprenait très bien la situation de ceux qui prétendaient qu'un paratonnerre bien installé ne manquait jamais de remplir ses fonctions; parce que, chaque fois qu'il ne les remplissait pas, on prétendait qu'il était mal installé. La grande ressource, dans ce cas, était d'attribuer les insuccès à un contact défectueux avec le sol. Il pensait qu'un bon contact avec le sol était une chose excellente, mais il ne pouvait concevoir l'importance extraordinaire qu'on y attachait. Un paratonnerre à deux extrémités, l'une dans la terre, l'autre dans l'air ; il ne voyait pas pourquoi un bon contact était plus nécessaire à une extrémité qu'à l'autre. Si quelques pointes aiguës, sortant du paratonnerre, suffisaient pour un bon contact avec l'air, pourquoi ne suffiraient-elles pas pour un bon contact avec le sol?

D'ailleurs, bien qu'un mauvais contact avec le sol pût expliquer les accidents qui se produisent à terre, où le mauvais contact existe, il ne voyait pas comment il pouvait expliquer que la décharge quitte le paratonnerre, au milieu même de celui-ci. Puis, qu'est-ce que signifie un mauvais contact avec le sol? Si un ingénieur électricien trouve une résistance de cent ohms, il aura raison de dire que le contact avec le sol était extrêmement défectueux. Mais pourquoi la décharge quitterait-elle un paratonnerre qui présente une résistance de cent *ohms*, pour suivre une ligne de corps non conducteurs, où elle rencontre une résistance de plusieurs milliers d'ohms?

Il acceptait l'assertion de M. H. Preece, savoir que toute sa théorie dépendait de l'existence d'oscillations dans la décharge de la foudre; mais il y avait de bonnes raisons de croire qu'elles existaient, puisqu'on prouve qu'elles existent dans la décharge d'une bouteille de Leyde.—M. Preece objectait qu'une décharge oscillante ne saurait produire d'effets magnétiques, comme l'éclair le fait. — Il s'avouait incapable d'expliquer comment une décharge oscillante produit de tels effets (1), mais qu'elle pût les produire, c'est ce dont il n'y a pas moyen de douter; car la décharge d'une bouteille de Leyde produit des effets magnétiques, et nous avons une démonstration sensible que la décharge d'une bouteille de Leyde est une décharge oscillante.

Quant à l'assurance que nous ont donnée les ingénieurs électriciens, savoir qu'un paratonnerre bien installé ne manque jamais son effet, il aimerait à leur demander comment il se fait que l'Hôtel de Ville de

____

(1) Voir une hypothèse très ingénieuse pour expliquer ce phénomène, suggérée par le professeur Ewing, dans *Electrician*, 5 octobre 1888 p. 712.

Bruxelles a été incendié par la foudre, le premier juin dernier. Le système de paratonnerres de cette construction avait été établi conformément à la théorie reçue, et des écrivains spécialistes l'avaient cité comme le plus parfait de toute l'Europe. A moins qu'on ne donne une bonne explication de son insuccès, nous ne pouvons plus regarder les paratonnerres comme offrant une sécurité parfaite contre le danger.

Le président de la section A, le professeur Fitzgerald, en clôturant la discussion, fit observer qu'un des résultats de ce congrès serait de donner un nouvel intérêt aux phénomènes de l'électricité statique et aux applications pratiques de celle-ci. Il inclinait lui-même à croire que les expériences du professeur Lodge n'étaient pas tout à fait analogues au cas de l'éclair. En comparant la décharge d'une bouteille de Leyde à un éclair, il faut chercher l'analogie non pas tant dans la décharge extérieure à travers une série de conducteurs, que, comme l'avait dit M. de Preece, dans l'explosion du verre entre les deux armatures de la bouteille. Quant aux oscillations dans la décharge d'une bouteille de Leyde, il ne les jugeait pas nécessaires pour expliquer le phénomène observé dans les expériences. La plupart des résultats que le professeur Lodge regardait comme exigeant des millions d'oscillations par seconde seraient produits par une simple décharge d'une durée d'un millionième de seconde. On pouvait peut-être apporter des perfectionnements à notre système actuel de paratonnerres, mais l'expérience pratique avait montré, en dépit de tous nos raisonnements sur ce sujet, que, somme toute, les paratonnerres offraient à l'homme une grande sécurité contre les dangers de la foudre.

Résumé. — Je vais essayer maintenant de résumer les résultats de cette intéressante discussion et d'établir brièvement les conclusions qui me semblent pouvoir en être tirées.

D'abord, je rappellerai à mes lecteurs qu'un paratonnerre a deux offices à remplir. Son premier office est de favoriser une décharge progressive, mais rapide de l'électricité, à mesure que celle-ci se développe, et d'empêcher ainsi une accumulation qui aboutirait à une décharge. Son second office est de transporter la décharge, quand elle se produit, inoffensive dans le sol. Or, les vues émises par le professeur Lodge ne combattent en rien l'efficacité des paratonnerres, en ce qui concerne leur première fonction ; et il est évident que plus il y a de paratonnerres sur une surface donnée, mieux cette fonction sera remplie. C'est là un point d'une grande importance pratique, et que l'on m'a semblé quelque peu perdre de vue au cours de la discussion.

En second lieu, les autorités les plus éminentes ont admis que les expériences et les raisonnements du professeur Lodge fournissent une bonne occasion de remettre à l'étude la théorie courante des paratonnerres, en ce qui touche leur seconde fonction, celle de transporter la décharge dans le sol sans qu'elle cause de dégâts. Mais le sentiment général a été sans aucun doute qu'il serait téméraire d'abandonner tout d'un coup la théorie reçue, uniquement sur la force d'expériences de laboratoire, faites dans des conditions bien différentes de celles qui se rencontrent dans la décharge de la foudre. Il faudrait faire des expériences sur une plus large échelle, et, s'il était possible, des expériences sur les paratonnerres eux-mêmes.

En troisième lieu, les ingénieurs électriciens, qui ont une grande expérience des paratonnerres, semblent admettre presque unanimement qu'un paratonnerre, installé et entretenu d'après les principes fixés par la conférence des paratonnerres, offre une sécurité parfaite. Certainement il est fort regrettable que l'Hôtel de Ville de Bruxelles, regardé comme le bâtiment le mieux protégé de toute l'Europe, ait été endommagé par la foudre, deux mois avant la discussion ; mais on ne peut tirer aucune conclusion certaine de cette catastrophe avant de savoir exactement dans quelles conditions elle s'est produite.

La question en est là, ouverte aux recherches futures.

L'EMMAGASINEMENT

DE

L'ÉNERGIE ÉLECTRIQUE

L'EMMAGASINEMENT

DE

L'ÉNERGIE ÉLECTRIQUE

Au commencement de l'été dernier, il fut question, dans le *Times*, d'une « merveilleuse boîte d'électricité (1) », d'un volume de $0^{m3}028$, et qui, disait-on, avait été transportée de Paris à Glasgow, et déposée dans cette ville au laboratoire de sir William Thomson. Quelques semaines plus tard, sir William Thomson lui-même publia une lettre dans laquelle il affirmait avoir soigneusement examiné la boîte, et reconnu qu'elle contenait plusieurs millions de kilogrammètres d'énergie ; ajoutant que, lorsque cette provision était épuisée, on pouvait la renouveler facilement, et remettre la boîte en état de servir. Il disait en outre que quelques boîtes de ce genre, déposées dans une cave, pouvaient être chargées de temps à autre par un poste central, et qu'on pouvait s'en servir, suivant l'occasion, soit pour actionner une machine, soit pour éclairer un salon. Avec ces boîtes, un tramway n'avait plus besoin de chevaux, et un train de chemin de fer pouvait désormais se passer de machines à vapeur. Bien plus,

(1) C'est ce qu'on appelle en France un « accumulateur ». (*Trad.*)

l'énergie considérable des chutes du Niagara pouvait être emmagasinée dans ces boîtes merveilleuses, et on pouvait l'employer comme source principale de lumière et de force pour tout le continent de l'Amérique du Nord.

Fig. 22.

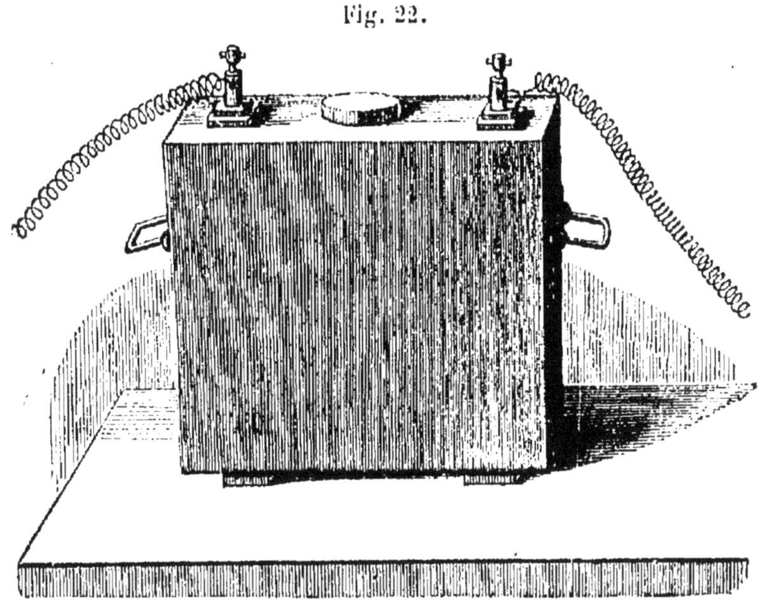

La « boîte merveilleuse d'électricité. »

Ces assertions ne sont pas exemptes, sans doute, d'un certain enthousiasme qu'un grand esprit éprouve naturellement quand il contemple l'aurore d'une nouvelle découverte et jette un regard prophétique sur son histoire future. Mais le simple énoncé de la découverte, même exprimé dans le sobre langage de la science, suffit amplement à expliquer l'intérêt puissant qu'elle a provoqué.

Cette « boîte d'électricité », comme on l'a nommée, n'est rien de plus qu'une sorte de magasin dans lequel l'énergie électrique est pour ainsi dire mise en réserve, toute prête à servir quand il le faudra. Sa valeur pratique ne peut être exactement déterminée que par l'expérience qu'on en fera ; mais on peut dire dès à présent qu'elle

nous fait espérer que nous disposerons un jour à notre
gré d'une des forces les plus puissantes et les plus mysté-
rieuses de la nature.

Je me propose aujourd'hui de vous donner une idée de
cette découverte nouvelle ; de vous dire ce qu'elle est en
elle-même, comment elle se rapporte à nos connaissances
acquises précédemment, et comment elle vient bien à son
heure pour combler une lacune, et nous permettre de
disposer de l'énergie d'un courant électrique tout comme
nous disposons depuis longtemps des autres formes
d'énergie.

Exemples d'emmagasinement d'énergie. —
Il faut avant tout que je vous explique clairement ce que
l'on veut dire, quand on parle d'emmagasinement
d'énergie.

L'énergie est le pouvoir de faire un travail ; elle se
mesure par la somme du travail effectué quand elle se
dépense. Voici un poids de 7 kilogrammes, reposant sur
cette table. Il est attaché à l'une des extrémités d'une
corde qui passe sur une poulie. Quand je tire sur l'autre
bout de la corde, je fais monter le poids, à une hauteur
d'un mètre, par exemple. En faisant cela, je dépense une
certaine quantité d'énergie, et j'effectue une certaine
quantité de travail. Si j'appelle kilogrammètre le travail
qui correspond à l'élévation d'un kilogramme à un mètre
de hauteur, le travail effectué pour élever un poids de
sept kilogrammes à un mètre de hauteur sera de sept kilogrammètres. Voilà la mesure de l'énergie que j'ai dépensée
pour élever ce poids.

J'ai à vous faire voir maintenant que l'énergie dépensée
de la sorte est emmagasinée dans le poids, aussi longtemps
qu'il reste au point où je l'ai fait monter. Vous savez que
si j'abandonne le poids à lui-même, il retombera sur la
table, et qu'en retombant il peut effectuer un travail ; il

a donc, en vertu de sa position actuelle, le pouvoir d'effectuer un travail, c'est-à-dire qu'il possède de l'énergie. Je puis emmagasiner cette énergie pour un temps indéfini simplement en attachant la corde au crochet de ce support, de manière à maintenir le poids à une hauteur d'un

Fig. 23.

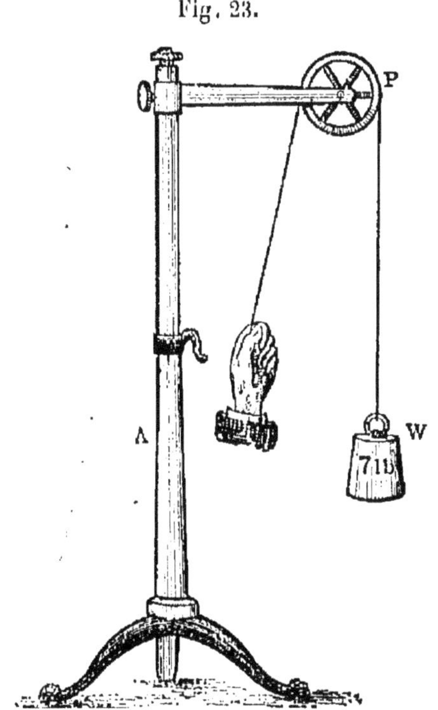

Énergie dépensée pour effectuer un travail.

A Support soutenant une poulie P.   W Poids de 7 kilos, élevé à une hauteur de 1 mètre.

mètre au-dessus de la table. Mais je puis aussi, quand il me plaira, épuiser ma réserve d'énergie en l'employant à effectuer du travail. Voici un petit seau rempli de menu plomb, et qui pèse un peu moins de sept kilogrammes. Je l'attache à l'extrémité libre de la corde, et je le laisse aller. Le poids s'abaisse d'un mètre, et le seau s'élève d'un mètre.

Si nous considérons le travail effectué sur le seau de
menu plomb par la chute du poids, nous verrons qu'il est
d'un peu moins de sept kilogrammètres, puisque le seau
pèse un peu moins de sept kilogrammes. Mais le poids,
en tombant, a effectué un travail d'un autre genre ; il a

Fig. 24.

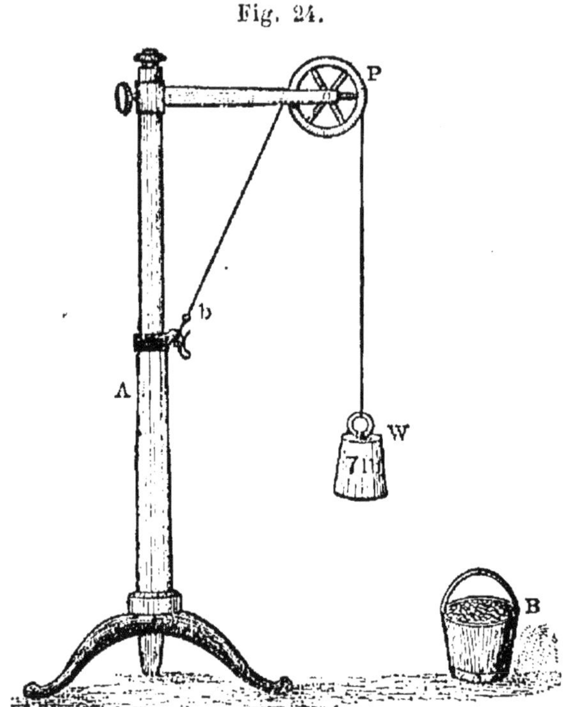

Énergie emmagasinée dans un poids suspendu.

A Support soutenant la poulie P.
B Seau rempli de menu plomb.

W Poids maintenu à une hauteur de
un mètre par le crochet b.

surmonté le frottement de la poulie. En outre, quand il a
touché la table, il possédait encore un peu d'énergie,
qu'il a dépensée dans un coup faible. Maintenant, si nous
mesurions l'énergie de ce coup, en y ajoutant l'énergie
dépensée à surmonter la résistance du frottement, nous
trouverions, en additionnant les deux quantités avec le
travail effectué sur le seau, que la somme totale est égale

à sept kilogrammètres ; et nous verrions ainsi que notre poids, dans sa chute sur la table, a effectué un travail exactement équivalent à l'énergie que j'avais dépensée pour l'élever à la hauteur d'un mètre. Dans ce sens, l'on peut dire que l'énergie dépensée par moi a été emmagasinée dans le poids que j'ai soulevé.

Vous trouverez une application intéressante de ce principe dans une horloge ordinaire (de celles qui se remontent tous les huit jours). Les rouages de l'horloge sont mis en mouvement par des poids ; et les poids, en effectuant leur travail, ne cessent de tomber lentement vers le sol. Quand ils ne peuvent plus tomber, ils sont devenus incapables d'effectuer du travail, et l'horloge s'arrête. Si nous voulons la remettre en mouvement, il faut que nous la remontions : c'est-à-dire que nous devons replacer les poids dans une position d'où ils puissent tomber de nouveau. En le faisant, nous dépensons de l'énergie musculaire, et l'énergie ainsi dépensée est, de fait, emmagasinée dans les poids, d'où elle sortira lentement et d'une manière continue sous forme de travail, à mesure que les poids tombent vers le sol, pendant une période de plusieurs jours.

De la même manière, quand vous remontez votre montre, vous y mettez en réserve une certaine quantité d'énergie, par la tension d'un ressort élastique ; et le ressort dépense cette énergie en effectuant du travail, pendant qu'il se détend lui-même et met en mouvement les roues de la montre. De même, quand je fais entrer de l'air dans ce fusil à air comprimé, j'y emmagasine de l'énergie sous forme d'air comprimé ; et je puis dépenser cette réserve à mon gré et m'en servir pour faire partir des balles.

Il serait facile de multiplier les exemples ; mais mon but n'est pas tant de traiter d'une façon complète cette partie de mon sujet que de vous montrer des applications familières d'un principe général. Chacun peut trouver d'autres exemples dans son expérience personnelle. Ainsi, un marteau à vapeur possède, quand il est soulevé, une certaine somme d'énergie qu'il consomme à effectuer du travail, lorsqu'il retombe, par son propre poids, sur l'enclume.

Une arbalète tendue possède une certaine quantité d'énergie, prête, à tout moment, à envoyer une flèche à travers l'air. Un boulet sortant de la bouche d'un canon possède de l'énergie emmagasinée, qui effectue un travail en traversant l'armure massive d'un vaisseau bardé de fer. Le volant d'un moteur à gaz reçoit, à chaque explosion, une provision d'énergie qu'il dépense à maintenir la machine en mouvement jusqu'à l'explosion suivante.

Énergie emmagasinée dans les nuages et dans les rivières. — L'énergie s'emmagasine parfois pour nous, par un procédé naturel, et nous n'avons qu'à en faire usage, si nous le voulons. Vous avez vu qu'il y a de l'énergie emmagasinée dans un poids soulevé à une certaine hauteur, et que nous pouvons nous servir de cette énergie pour effectuer un travail, pendant que le poids retombe à son niveau primitif. Mais vous n'avez peut-être pas remarqué que la nature est toujours occupée à emmagasiner pour nous une provision d'énergie de cette espèce, provision pratiquement inépuisable. Elle élève constamment l'eau de l'océan sous la forme de vapeur, et la laisse retomber sur les sommets de nos collines et de nos montagnes sous forme de pluie, de grêle et de neige. L'eau s'amasse alors en petits ruisseaux, ces ruisseaux en se réunissant forment des torrents, les torrents descendent dans les vallées, deviennent des fleuves et retournent ainsi à l'océan qui les a engendrés. Et tout le long de son cours, cette eau qui tombe possède une quantité d'énergie qu'elle est toujours prête à rendre en travaillant pour nous, par exemple, en moulant du grain, ou en sciant du bois, ou en actionnant une machine quelconque.

Énergie emmagasinée dans les mines de charbon. — Voilà pour l'emmagasinement de ce que l'on peut appeler l'énergie mécanique. Je vais maintenant vous donner un ou deux exemples pour vous faire voir de quelle manière l'énergie calorifique peut être emmagasinée. Je n'ai pas besoin de vous dire le grand usage que l'on fait de cette énergie, sous forme de vapeur, pour effectuer du travail. Maintenant, nous nous procurons d'ordinaire cette chaleur par la combustion du charbon ; par conséquent, une mine de charbon est un vaste magasin d'énergie, toujours utilisable pour actionner nos machines et faire du travail.

Ici encore nous devons rendre grâces à la bienveillante prévoyance de la Nature. Cette provision d'énergie fut déposée pour nous, dans les forêts primitives de ces temps anciens que les géologues désignent sous le nom de *période carbonifère*. La riche et luxuriante végétation de ces forêts primitives était constituée principalement par certains composés chimiques de carbone et d'hydrogène, que l'action des forces naturelles tirait de l'air et du sol, et faisait entrer dans les plantes et dans les arbres. Les siècles s'écoulèrent ; les générations de cette vie ancienne se succédèrent ; la terre sèche fut submergée dans l'océan ; de nouvelles couches s'étendirent sur les forêts submergées ; et, par une marche lente et progressive, la végétation de ces époques reculées s'accumula en lits de charbon. Mais, après tous ces changements, les composés d'hydrogène et de carbone, ensevelis dans les forêts primitives, survivent encore dans le charbon, et constituent, de fait, la source de toute la chaleur que nous obtenons par la combustion de ce corps.

Arrêtons-nous quelques instants, et considérons ce procédé de combustion par lequel la chaleur est développée. L'hydrogène a une grande affinité pour l'oxygène ; et il en est de même du carbone. Il résulte de cette affinité que les corps en question sont toujours prêts, dans certaines conditions, à se combiner avec l'oxygène, formant ainsi de nouveaux composés chimiques. Quand nous allumons du feu, nous donnons naissance à ces conditions requises, et le phénomène continue jusqu'à combustion complète du charbon. L'hydrogène se combine avec l'oxygène et forme de l'eau ; le carbone se combine avec l'oxygène et forme de l'acide carbonique. Le charbon est donc transformé, par la combustion, en eau et en acide carbonique ; une petite quantité seulement, qui est incombustible, demeure sous la forme de cendres.

Mais quelle est la cause physique de la chaleur ainsi produite ? Vous vous souvenez qu'un poids qui tombe à terre, sous l'influence de la gravitation, peut effectuer un travail utilisable. Cependant, si nous le laissons tomber sans lui faire faire aucun travail, il arrive sur le sol avec toute son énergie, qu'il dépense entièrement dans le coup qu'il produit. Or, nos expériences antérieures nous ont pleinement démontré que, par ce coup, l'énergie du poids qui tombe est convertie en énergie de chaleur. Et il semblerait que la chaleur produite dans la combustion est engendrée par un genre d'action analogue. Les atomes d'hydrogène et de carbone se précipitent contre les atomes d'oxygène, et la collision engendre de la chaleur. Dans le cas d'un poids qui tombe, une masse de grandeur sensible, parcourant un espace sensible, va frapper une autre masse ; dans le cas de la combustion, des millions et des millions d'atomes infiniment petits, parcourant des espaces infiniment petits, viennent s'entre-choquer. Mais, dans les deux cas, l'énergie du corps en mouvement est convertie en énergie de chaleur.

Énergie emmagasinée dans des gaz séparés.

— Et maintenant, nous pouvons voir plus clairement comment le charbon est un réservoir d'énergie. Nous avons, d'un côté, le carbone et l'hydrogène qui existent à part de l'oxygène ; d'un autre côté, une force chimique qui agit entre ces éléments et tend à les réunir. Partant de cette idée, il est facile de concevoir comment nous pouvons mettre en réserve pour notre usage une provision d'énergie de cette espèce.

L'eau, comme vous le savez, est un composé chimique d'oxygène et d'hydrogène. — Voici, sur cette table, une batterie voltaïque, et, auprès de la batterie, un vase de verre contenant de l'eau acidulée. Quand j'envoie un courant électrique de la batterie à travers l'eau, les molécules de l'eau sont violemment écartées les unes des autres par l'action du courant, et se résolvent dans leurs éléments constitutifs. Vous pouvez sans peine voir les gaz qui s'élèvent en bulles nombreuses dans les deux tubes de verre sur lesquels un rayon de la lampe projette une vive lumière. L'oxygène est mis en liberté dans le tube à votre droite, par où le courant pénètre dans le liquide ; l'hydrogène, dans le tube de gauche, par où le courant sort du liquide.

Ce que je voudrais vous faire remarquer, dans cette expérience si belle et si intéressante, c'est que nous dépensons une certaine espèce d'énergie — l'énergie d'un courant électrique — pour effectuer un certain travail, c'est-à-dire pour écarter les uns des autres les atomes d'oxygène et les atomes d'hydrogène, malgré l'attraction qui tend à les maintenir dans une étroite union chimique. Les deux gaz, ainsi séparés de force, ont une forte tendance à se combiner de nouveau, et quand ils le feront, ils engendreront une nouvelle énergie sous forme de chaleur.

Pour vous faire bien comprendre et bien retenir ce fait

important, je vais opérer devant vous la combinaison chimique des deux gaz. Vous voyez sur cette table, côte à côte, deux petits sacs, remplis, l'un d'oxygène, l'autre d'hydrogène. Et voici un appareil connu sous le nom de lampe oxhydrique. Elle a un tube en communication avec le sac d'oxygène, et un autre avec le sac d'hydrogène. A la suite de ces robinets d'arrêt les deux tubes se réunissent en un seul, où je me propose d'amener les gaz en contact intime, dans des conditions favorables à leur combinaison chimique.

Tournant d'abord un des robinets, je laisse partir l'hydrogène, et si j'approche alors du jet une bougie allumée, l'hydrogène brûle avec une flamme bleu pâle. Cette flamme, bien que faiblement lumineuse, produit une chaleur intense, comme je puis facilement vous le prouver. Voici un fil de platine en spirale, et vous voyez que si je le mets dans la flamme, il commence à resplendir d'une lumière blanche d'un éclat constant. La chaleur qui se développe ici est due à la combinaison de l'hydrogène venant de notre sac avec l'oxygène de l'air ambiant. Mais elle devient bien plus intense encore lorsque je tourne le second robinet et que j'introduis de la sorte un courant d'oxygène pur dans le jet d'hydrogène enflammé. Pour vous mettre en évidence la chaleur abandonnée maintenant par notre provision d'énergie, je prends ce morceau de fil d'acier, et je le place dans la flamme. Vous le voyez brûler comme de l'amadou et lancer des étincelles brillantes. J'ôte le fil d'acier, et je mets à sa place un morceau de craie dans le jet enflammé. La craie ne brûle pas, mais elle donne une chaleur intense, et projette une lumière d'un éclat prodigieux.

Ces expériences sont fort belles et instructives à plus d'un point de vue. Mais pour le but que je poursuis, je voudrais fixer votre attention sur un seul point : c'est que toute la lumière et toute la chaleur produites dans la flamme de notre lampe sont dues au choc des atomes d'hydrogène ou d'oxygène, que l'attraction chimique précipite les uns contre les autres. Ils n'auraient jamais pu s'entre-choquer s'ils n'eussent été d'abord écartés les uns des autres. Par conséquent, en les écartant, nous leur avons donné le pouvoir de produire de la lumière et de la chaleur.

Voilà dans quel sens l'on peut dire que l'énergie calorifique a été emmagasinée dans ces deux sacs d'oxygène et d'hydrogène. De même, il est vrai de dire qu'il y a de l'énergie de chaleur emmagasinée dans un morceau de charbon. De même encore, comme nous l'avons vu, il y a une provision d'énergie mécanique dans un poids que l'on a soulevé, dans un torrent, dans une arbalète tendue, dans un boulet de canon qui parcourt l'espace.

L'emmagasinement de l'énergie électrique n'est pas une idée nouvelle. — Maintenant que nous nous sommes fait, je l'espère, une idée bien claire de ce qu'on entend par ces termes : emmagasinement de l'énergie mécanique et de l'énergie de chaleur, nous pouvons passer au sujet qui nous intéresse le plus directement, l'emmagasinement de l'énergie électrique. Je surprendrai peut-être plusieurs d'entre vous quand je dirai que l'emmagasinement de l'énergie électrique n'est pas une idée nouvelle, mais qu'elle est depuis longtemps familière aux savants. Quand une machine électrique ordinaire est mise en action, l'énergie électrique est emmagasinée pour un court espace de temps dans le conducteur principal, et abandonnée quand une étincelle jaillit. Elle est emmagasinée également, et avec plus d'efficacité, dans une batterie électrique, lorsque celle-ci reçoit sa charge de la machine. Et la Nature, j'ai à peine besoin de vous le dire, a une manière qui lui est propre d'emmagasiner l'énergie électrique dans un nuage orageux.

On peut dire encore, et en toute vérité, que toute batterie voltaïque constitue une réserve d'énergie électrique. Dans une batterie de cette nature, il y a un métal (généralement du zinc), qui subit l'action chimique d'un acide quand la batterie travaille. L'effet de cette action chimique est que les atomes du métal se combinent avec l'oxygène de l'acide ; et la combinaison engendre un courant électrique.

Observez maintenant quelle parfaite ressemblance il y a entre ce processus et celui par lequel la chaleur est tirée du charbon. Dans le cas du charbon, nous avons le carbone et l'hydrogène qui existent à part de l'oxygène, avec une force chimique tendant à opérer leur combinaison, dans des circonstances favorables. Nous réalisons ces conditions lorsque nous allumons du feu ; la force chimique entre alors en action ; le carbone et l'hydrogène se précipitent à la rencontre de l'oxygène ; et dans le choc des atomes il se développe de la chaleur. De même, dans la batterie voltaïque, nous avons le zinc qui se trouve séparé de l'oxygène, avec une force chimique qui tend à les réunir. Nous mettons cette force en action quand nous arrangeons les piles de nos batteries et que nous établissons les communications requises ; les atomes de zinc et d'oxygène s'entre-choquent, et, par l'énergie de leur collision, un courant électrique est engendré.

Ainsi, cela est bien clair : dans le même sens exactement où nous avons dit qu'il y a de l'énergie de chaleur emmagasinée dans un morceau de charbon, nous pouvons dire aussi qu'il y a de l'énergie électrique emmagasinée dans les plaques de zinc d'une batterie. Il est bon de remarquer que les deux cas nous fournissent une illustration frappante d'une loi de la Nature. Nous ne pouvons pas épuiser notre provision d'énergie et conserver en même temps le magasin qui l'avait reçue en dépôt. Nous ne pouvons obtenir de chaleur du charbon sinon par un procédé dans lequel le charbon est consumé et cesse d'exister comme tel. De même, nous ne pouvons obtenir un courant électrique de nos plaques de zinc sinon par un procédé dans lequel le zinc se consume peu à peu et cesse d'exister comme zinc.

Mais vous me direz : Si une batterie voltaïque est en réalité un magasin d'énergie électrique, comment expliquer que la découverte d'un moyen d'emmagasiner cette énergie électrique a causé un si grand émoi l'an dernier ! Faut-il dire que nous ne pouvons rien de plus avec cette nouvelle découverte que sans elle ? — J'ai soulevé cette question pour vous faire bien comprendre ce que la découverte nous promet précisément.

D'abord, je dois vous dire que si une batterie voltaïque ordinaire est un véritable magasin d'énergie électrique, c'est un magasin dispendieux. Pour obtenir un courant électrique de la batterie, il faut, comme je vous l'ai dit tout à l'heure, sacrifier les plaques de zinc ; et le zinc est un métal qui coûte cher. Il coûte à peu près vingt fois le prix du charbon, à poids égal. De plus, les dispositions qu'il faut prendre, pour obtenir du zinc un courant électrique, exigent l'emploi d'autres matériaux très coûteux, comme l'acide nitrique et l'acide sulfurique ; elles demandent aussi les soins constants d'une personne exercée. Aussi a-t-on reconnu depuis longtemps qu'une batterie voltaïque, si utile qu'elle puisse être dans un laboratoire scientifique, ou encore dans certaines occasions spéciales où la dépense n'est qu'une question de peu d'importance, ne saurait avantageusement produire l'électricité dans une large mesure pour l'usage public.

La batterie d'emmagasinement. — Eh bien, la nouvelle découverte — la batterie d'emmagasinement,

comme on l'a très bien nommée — diffère de la batterie
voltaïque ordinaire en ce qu'elle ne fournit pas par elle-
même un courant électrique, mais nous donne le moyen
d'emmagasiner l'énergie d'un courant électrique obtenu
d'une autre source. Vous voyez tout de suite qu'elle ne
serait d'aucun usage pratique si nous n'avions à notre
disposition quelque procédé commode et peu coûteux pour
produire l'électricité. Mais c'est là justement ce que l'on
a trouvé avec beaucoup d'à-propos dans ces dernières
années. Les machines dynamo-électriques, que l'on a
amenées à un si haut degré de perfection, nous permettent
de disposer d'un approvisionnement d'électricité qui
revient à très bon marché et que l'on peut obtenir en telle
quantité que l'on voudra. De fait, c'est le développement
rapide et extraordinaire de ces machines qui a donné une
importance si considérable, au moment actuel, à la question de l'emploi de l'électricité comme un des agents
ordinaires de la lumière et de la force.

Cette question, j'ai à peine besoin de le dire, est en-
tourée de difficultés nombreuses, dont les unes ont été
en partie surmontées, et les autres attendent encore une
solution. Mais on convient unanimement qu'il resterait
bien peu de difficultés à vaincre si, après avoir trouvé le
moyen de se procurer l'électricité à bon marché, on pouvait maintenant l'emmagasiner sans grands frais, sous une
forme commode, et la conserver toute prête à servir à
l'occasion. C'est là un problème bien attrayant pour le
savant, et non moins intéressant pour l'industriel, et c'est
parce que la nouvelle batterie semble nous promettre une
bonne solution de ce problème qu'elle a causé un si
grand émoi et éveillé un si puissant intérêt.

Le but de cette batterie n'est autre que d'amener un
courant électrique à emmagasiner sa propre énergie, sous
une forme convenable pour l'usage futur ; et je vais
essayer maintenant de vous faire comprendre comment

elle atteint ce but. Nous avons vu que, lorsqu'un courant électrique, venant d'une pile voltaïque ou de toute autre source, passe entre deux plaques de métal plongées dans de l'eau acidulée, l'eau est décomposée par l'action du courant, l'oxygène étant mis en liberté à la surface de l'une des plaques, et l'hydrogène à la surface de l'autre. Un des résultats de cette décomposition, c'est qu'une nouvelle force est engendrée dans le liquide, force qui

Fig. 25.

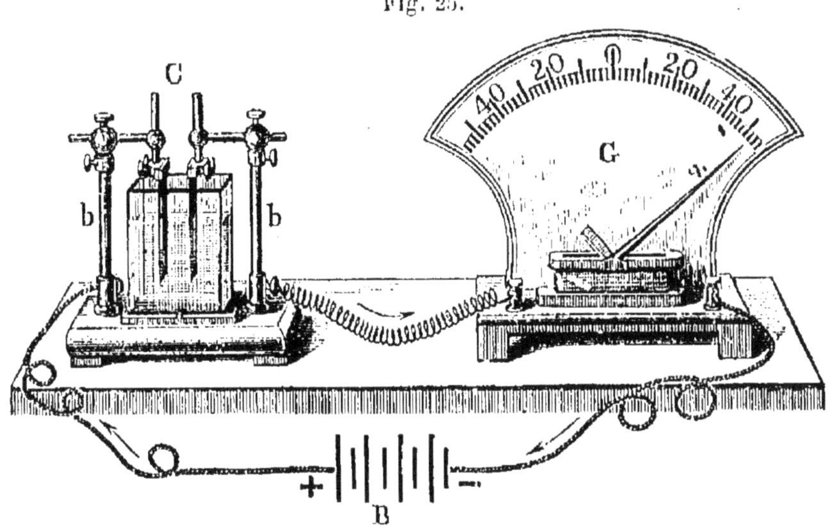

Cuve de décomposition (ou voltamètre). — Passage du courant primaire.

C Cuve de décomposition.　　　　B Pile.
bb Supports en laiton.　　　　*c* Index du galvanomètre dévié vers la
G Galvanomètre.　　　　　　　　droite.

s'oppose au passage du courant, et tend à produire un courant propre, dans la direction opposée.

Maintenant, si l'on interrompt le courant de la pile, et que l'on mette les deux plaques de métal en communication au moyen d'un fil métallique en dehors du liquide, ce nouveau courant commencera à passer dans le circuit ainsi formé et à y produire des phénomènes électriques. Le courant électrique obtenu de la sorte est appelé cou-

rant secondaire (1), pour le distinguer du courant qui
vient de l'intérieur et que l'on nomme courant primaire.

**Expérience pour faire voir le courant secon-
daire.** — Je voudrais vous démontrer par une expérience
l'existence de ce courant secondaire. — Voici une cuve

Fig. 26.

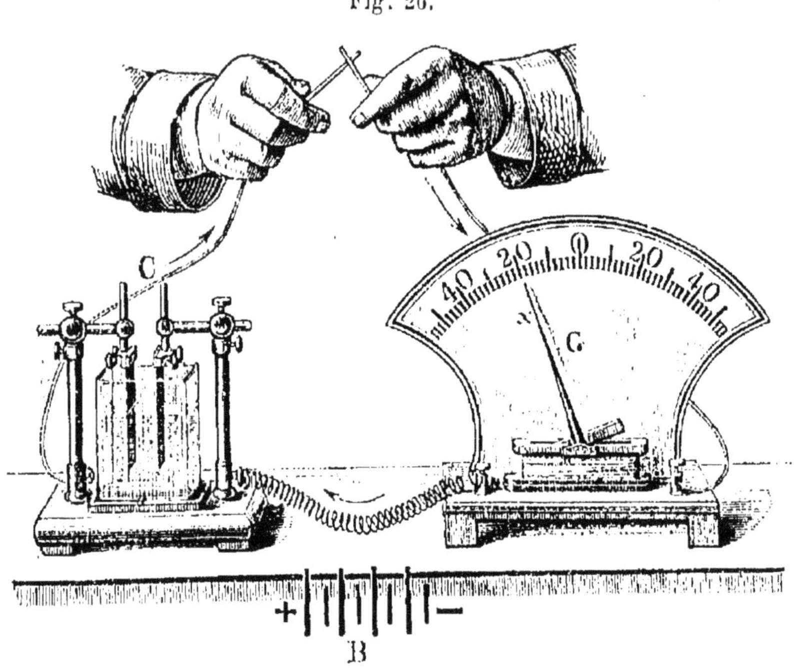

Même cuve : Passage du courant secondaire.

C Cuve de décomposition.   _x_ Index du galvanomètre dévié vers la
G Galvanomètre.   gauche.

en verre contenant de l'eau acidulée. — Vous pouvez voir
deux plaques de métal plongées dans l'eau ; l'une est
reliée, au moyen de ce support de laiton et d'un fil
flexible au pôle positif d'une pile ; l'autre est reliée, au
moyen du second support et d'un autre fil, à l'une des
vis d'attache d'un galvanomètre ; la seconde vis d'attache

(1) Ou, en France, courant de polarisation.

du galvanomètre est reliée au pôle négatif de la pile.

Par cette disposition, le courant de la pile est amené à passer à travers l'eau acidulée de la cuve de verre, et de là, dans le galvanomètre. Quand je mets la pile en action, vous voyez que l'index du galvanomètre est dévié tout à coup, montrant ainsi que le courant passe. Au même moment, des bulles de gaz apparaissent dans la cuve de verre, accusant le phénomène de décomposition qui se produit. Après un intervalle de quelques secondes, j'interromps le circuit, et en même temps le courant de la pile. Les bulles de gaz ne se produisent plus, et le galvanomètre retourne à zéro.

Essayons maintenant de voir si la cuve de verre, avec ses plaques de métal, peut nous donner un courant qui lui soit propre. A cet effet, je vais prendre le fil qui vient de la première plaque métallique, et le mettre en contact avec le fil attaché à la seconde vis du galvanomètre. Le circuit sera alors ce qu'il était pendant la première partie de notre expérience, avec cette seule différence, que la pile est laissée de côté. Remarquez, lorsque je produis le contact, la déviation de l'index du galvanomètre, preuve qu'un courant a commencé à passer. Observez également que la déviation a lieu non plus à droite, comme précédemment, mais à gauche, ce qui montre que le courant qui vient de la cuve suit une direction opposée à celle du courant qui vient de la pile électrique.

Mais, avant d'aller plus loin, je voudrais vous faire voir bien clairement que nous avons ici un cas d'emmagasinement d'énergie. L'énergie du courant primaire a été d'abord employée à effectuer un certain travail, c'est-à-dire à décomposer les molécules d'eau. Comme conséquence directe de ce travail, nous avons l'oxygène et l'hydrogène existant à part, avec une force chimique qui agit entre eux et tend à les associer. C'était là notre provision d'énergie ; nous y avons puisé quand nous avons supprimé la pile et fermé le circuit entre les deux plaques de la pile de décomposition. La force chimique a été de la sorte amenée à agir ; l'oxygène et l'hydrogène ont commencé à se combiner de nouveau dans la pile ; et dans l'acte de la combinaison ils ont produit un courant électrique.

Je me suis étendu un peu longuement sur cette expérience bien simple, parce qu'elle présente sous un jour très clair le principe fondamental des batteries d'emmagasinement. Un certain changement chimique est produit dans la pile d'emmagasinement par suite du courant électrique que l'on y fait passer ; et, en vertu de ce changement, la pile a une provision d'énergie qu'elle est prête à abandonner dans les circonstances convenables, sous forme de courant électrique. Il me reste maintenant à décrire brièvement les principales tentatives que l'on a faites pour donner à ce principe des applications pratiques.

Pile secondaire de Ritter. — La forme la plus ancienne de batterie d'emmagasinement fut inventée par Ritter, d'Iéna, il y a quatre-vingts ans. Ritter prit deux petits disques circulaires en cuivre, et il plaça entre eux un disque similaire en drap, imbibé d'eau acidulée. Cette combinaison constitue un élément de sa batterie. Il fit un second élément de même genre, et le mit sur le premier ; un troisième, qu'il déposa sur le second, et ainsi de suite, jusqu'à ce qu'il eût construit une pile, ou colonne, composée de cinquante ou soixante éléments. Alors il envoya un courant à travers la pile, de haut en bas ; l'eau des disques de drap fut décomposée ; un courant primaire de sens contraire se développa dans chaque élément, et lorsque la pile fut supprimée la cuve abandonna, pendant quelques instants, un courant électrique d'une puissance considérable. Cette batterie est connue sous le nom de Pile secondaire de Ritter; mais, comme le courant dure seulement quelques minutes, elle n'est guère d'usage pratique.

Pile à gaz de Grove. — Quarante années s'écoulèrent, et la pile secondaire de Ritter était presque tombée dans l'oubli, lorsqu'une nouvelle forme de batterie se-

Fig. 27

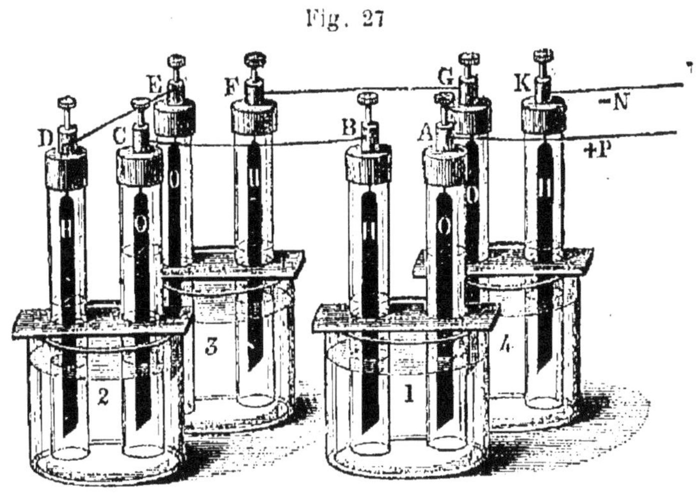

Pile à gaz de Grove.

1, 2, 3, 4, Cuves de la batterie.
AB, CD, EF, GK, Tubes de verre fermés au sommet, et remplis d'eau acidulée.
P Fil métallique par lequel le courant de charge entre dans la batterie.

N Fil métallique par lequel le courant de charge quitte la batterie.
O Feuilles de platine sur lesquelles l'oxygène est mis en liberté.
H Feuilles de platine sur lesquelles l'hydrogène est mis en liberté.

condaire fut imaginée par sir William Grove, qui occupait alors le poste de professeur de physique expérimentale à la *London Institution*, et occupe maintenant celui de juge à la haute cour de justice, en Angleterre. Son plan était de combiner ensemble une série de cuves de décomposition, semblables à celle avec laquelle nous venons de faire notre expérience. Dans chaque cuve il introduisit deux tubes de verre, fermés au sommet, et remplis d'eau acidulée. Chaque tube contenait un ruban de platine ; et lorsque le courant primaire était envoyé à travers la série des piles, il entrait dans chaque pile par une plaque de platine et en sortait par une autre.

Sur cette table, voici un arrangement de cette nature, qui consiste en quatre piles ; et vous observerez que, lorsque je fais passer le courant primaire, nombre de petites bulles apparaissent dans chaque tube, tandis que le galvanomètre, qui est aussi dans le circuit, indique par sa déviation le passage d'un fort courant. Maintenant j'interromps le courant primaire, et je ferme le circuit de nos quatre cuves. Le courant secondaire se manifeste immédiatement, et la déviation du galvanomètre indique que ce courant secondaire suit une direction opposée à celle du courant primaire.

Expériences de Planté. — Cette combinaison de piles secondaires s'appelle Pile à gaz de Grove. Elle a toujours été un objet de grand intérêt pour les savants ; mais, pour des raisons que je n'ai pas à expliquer, le courant qu'elle produit est extrêmement faible, et ne peut recevoir d'application pratique. Dix-huit ans s'écoulèrent encore, et la pile secondaire restait toujours dans l'obscurité du laboratoire, lorsque, en 1860, M. Gaston Planté présenta sa pile, maintenant célèbre, à l'Académie des Sciences de Paris. On devrait toujours, me semble-t-il, reconnaître sans ambages que Gaston Planté est l'homme dont les patientes et laborieuses recherches ont le plus contribué au fonctionnement de la pile secondaire.

Ces recherches commencèrent en 1859, et se sont continuées, je puis le dire, jusqu'à ce jour. Son premier but était de découvrir le métal le plus propre à l'emmagasinement de l'énergie électrique dans une cuve de décomposition. Après une longue série d'expériences, où il essaya successivement l'or, l'argent, le platine, le cuivre, et d'autres métaux, il se convainquit enfin que le plomb était le métal le plus convenable pour l'objet qu'il avait en vue. Avec les autres métaux, l'oxygène et l'hydrogène, produits par la décomposition de l'eau, existent seulement sous forme de petites bulles de gaz s'attachant à la surface des plaques, où elles se dégagent. Mais avec le plomb, ces gaz déterminent un changement chimique, qui donne aux plaques un nouveau caractère, plus ou moins permanent ; et ce nouveau caractère constitue, en réalité, la source d'où le courant secondaire est tiré.

En outre, M. Planté reconnut qu'il était possible d'augmenter considérablement l'aptitude naturelle des plaques de plomb à emmagasiner l'énergie électrique, en leur faisant subir une préparation qu'il a nommée la *formation* des plaques. Cette préparation, qui demande trois ou quatre mois, est trop compliquée et trop ennuyeuse pour que je vous la décrive en détail dans une conférence comme celle-ci. Mais je puis vous dire, d'une manière générale, qu'elle consiste à faire passer un courant électrique à travers la pile, d'abord dans une direction, puis dans une autre, plusieurs fois de suite, avec des intervalles de repos entre chaque décharge, — et que le résultat final est de produire sur l'une des plaques une couche solide de peroxyde de plomb, et de réduire la surface de l'autre plaque à l'état de plomb métallique spongieux ou finement divisé.

Voici deux plaques de plomb, que j'ai préparées de la manière susdite ; et je vais vous montrer maintenant qu'elles contiennent une provision d'énergie électrique où nous pouvons puiser à notre gré.

Je les plonge, à une petite distance l'une de l'autre, dans un verre contenant de l'eau acidulée ; puis je les relie à l'extérieur par un fil métallique : un galvanomètre se trouve, comme de coutume, dans le circuit. L'index du galvanomètre dévie immédiatement et se porte jusqu'à l'extrémité de l'échelle, montrant par là qu'un courant fort et constant sort de la pile. Aussi longtemps que les deux plaques conserveront leurs caractères distinctifs, le courant se développera. Mais souvenez-vous bien que nous ne saurions dépenser et conserver en même temps notre provision d'énergie. Pendant que le courant continue de se développer, l'oxygène est enlevé à la couche de peroxyde de plomb, et déposé sur la couche de plomb pur spongieux ; le caractère distinctif de chaque plaque s'efface ainsi graduellement ; la provision d'énergie s'épuise enfin, et le courant cesse d'exister.

La capacité d'emmagasiner l'énergie électrique d'une pile comme celle-ci augmente proportionnellement à la surface des plaques métalliques. Aussi M. Planté se proposa-t-il, en construisant sa pile, d'avoir la plus grande surface possible de plomb sous une forme convenable et portative. Pour atteindre ce but, il prit deux plaques de plomb, d'environ 0^{m}25 de large, et de 0^{m}50 à 0^{m}60 de long. Il les plaça l'une sur l'autre, en les séparant par de petites bandes de caoutchouc ; puis il les enroula fortement, et plongea perpendiculairement le rouleau ainsi formé dans un bocal cylindrique en verre contenant de l'acide sulfurique dilué. Le phénomène de *formation*, tel que nous l'avons décrit, ne tarda pas à se produire, et la pile fut prête à servir. J'ai ici une pile de Planté qui, comme vous le voyez, a environ 0^{m}30 de hauteur et 0^{m}10 de diamètre. On l'a chargée il y a quelques jours, et lorsque je ferme le circuit, le courant est assez puissant pour amener ce fil de platine à l'incandescence, et produire une lumière blanche du plus vif éclat.

Perfectionnements de Faure. — On s'est longtemps servi avec avantage de la pile secondaire de Planté

pour de petites opérations chirurgicales ; on s'en est servi
aussi, dans une certaine mesure, pour la production de
la lumière électrique. Mais la *formation* des plaques est
une opération si ennuyeuse et si coûteuse, que cette forme
de pile ne semble pas appelée à devenir d'un usage
général, au moins sur une large échelle. Aussi a-t-on
appris avec un vif intérêt, l'année dernière, que M. Faure,
de Paris, avait inventé une nouvelle pile secondaire qui
n'exige point cette sorte d'opération.

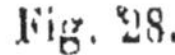

Fig. 28.

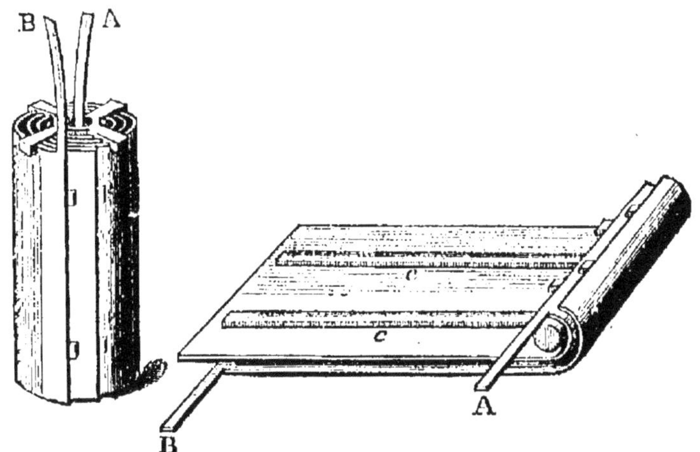

Les plaques de plomb de la pile Planté. — A droite, les plaques déroulées ;
à gauche, les mêmes plaques enroulées l'une sur l'autre.

AB Bandes de plomb sortant de chaque   cc Bandes de caoutchouc pour isoler les
    plaque.   plaques.

Le système adopté par M. Faure peut être expliqué en
quelque mots. Il commence par recouvrir la surface des
deux plaques d'une couche épaisse d'oxyde rouge de
plomb ; puis il les plonge dans une pile contenant de
l'acide sulfurique dilué, et fait passer un courant électrique à travers la pile d'une plaque à l'autre. L'effet du
courant est de déposer l'oxygène sur la plaque que le
courant suit en entrant, et de l'enlever de la plaque que

lé courant suit en sortant. Il amène ainsi la couche d'oxyde rouge de l'une des plaques à la condition de peroxyde deplomb, et la réduit, sur l'autre plaque, à l'état de plomb pur métallique. Ce changement ne demande qu'un jour ou deux pour s'effectuer ; et quand il est complet, la pile se trouve chargée. Elle conservera cette

Fig. 29.

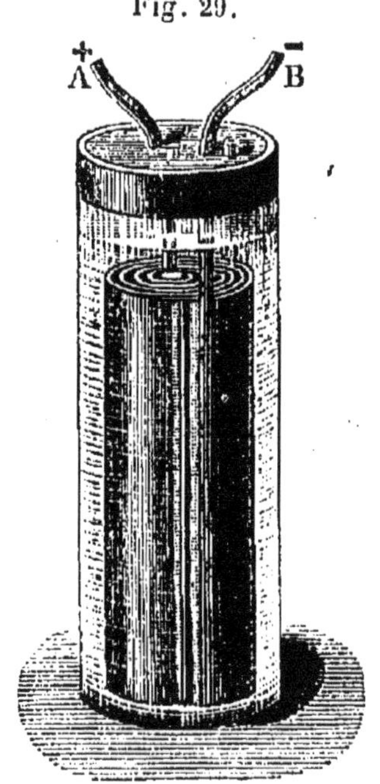

La pile de Planté complète.

A Bande de plomb par laquelle le courant de charge entre dans la pile.

B Bande de plomb par laquelle le courant de charge quitte la pile.

charge, avec très peu de perte, pendant plusieurs jours, ou la cédera, à notre gré, quand nous en aurons besoin.

En pratique, Faure se sert pour sa pile d'une boîte rectangulaire, qui renferme dix ou douze plaques. Chaque plaque est solidement recouverte de feutre, pour empêcher la pâte d'oxyde rouge de tomber, et les plaques sont reliées entre elles de manière à pouvoir agir comme deux plaques uniques de très grande surface. La quantité

d'énergie électrique que l'on peut emmagasiner dans une
de ces piles peut s'exprimer en termes d'énergie mécanique ; et l'on a reconnu, par des calculs très exacts,
qu'une pile pesant un peu moins de 45 kilogrammes peut
emmagasiner 150.000 kilogrammètres d'énergie, ce qui
équivaut au travail d'un cheval, pendant trente minutes
environ. Voici, sur cette table, une pile de ce genre,

Fig. 30.

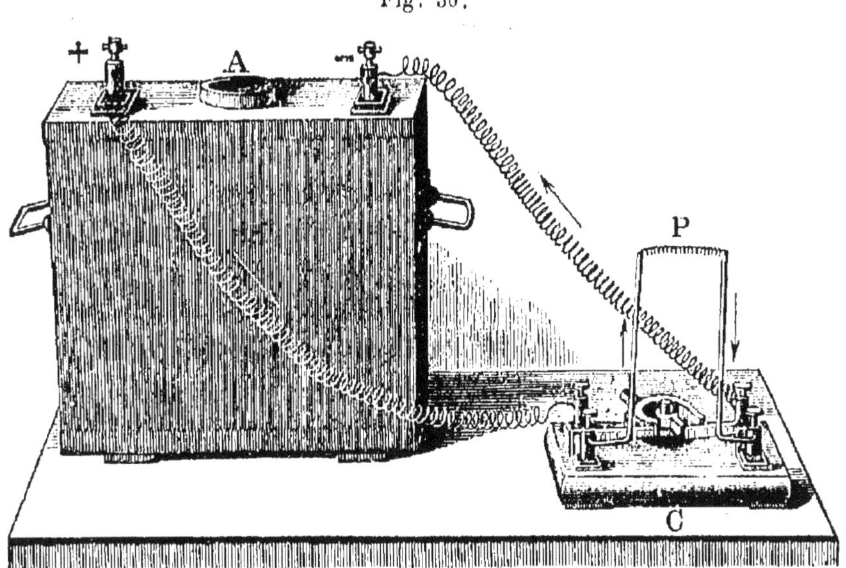

La pile de Faure dans sa forme primitive.

A La pile : Boîte en bois, avec un trou
  au sommet, bouché avec un tampon,
  pour introduire l'acide.

C Commutateur.
P Spirale de platine.

entièrement chargée. Elle vous représente très bien la
« boîte merveilleuse d'électricité » qui fit sa première
apparition en Angleterre l'été dernier, et au sujet de
laquelle on a tant parlé et tant écrit pendant l'année qui
vient de passer. Les fils métalliques partant des deux
pôles de la pile sont reliés, comme vous pouvez le voir,
aux vis d'attache de ce commutateur ; et lorsque je tourne
la poignée du commutateur, un courant d'électricité passe

à travers une spirale de fil de platine, produisant une chaleur intense qui fait briller le fil.

Ce qu'une batterie d'emmagasinement peut faire. — Je pense que vous n'aurez maintenant aucune difficulté à comprendre ce que c'est qu'une batterie d'emmagasinement et ce qu'elle est capable de faire. Elle consiste simplement en un certain nombre de piles telles que je les ai décrites — trente, quarante, cent — rangées côte à côte, combinant leurs forces ensemble, et toutes prêtes quand on tourne une poignée, à envoyer un puissant courant d'électricité dont nous pouvons nous servir à notre gré pour éclairer nos maisons ou actionner nos machines. Voici une petite batterie de cette espèce sur la table qui se trouve près de moi. En ce moment le courant ne passe pas, et l'énergie de la batterie reste emmagasinée. Mais je vais fermer le circuit extérieur en tournant la poignée de ce petit commutateur. En un instant, une demi-douzaine de lampes à incandescence placées sur la table s'allument et projettent une brillante lumière blanche.

A une petite distance, sur une autre table, sont quatre autres lampes qui ne donnent encore aucune lumière. Je tourne une autre poignée, elles commencent à briller, tandis que les premières continuent de jeter un éclat tout aussi vif. Sur le parquet, à ma gauche, est une scie circulaire, munie d'un électro-moteur pour la mettre en mouvement. Je tourne une troisième poignée, qui fait entrer l'électro-moteur dans le circuit de notre batterie ; la scie se meut rapidement et pénètre tout droit dans une forte pièce de bois que mon aide tient pressée contre elle, En renversant le mouvement, je puis arrêter le mouvement de la scie ou éteindre les lampes, comme il me plaira ; je puis aussi interrompre le courant, et l'énergie qui reste demeurera emmagasinée dans la batterie jusqu'à ce qu'on ait besoin de s'en servir de nouveau.

Mais l'on me fera peut-être cette question : « A quoi peut servir une batterie d'emmagasinement si, comme je l'ai dit, nous ne pouvons en tirer d'autre énergie électrique que celle que nous y avons mise ? N'est-elle pas un nouvel élément de dépense, interposé entre la production d'un courant électrique et sa consommation ? » — Je réponds qu'elle est très utile parce qu'elle est très commode. Elle nous permet de faire pour l'électricité ce qu'un gazomètre fait pour le gaz : c'est-à-dire de l'emmagasiner à mesure qu'elle se produit et de la céder suivant le besoin qu'on en aura. Elle est encore utile parce qu'elle nous permet d'utiliser une immense provision d'énergie qui se dépense tout simplement en pure perte. Ce que fait l'étang d'un moulin, en petit, pour le meunier, la batterie d'emmagasinement promet de le faire pour tout le monde sur une immense échelle : elle nous promet de recueillir l'énergie du fleuve qui coule paresseusement, et de la mettre en réserve, sous une forme convenable, jusqu'à ce que nous soyons prêts à nous en servir.

Applications pratiques. — Si je n'ai pas trop abusé de votre patience, je voudrais vous faire voir brièvement une ou deux applications pratiques. Supposons que vous vouliez éclairer votre maison au moyen de ces belles lampes à incandescence dont je vous ai montré quelques spécimens aujourd'hui, vous n'avez qu'à vous procurer une batterie d'emmagasinement, d'une dimension proprotionnée à l'éclairage que vous désirez, et à la mettre à un endroit convenable dans les soubassements de votre demeure. Un fil arrive à votre maison d'une station centrale ; votre batterie reçoit chaque matin une provision d'énergie électrique, et vous pouvez prendre sur cette provision pour illuminer votre demeure, quand vous le voulez.

Je puis mentionner en passant que M. Edison vient d'inventer un appareil très simple pour mesurer le courant qui vous arrive ; vous n'aurez de la sorte à payer que ce que vous avez dépensé. Et sir William Thomson a imaginé un appareil qui interrompt de lui-même le courant aussitôt que votre batterie est entièrement chargée ; vous n'aurez ainsi que ce qu'il vous faut, et rien ne sera perdu. Remarquons aussi que si vous désirez un éclairage plus brillant, pour une occasion spéciale, vous n'avez qu'à demander quelques lampes et quelques piles de plus.

Prenons encore le cas d'une petite ville voisine d'une chute d'eau ou d'une rivière au courant rapide. L'énergie de l'eau qui tombe peut être convertie en courant électrique, presque sans frais, au moyen de machines dynamo-électriques. Alors, si l'on a une grande batterie d'emmagasinement pour l'éclairage des rues, et si chaque maison possède une petite batterie pour l'usage privé, l'énergie du courant pendant toute la période de vingt-quatre heures peut être emmagasinée pour éclairer la ville pendant les heures d'obscurité. Il faudra, sans doute, une plus grande provision d'énergie en hiver qu'en été, puisque la période d'obscurité est plus longue ; mais la nature pourvoit heureusement à ce besoin en nous donnant, en hiver, un courant d'eau plus fort.

La batterie d'emmagasinement considérée comme puissance motrice. — A ce point de vue, les batteries d'emmagasinement semblent très bien appropriées à la traction des tramways. Un tramway ordinaire, avec sa charge complète de voyageurs, pèse environ 4.000 kilogrammes. Pour mouvoir ce poids, et lui imprimer une vitesse de six milles à l'heure, il faut un électro-moteur fournissant un travail de trois ou quatre chevaux en place droite, mais capable de donner un travail de huit ou dix chevaux en passant sur les ponts et en gravissant les pentes.

En m'appuyant sur l'expérience que nous avons déjà, je crois pouvoir dire que l'énergie électrique nécessaire pour actionner constamment un tel moteur, pendant deux heures, peut être emmagasinée dans des boîtes qui se placeraient très bien sous les bancs de la voiture. Si cette assertion est exacte, il n'y aurait qu'à se procurer une quantité convenable de ces batteries d'emmagasinement, que l'on mettrait à une extrémité de la ligne ; à établir un couple de machines à vapeur, que l'on ferait travailler sans cesse à charger les batteries ; et l'on se débarrasserait ainsi de toute une troupe de chevaux et des frais qu'ils occasionnent.

Dans l'application des batteries d'emmagasinement à la traction des tramways, il y a un point également intéressant auquel je voudrais m'arrêter un peu.

Chacun doit avoir remarqué quelle perte considérable d'énergie se produit chaque fois qu'un tramway s'arrête dans sa route. Marchant à raison de six milles (environ dix kilomètres) à l'heure, il possède en lui-même une très forte provision d'énergie, et avant qu'il puisse être arrêté, il faut que toute cette énergie soit détruite. Si elle est détruite au moyen d'un frein, elle est simplement dépensée en pure perte ; si elle est détruite à l'aide des chevaux, comme c'est le cas le plus ordinaire, non seulement elle est consommée sans aucun profit, mais il se produit une nouvelle dépense d'énergie pour la consommer ; et lorsque le *tram-car* vient à repartir, les chevaux doivent donner un nouvel effort pour développer une fois de plus l'énergie qui vient d'être détruite. Aussi les ingénieurs mécaniciens se sont-ils longtemps préoccupés de cette question : trouver un moyen d'emmagasiner l'énergie que possède un tramway en marche, et utiliser cette réserve quand il repart après un arrêt. Jusqu'à ce jour ce projet n'avait guère été qu'un rêve : mais il semblerait que les batteries d'emmagasinement nous permettront maintenant d'en faire une réalité.

Quand la batterie fait mouvoir le tramway, un courant d'électricité passe de la batterie dans l'électro-moteur, amenant la bobine de l'électro-moteur à tourner autour de son axe, et entraînant ainsi les roues du tramway, qui sont reliées à la bobine. Mais il est très possible, en faisant simplement tourner une poignée, de changer la relation entre la force électro-motrice de la batterie et celle du moteur, de telle sorte que ce soit exactement l'inverse qui se produise. Les roues du tramway feront alors tourner la bobine, engendrant à la sortie un courant électrique, qui retournera dans les piles et chargera la batterie. Au moment où ce changement a lieu, non seulement le tramway cesse de recevoir aucune impulsion nouvelle de la batterie, mais il est appelé à effectuer un travail, en développant un courant électrique.

En effectuant ce travail, il dépense rapidement sa provision d'énergie, et ne tarde pas à s'arrêter. Mais l'énergie ainsi dépensée ne l'est pas en pure perte ; elle s'ajoute à la provision d'énergie qui existe déjà dans la batterie, et quand la poignée sera ramenée à sa première position, elle servira à faire repartir le tramway.

Des tramways aux voitures privées il n'y a pas bien loin. Sans doute, aussi longtemps que nos rues demeureront dans l'état où nous les voyons, nous devrons nous contenter de nos véhicules ordinaires, avec les sauts et les cahots si agréables qu'ils nous font éprouver. Mais si je puis imaginer un temps où nos pavés raboteux auront disparu pour faire place à un pavage d'asphalte doux et commode, je ne vois pas de raison pour qu'une boîte de ces piles ne remplace pas les chevaux et voitures et autres véhicules. Sur une route de ce genre, une force d'un cheval suffirait amplement à mouvoir une voiture de belles dimensions aussi vite que la prudence le permet dans les rues d'une ville populeuse ; et une batterie de moyenne grandeur, que l'on mettrait dans un endroit convenable de la voiture, pourrait emmagasiner assez d'énergie pour effectuer le travail d'un cheval pendant une course de deux ou trois heures.

La batterie d'emmagasinement à l'épreuve. — Et maintenant, en finissant, je voudrais vous rappeler ce que j'ai dit au début de cette conférence, savoir, que la valeur pratique de cette batterie d'emmagasinement ne saurait être entièrement fixée que par l'essai. À l'heure actuelle, elle me semble en quelque sorte dans la condition d'une plante de serre-chaude, qui s'épanouit et fleurit tant qu'elle reste confinée dans l'atmosphère artificielle où on l'a élevée, mais qui, transportée en plein air dans nos jardins, se montre le plus souvent incapable de supporter les vents âpres et le climat changeant d'une vie plus rude. Cette batterie secondaire a été jusqu'ici tendrement soignée dans les conditions artificielles du laboratoire scientifique ; et, dans ces conditions, elle s'est développée avec une vigueur et d'une façon merveilleuse. Le temps est venu pour elle d'affronter les durs labeurs de la vie active. Si, comme une plante robuste, elle peut s'accommoder de ces conditions nouvelles, et si elle continue à fleurir et à s'accroître, il n'y aura pas une des spéculations exposées ci-dessus qui ne puisse se réaliser, même de nos jours. Mais si elle succombe à l'épreuve qui l'attend, et si nos spéculations n'aboutissent à rien, les grands principes sur lesquels j'ai insisté — qui reposent sur les fondements solides de la science, et dont nous avons vu une si belle application dans la batterie secondaire — ces principes survivront néanmoins, et le temps que nous avons passé à les discuter n'aura pas été perdu.

SUR LE PROGRÈS RÉCENT ET LE DÉVELOPPEMENT
DE LA BATTERIE D'EMMAGASINEMENT

Peu de temps après la conférence ci-dessus, la batterie d'emmagasinement est entrée peu à peu dans l'usage, pour des buts pratiques. Sous plusieurs rapports elle a répondu aux espérances qu'avait fait naître sa découverte. Mais, comme c'est le cas pour bien d'autres inventions, quand on l'a mise à l'épreuve, quelques difficultés inattendues se sont présentées.

Modifications de la pile Faure. — On trouva d'abord que, lorsqu'une pile de Faure avait servi pendant un peu de temps, le courant passait d'une plaque à l'autre, à travers la flanelle ou le feutre qui les séparait ; et le courant, en sautant ainsi de plaque à plaque, cessait naturellement de pouvoir être utilisé pour effectuer un travail. Pour parer à cet inconvénient, on abandonna le feutre, et les plaques furent maintenues dans leurs positions au moyen de boutons d'ébène très courts fixés entre elles. Ce changement amena du reste un perfectionnement accessoire, en diminuant la résistance intérieure de la pile, question capitale quand il s'agit de l'éclairage par l'électricité.

Il fallait néanmoins trouver quelque moyen de faire adhérer fermement la pâte d'oxyde de plomb aux plaques, privées désormais du support qu'elles avaient d'abord trouvé dans le feutre. On y est arrivé en préparant suivant une nouvelle méthode les plaques de plomb. Avant d'étendre la pâte, chaque plaque est criblée sur ses deux surfaces d'entailles quadrangulaires, sortes de cellules qui s'enfoncent à une certaine distance dans l'épaisseur du métal. La pâte d'oxyde de plomb est alors pressée dans ces cellules, et quand elle a séché, elle demeure solidement fixée sur le métal et présente une surface uniforme à l'action de l'acide.

Il est peut-être bon de dire que les plaques sont faites maintenant non plus de plomb pur, comme précédemment, mais d'un alliage plus dur et plus résistant que le plomb. La pâte dont on se sert pour couvrir les plaques n'est pas non plus exactement la même pour les deux plaques de chaque pile. La plaque positive, c'est-à-dire celle où entre le courant quand on charge la pile, est couverte d'une pâte d'oxyde rouge de plomb ou minium ($Pb^3 O^4$), et la plaque négative d'une pâte de litharge, ou protoxyde de plomb ($Pb O$). Dans les deux cas, l'oxyde se transforme en grande partie en sulfate de plomb, pendant l'opération par laquelle on le prépare ; et alors, quand on charge la pile, le sulfate de plomb est changé en bioxyde de plomb ($Pb O^2$) sur la plaque positive, et réduit à l'état de plomb spongieux sur la plaque négative.

Difficulté de maintenir l'isolement des plaques. — Mais cette forme perfectionnée de la pile n'est pas elle-même sans défauts. Il se trouve que le bioxyde de plomb, si solidement qu'il ait été fixé tout d'abord, a une tendance à *s'échapper* en forme d'écailles qui tombent au fond de la pile. On a obvié avec succès à cet inconvénient en ne laissant pas les plaques reposer sur le fond de la pile ; on les fait porter sur de l'ébène, du verre, ou une autre matière isolante.

Il pourra néanmoins se faire que les écailles de peroxyde, en tombant, se rejoignent entre les deux plaques de manière à former un pont qui détruit l'isolement des plaques. On ne connaît encore aucun moyen de prévenir cet inconvénient, mais on peut y remédier, quand il se produit, en passant une fine latte de bois ou d'ébène, ou de quelque autre matière, entre les plaques, et en laissant en liberté les écailles de peroxyde, qui tomberont alors au fond.

Forme récente de la pile. — Pour faciliter cette opération, on a coutume de mettre les plaques dans des auges en verre, au lieu de boîtes de bois ; on peut ainsi s'assurer de temps à autre de l'état des plaques sans leur nuire en rien.

La figure ci-dessous, qui représente trois piles de la Société anglaise d'Emmagasinement électrique donnera une bonne idée des nouvelles piles et de leur mode

Fig. 31.

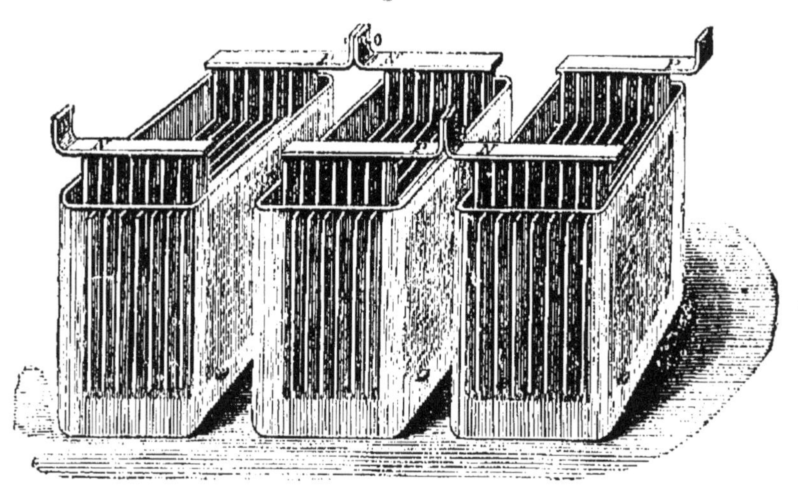

Trois piles d'emmagasinement de la forme la plus perfectionnée.

d'emploi. On observera que chaque plaque négative, indiquée par la lettre N, consiste en huit plaques séparées, jointes ensemble, à une extrémité, par une solide bande de plomb ; et que chaque plaque positive, indiquée par la lettre P, se compose de six plaques séparées, jointes de la même manière. De plus, la plaque négative d'une pile est reliée à la plaque positive de la pile suivante ; cet arrangement est connu sous le nom « d'arrangement en séries », et c'est l'un des plus ordinairement adoptés pour l'usage pratique.

« Bouclage » des plaques. — La plus sérieuse peut-être de toutes les difficultés que l'on rencontre dans l'usage des batteries d'emmagasinement est que, lorsqu'une pile a servi quelque temps, la plaque positive montre une tendance à se plier, ou à « boucler », comme l'on dit ; et elle vient de la sorte en contact réel avec la plaque négative, formant ainsi un court circuit à travers lequel la pile se décharge. Ce défaut, si nuisible à une pile, s'accélère, paraît-il, si la batterie est chargée ou déchargée trop rapidement, ou si la charge est trop abaissée, ou si la batterie reste trop longtemps sans être chargée. Mais, même avec les plus grandes précautions, le mal ne peut être entièrement prévenu ; et, après un usage prolongé, les plaques positives se plieront et deviendront inutiles. L'expérience future nous apprendra jusqu'à quel point cet inconvénient s'opposera à l'usage pratique de la batterie d'emmagasinement (1).

Énergie utilisable d'une pile. — Il y a un point au sujet duquel les prévisions exprimées dans ma conférence n'ont pas encore été pleinement réalisées par l'expérience. Dans les premiers jours des accumulateurs, on parlait de chaque pile comme contenant tant de kilogrammètres d'énergie ; et l'on admettait tacitement que cette énergie était utilisable de quelque manière qu'il nous plût d'en user. Ainsi, par exemple, 150,000 kilo-

______

(1). Il est bon de mentionner ici que la Société anglaise d'Emmagasinement électrique a produit récemment un nouveau type de pile, dans lequel, dit-on, « les plaques sont disposées de telle sorte que la production de courts circuits internes par la descente de plaques ou de petites boules d'oxyde, ou de pâte en poudre, au fond des piles, est impossible. » S'il faut accepter cette assertion à la lettre, et si elle se trouve vérifiée quand la pile aura servi pendant assez longtemps, il semblerait que la difficulté que nous avons indiquée dans le texte a été enfin complètement vaincue.

grammètres d'énergie sont équivalents à la moitié du travail d'un cheval pendant une heure ; et l'on admettait que, si nous avions deux piles contenant chacune 150.000 kilogrammètres d'énergie, nous aurions réellement à notre disposition le travail d'un cheval pendant une heure.

Mais cette supposition ne tarda pas à être reconnue fausse en pratique. D'abord, on vit qu'il n'est pas possible d'extraire toute l'énergie emmagasinée dans une pile sans causer de graves dommages aux plaques. Si nous voulons garder notre batterie en bon état, nous devons avoir soin de ne lui prendre qu'une certaine partie, — pas plus des deux tiers — de l'énergie qu'elle renferme. On a coutume maintenant de parler de cette portion comme de l'énergie *utile* d'une pile ; et dans tous les calculs pratiques il faut faire entrer en ligne de compte non pas toute l'énergie emmagasinée, mais seulement l'énergie utile.

De plus, même en ce qui concerne l'énergie utile, nous ne sommes pas libres d'employer cette énergie dans une mesure quelconque, à notre gré. L'expérience nous a enseigné que pour chaque pile d'emmagasinement, et selon ses dimensions, il y a un certain taux maximum pour tirer de l'énergie, sous forme de courant électrique, sans dommage pour les plaques ; mais si cette mesure est dépassée, les plaques ne tarderont pas à « boucler ». Ainsi, par exemple, dans une certaine forme récente de pile, l'énergie utile emmagasinée est équivalente à la puissance d'un cheval pendant une heure ; mais nous ne pouvons pas nous en servir dans cette mesure et l'épuiser tout entière en une heure sans causer un dommage sérieux aux plaques ; nous ne pouvons nous en servir qu'aux taux d'un dixième de cheval-vapeur, l'épuisant en dix heures.

Ces principes, qui n'étaient pas aussi bien compris à l'époque de ma Conférence, rendent plus difficile, sans doute, l'application des piles d'emmagasinement à la traction des tramways et des autres voitures. Dans le cas d'un tramway, par exemple, si nous avons besoin d'une puissance de dix chevaux pendant une heure, pour faire deux courses de trois milles chacune, il ne nous suffira pas de nous procurer des piles tenant cette quantité d'énergie emmagasinée ; nous devons prendre garde tout d'abord que la somme d'énergie *utile* emmagasinée soit équivalente à une puissance de dix chevaux pendant une heure, et, en second lieu qu'on puisse l'extraire *au taux* de la puissance de dix chevaux sans nuire aux plaques.

Mais malgré cette difficulté, il n'est guère permis de douter que, dans quelques années, les piles d'emmagasinement seront très généralement employées comme puissance motrice sur les lignes de tramways. Déjà, sur le continent européen, les tramways sont mus par des accumulateurs à Bruxelles, à Hambourg, à Cologne. Même en Angleterre, où nous sommes quelque peu en arrière, relativement aux autres contrées, pour les applications pratiques de l'électricité, il y a deux lignes de tramways desservies par des accumulateurs, une à Londres et l'autre à Brighton, d'une longueur de quatre milles chacune.

Emploi des batteries d'emmagasinement pour l'éclairage électrique. — En ce qui concerne l'éclairage par l'électricité, on se sert maintenant avec beaucoup d'avantage de la batterie d'emmagasinement, sous la forme la plus perfectionnée, pour de petites installations. La batterie est placée dans le sous-sol d'une maison, ou dans ses dépendances, et elle est chargée en temps convenable, une ou deux fois, ou même plus souvent, chaque semaine, au moyen d'une dynamo mise en mouvement par une machine à gaz, une machine à vapeur, ou par la force de l'eau ; et alors les lampes peuvent être allumées à toute heure du jour ou de la nuit, suivant le besoin qu'on en a. Une batterie de ce genre est sans aucun doute un élément dispendieux dans une installation de lumière électrique. Mais elle offre deux grands avantages : d'abord, elle donne un courant parfaitement continu, et, par suite, une lumière parfaitement constante et homogène ; et, secondement, elle peut être chargée chaque fois qu'on le trouve convenable, et mise en usage quand on en a besoin. J'irais volontiers jusqu'à dire que, pour une petite installation de la lumière électrique, surtout dans une maison privée, une batterie d'emmagasinement n'est pas seulement utile, mais pratiquement indispensable.

Il en est tout autrement, par exemple, s'il s'agit d'une station centrale qui doit envoyer des courants pour l'éclairage d'un certain nombre de maisons, sur une surface donnée. On dit parfois que de grandes batteries d'emmagasinement seraient tout aussi nécessaires, à une station de ce genre, que de grands gazomètres le sont maintenant à une usine centrale de gaz. Je ne saurais me ranger à cette opinion. Si l'on jugeait nécessaire d'emmagasiner l'énergie électrique engendrée dans une station centrale, je pense que l'emmagasinement se ferait avec beaucoup plus d'économie dans les maisons des consommateurs qu'à la station centrale elle-même. Il faudrait seulement, pour cela, que chaque maison fût pourvue d'une batterie d'emmagasinement proportionnée à ses besoins ; et cette batterie pourrait être chargée par un courant venant d'une station centrale, quand on le demanderait.

Mais il n'est nullement certain qu'une batterie d'emmagasinement soit regardée définitivement comme un élément nécessaire à la distribution des courants électriques par une station centrale. Plusieurs tentatives se sont déjà produites, avec plus ou moins de succès, pour effectuer une distribution de ce genre, dans une petite

mesure ; et, autant que je puis le savoir, on ne s'est jamais
servi, pour ces essais, de la batterie d'emmagasinement.
Le problème de l'éclairage des maisons, sur une vaste
échelle, vient seulement d'être mis à l'étude ; et nous
devons encore attendre que l'expérience, le seul guide
certain en pareille matière, nous apprenne comment
il peut être résolu de la manière à la fois la plus
efficace et la plus économique.

LE SOLEIL, SOURCE D'ÉNERGIE

DEUX CONFÉRENCES

1° IMMENSITÉ DE L'ÉNERGIE DU SOLEIL

2° LA SOURCE DE L'ÉNERGIE DU SOLEIL

PREMIÈRE CONFÉRENCE

IMMENSITÉ DE L'ÉNERGIE DU SOLEIL

Je me propose, dans cette conférence, de vous donner quelque idée de l'immense quantité d'énergie que le soleil verse continuellement dans l'espace sous forme de chaleur radiante et de lumière. Pour atteindre ce but, je vous demanderai de considérer les diverses espèces d'énergies qui existent autour de nous sur la terre, et j'essaierai de vous faire voir clairement que toutes ces diverses espèces d'énergie, à une exception près, exception relativement peu importante, nous sont venues du soleil. Puis je vous montrerai que l'énergie totale qui parvient à la terre n'est qu'une fraction bien minime de celle que le soleil déverse. Enfin je vous expliquerai comment la somme totale de l'énergie qui part du soleil et pénètre dans l'espace a été mesurée par les savants, et je vous dirai ce qu'elle est, quand on l'exprime en chiffres.

Les diverses formes d'énergie utilisable. — Il n'est pas difficile d'énumérer les diverses formes d'énergie dont l'homme peut se servir pour faire du travail. Il y a, en premier lieu, la force de l'eau; puis, celle du vent ; troisièmement, celle de la vapeur ; quatrièmement, la force musculaire ; cinquièmement, la force électrique ; et enfin celle de la marée. Eh bien, une des conclusions les plus intéressantes et en même temps les plus certaines de la science moderne est que toutes ces diverses énergies, à l'exception seulement de la force de la marée, dérivent de l'énergie des rayons solaires ; qu'elles ne sont, de fait, que diverses formes sous lesquelles l'énergie du soleil est emmagasinée et rendue utilisable pour nous.

La force de l'eau. — Commençons par la force de l'eau. Il s'agit de la force de l'eau qui tombe, des torrents, des rivières, des cataractes. Mais l'eau ne peut tomber sans avoir été élevée tout d'abord à une certaine hauteur. Les rivières et les fleuves ne pourraient couler vers l'océan si l'eau de l'océan n'eût été d'abord transportée sur le sommet des montagnes. Et vous savez comment cela se produit. La chaleur du soleil, agissant sur l'eau de l'océan, la convertit en vapeur. La vapeur se répand dans l'espace, dans les hautes régions de l'atmosphère ; elle s'y condense en nuages, et les nuages, promenés par les vents, versent la pluie qui engendre les rivières et les chutes d'eau. Nous pouvons ainsi rapporter toute la puissance de l'eau à l'action de la chaleur solaire.

Mais ne croyez pas que ce travail colossal s'effectue sans une dépense correspondante. La chaleur qui élève l'eau au sommet des montagnes se consomme dans le travail qu'elle produit. Elle cesse d'exister comme chaleur, et la force de l'eau la remplace. L'énergie de la chaleur solaire a été convertie dans l'énergie de l'eau qui tombe.

Je n'ai pas l'intention de m'appesantir sur cette forme d'énergie, qui nous est si familière à tous. Mais je remarquérai seulement, en passant, que s'il ne se produit pas un seul kilogrammètre de cette puissance qui ne soit emprunté à l'énergie solaire, cependant la nature semble la distribuer à l'homme avec une prodigalité incroyable. Laissez-moi vous donner un seul exemple qui vous fera bien comprendre cette assertion. La force de l'eau des chute du Niagara serait plus que suffisante pour effectuer le travail de toutes les machines à vapeur actuellement en action dans le monde entier. Et pourtant la puissance de l'eau du Niagara ne représente qu'une petite fraction de la puissance de l'eau distribuée sur le grand continent de l'Amérique du Nord; et toute la puissance de l'eau de l'Amérique du Nord n'est qu'une petite fraction de la puissance de l'eau distribuée sur le globe.

Force du vent. — Vient ensuite la force du vent. Chacun l'a vue à l'œuvre dans l'antique moulin à vent; et, dans une proportion plus large, elle enfle les voiles de nos vaisseaux marchands et transporte une grande partie du commerce du monde. Mais la puissance du vent réellement utilisée n'est, j'ai à peine besoin de vous le dire, qu'une très petite partie de celle que la nature met à notre disposition, et qui est toute prête à faire notre travail, si seulement nous savions nous en servir.

Mais qu'est-ce que le vent? Ce n'est rien autre chose que l'air en mouvement. Et qu'est-ce qui met l'air en mouvement? C'est la chaleur qui nous vient du soleil. La terre est chauffée inégalement par les rayons du soleil. Aux tropiques, où ces rayons arrivent presque verticalement, l'effet est maximum et il diminue graduellement à mesure que nous allons des tropiques vers les pôles. D'où il résulte que l'air voisin de la surface terrestre, aux tropiques, étant plus échauffé, se dilate et monte; alors l'air plus froid se précipite de chaque côté pour prendre sa place, tandis que l'air échauffé des régions supérieures se dirige vers les régions plus froides, au nord et au sud. Deux grands courants s'établissent de la sorte dans chaque hémisphère ; un courant d'air froid au-dessous, près de la surface terrestre, allant des régions polaires vers l'équateur ; et un courant d'air chaud au-dessus, allant de l'équateur vers les pôles. Ces courants sont les vents alizés, si bien connus des marins.

Il y a une expérience très simple et très instructive, au moyen de laquelle chacun peut se rendre compte par lui-même du principe des vents alizés. Supposons deux chambres ordinaires, avec une porte entre elles ; il y a du feu dans l'une de ces chambres, il n'y en a pas dans l'autre ; et il s'établit ainsi entre les deux chambres une différence de température de cinq ou six degrés centigrades, si vous le voulez. Si, dans ces circonstances, vous ouvrez la porte et que vous teniez une bougie allumée au bas du passage de la porte, vous verrez que la flamme de la bougie, au lieu de se tenir droite, s'inclinera du côté de la pièce où il y a du feu, ce qui prouve qu'un courant d'air continu passe en bas, de la pièce froide à la pièce chauffée. Maintenant, tenez la bougie dans la partie supérieure du passage de la porte, et vous verrez que la flamme s'incline dans la direction opposée, ce qui prouve qu'un courant d'air sort, en haut, de la pièce chauffée pour entrer dans la pièce froide. Eh bien, ce que le feu fait pour l'air de votre chambre, le soleil le fait pour l'atmosphère des tropiques. Et, de même que les petits courants de notre expérience sont dus à la chaleur de votre feu, de même l'énergie des vents alizés est due à la chaleur du soleil.

Mais il y a d'autres vents que ceux-là. Prenons, par exemple, la brise de terre et la brise de mer, qui se produisent généralement sur le rivage. Le matin, après le lever du soleil, la terre est plus vite échauffée que la mer ; l'air en contact avec la surface échauffée se dilate et monte, tandis que l'air plus froid, venant de la mer, se précipite pour prendre sa place. Le soir, au contraire, la terre se refroidit plus brusquement par le rayonnement, lorsque la chaleur du soleil commence à tomber ; alors les conditions étant inverses, un courant d'air froid afflue de la terre à la mer. Ainsi la brise de mer du matin et la brise de terre du soir, si utiles à ceux qui naviguent le long des côtes, doivent leur existence et leur pouvoir à l'action de la chaleur solaire.

Le professeur Stokes nous présente ce sujet d'une manière tout à fait frappante pour l'imagination. « Quand nous nous tenons sur les côtes de l'Atlantique, observant les vagues énormes qui roulent et viennent se briser contre les rochers, par une forte brise, nous sommes frappés de l'immense déploiement de puissance mécanique que nous avons sous les yeux. Cependant toute cette puissance n'est qu'une fraction bien petite de l'énergie des rayons solaires qui l'ont engendrée ; car les vagues sont dues à l'action continue et prolongée de la brise sur la surface de l'océan, et la brise tire son origine des courants nés eux-mêmes de la radiation solaire » (1).

Je n'ai pas besoin d'entrer dans de plus longs détails. Il suffit de dire que partout où un souffle de vent se meut sur la surface de la terre, il va d'un point où la pression atmosphérique est plus élevée à un point où la pression est plus basse. La différence de pression est causée par la dépense de la chaleur solaire, et l'énergie disparue de la chaleur solaire reparaît sous forme d'énergie de l'air en mouvement. Nous pouvons donc conclure que toute la force du vent, non moins que la force de l'eau, doit son existence à l'énergie qui nous vient des rayons du soleil.

(1) Burnett *Lectures*, Third Course, pp. 13, 14.

Force de la vapeur. — Nous arrivons à la force
de la vapeur qui, comme vous le savez, s'obtient en
chauffant de l'eau dans des vases fermés, appelés chau-
dières. Je dois seulement vous rappeler que, pour chauffer de l'eau, il faut du feu ; que la chaleur du feu se produit par une consommation d'énergie chimique dans le
phénomène de la combustion et que le combustible dans
lequel cette énergie chimique se trouve emmagasinée
est en général du bois, de la tourbe ou du charbon. Nous
voyons ainsi que l'énergie de la vapeur peut être reportée
à l'énergie emmagasinée dans nos forêts, nos tourbières,
nos mines de charbon. En d'autres termes, on peut la
faire remonter à la végétation de l'époque actuelle, ou de
quelque âge lointain de l'histoire du monde ; car vous
savez que les tourbières et les mines de charbon sont
les restes des anciennes forêts.

Maintenant il faut se demander comment cette végétation s'est développée ; les recherches de la science moderne nous fournissent la réponse à cette question. Les
plantes et les arbres de nos forêts étendent leurs branches, et au moyen de leurs feuilles, qui sont comme
autant de doigts, elles s'emparent de l'acide carbonique
et de l'ammoniaque toujours présents dans l'atmosphère.
Une plus grande quantité d'ammoniaque, avec de l'eau
et de petites quantités de quelques autres substances
sont enlevées au sol par les racines et transportées à
travers les vaisseaux délicats de la plante sous forme de
sève.

Toutes ces substances réunies constituent la nourriture
qui fait vivre la plante, et elles fournissent à celle-ci des
matériaux pour sa croissance. Et comment se produit
cette croissance ? Par un phénomène très beau et très
intéressant. Les feuilles des plantes et des arbres ont le
singulier pouvoir de décomposer ces substances, de s'en
approprier les éléments nécessaires à leur développe-

ment, et de rejeter ceux dont elles n'ont pas besoin. Ainsi elles prennent le carbone de l'acide carbonique, l'hydrogène de l'eau, l'azote de l'ammoniaque. Avec ces éléments, tirés de cette manière merveilleuse de l'air et de la terre, elles composent la structure de leur propre substance et, dans cette substance, il y a une provision d'énergie chimique que nous utilisons chaque fois que nous brûlons du bois, de la tourbe ou du charbon.

Nous sommes loin de pouvoir tout expliquer dans ce mystérieux phénomène. Mais il y a une chose absolument certaine : Pour tirer de l'air et de la terre le carbone, l'hydrogène et l'azote, il faut un travail qui ne peut être effectué sans une dépense d'énergie. En outre, l'on a montré d'une manière qui ne laisse place à aucun doute raisonnable que l'énergie dépensée dans cette opération est l'énergie des rayons solaires. Cette énergie sort à tout moment du soleil; elle traverse l'espace avec une vitesse extrême; elle parcourt 150 millions de kilomètres, arrive enfin sur les tendres feuilles de la plante ou de l'arbre et y disparaît. Elle cesse d'exister comme énergie calorifique et se trouve emmagasinée dans la fibre végétale, jusqu'à ce que le temps de la combustion soit venu, époque d'une nouvelle transformation pour elle.

Je vous ai donc fait voir que l'énergie de la vapeur est engendrée par la chaleur du foyer; que la chaleur du foyer est développée par l'énergie chimique emmagasinée dans le combustible; et que l'énergie chimique du combustible est due à l'action des rayons solaires. Il s'ensuit donc que la puissance de la vapeur peut prendre place après celle de l'eau et du vent, comme venant de l'énergie du soleil.

Force musculaire. — Vient ensuite sur notre liste, parmi les formes d'énergie que l'homme peut utiliser, la force musculaire. Cette force est mise en action par la contraction des muscles; et il est maintenant bien établi que chaque fois qu'un muscle se contracte, il y a une dépense de chaleur. De plus, on a montré que plus nous effectuons de travail par la contraction d'un muscle, plus nous dépensons de chaleur : de fait, la chaleur dépensée représente, comme énergie, l'exact équivalent du travail effectué. La chaleur animale est donc la source immédiate de l'énergie musculaire. Et la chaleur animale elle-même, d'où vient-elle? Elle est engendrée dans le corps par un phénomène de combustion lente. Les tissus de notre corps contiennent ces mêmes composés de carbone et d'hydrogène qui se trouvent dans un combustible ordinaire; et ces tissus se consument pour engendrer de la chaleur dans le corps, par un phénomène identique, au fond, à celui par lequel un combustible est consumé pour produire du feu dans nos foyers.

L'énergie musculaire dérive donc de l'énergie chimique de combustion; et cette énergie est emmagasinée dans les tissus de nos corps. Mais d'où viennent ces tissus qui se consument sans cesse de cette manière et se renouvellent continuellement? Ils sont construits, comme vous le savez, avec les matériaux fournis par les aliments que nous mangeons. Maintenant, si ces aliments sont des végétaux, ils contiennent, nous l'avons déjà vu, l'énergie emmagasinée des rayons solaires. Si ce sont des animaux, les animaux eux-mêmes ont tiré en dernier lieu leur substance du monde végétal. Nous avons ainsi une chaîne complète qui nous permet de remonter avec certitude d'anneau en anneau, jusqu'au soleil, comme à la source de toute l'énergie musculaire qui existe dans le monde. Quand la force musculaire s'exerce, la chaleur du corps se dépense; cette chaleur est produite par un phénomène de combustion lente; la matière qui entretient cette combustion vient de notre nourriture; notre nourriture vient directement ou indirectement du monde végétal; et le monde végétal doit son existence au soleil.

Il y a un point relatif à ce sujet qui me paraît demander un mot d'explication. J'ai dit que, lorsque la force musculaire effectue un travail, la chaleur du corps se dépense. On m'objectera peut-être que si la chaleur se dépense en effectuant un travail, nous devrions, en raison de cette perte de chaleur, avoir plus froid lorsque nous travaillons que lorsque nous ne faisons rien : et l'expérience nous montre justement le contraire. Nous avons plus chaud quand nous produisons un travail musculaire que quand nous sommes en repos; et plus notre travail est rude, plus nous avons chaud.

Pour répondre à cette difficulté, je vous rappellerai que, lorsque nous faisons un travail musculaire, le phénomène de combustion lente, qui se poursuit sans cesse au-dedans de nous, et qui maintient la chaleur de nos corps, devient beaucoup plus actif. Nous respirons plus rapidement, et nous absorbons ainsi, et plus fréquemment, une plus grande quantité d'oxygène. Il s'ensuit que le carbone et l'hydrogène, que nous avons déjà tirés de notre nourriture, se consomment avec plus de rapidité; et la chaleur développée par cette dépense plus rapide de combustible suffit non seulement pour effectuer le travail musculaire, mais aussi pour nous faire éprouver une sensation de chaleur plus intense.

Je puis vous faire comprendre cette explication par un exemple familier. Une machine à vapeur est une machine qui, comme le corps d'un animal, effectue du travail extérieur au moyen d'une dépense de chaleur. Mais une machine à vapeur ne se refroidit pas quand elle commence à travailler. Pourquoi? Parce que le chauffeur a soin de mettre de nouveau charbon et de tenir son foyer chaud lorsque la machine doit faire du travail. Aussi, la machine, lorsqu'elle effectue du travail et dépense, pour cela, de la chaleur, devient-elle plus chaude qu'auparavant, malgré les pertes qu'elle subit. Eh bien ! ce que fait le chauffeur d'une machine à vapeur, la nature, par une disposition merveilleuse, le fait pour le corps d'un animal chaque fois qu'un travail musculaire est effectué.

Force électrique. — J'ai nommé en cinquième lieu, parmi les formes d'énergie mises à la disposition de l'homme, l'énergie électrique, qui semble destinée à passer plus tard dans l'usage commun, et je pourrais presque dire universel. Je vous prierai cependant de remarquer que cette force électrique ne nous est pas donnée par la nature sous une forme qui nous permette immédiatement de nous en servir, comme la force du vent, celle de l'eau, ou la force musculaire. Sans doute, la nature nous donne de l'énergie électrique dans l'éclair. Mais nous n'avons pas encore appris à enchaîner l'éclair à notre gré et à lui faire faire notre travail. La nature nous donne encore de l'énergie électrique dans ce que l'on appelle les *courants terrestres*. Mais les courants terrestres n'obéissent pas à nos ordres et se font surtout connaître par l'ennui qu'ils nous causent en altérant les dépêches qui passent à travers nos fils télégraphiques et les câbles sous-marins.

Cette force électrique, qui peut faire notre travail, nous avons à la préparer, au moyen de quelque force d'une autre forme mise à notre disposition par la nature. Sous ce rapport, l'électricité ressemble à sa grande rivale, la vapeur. La nature ne nous donne pas la vapeur, mais elle nous donne le charbon, et nous fabriquons nous-mêmes la vapeur en brûlant du charbon dans nos foyers. Voyons donc quels moyens nous avons à notre disposition pour produire l'énergie électrique.

L'énergie électrique, comme vous le savez certainement, s'obtient maintenant d'ordinaire au moyen de machines dans lesquelles un fil métallique en forme d'hélice est mis en rotation entre les pôles d'un aimant. Maintenant, pour faire tourner l'hélice, il faut que nous nous servions de quelque force déjà à notre disposition, — force du vent, de l'eau, de la vapeur ou des muscles, — et l'énergie dépensée par la force ainsi employée est convertie dans l'énergie d'un courant électrique. Mais nous avons déjà rapporté chacune de ces forces au soleil, comme à sa source. Par conséquent, le soleil est aussi la dernière source de l'énergie électrique que nous obtenons par leur moyen.

Si nous nous servons d'une pile, au lieu d'une machine, alors le courant électrique est produit par la combustion lente du zinc ; c'est-à-dire que le zinc entre en combinaison chimique avec l'oxygène dans la pile, et dans le phénomène de la combinaison il se développe un courant électrique. Mais ils ne pourraient se combiner ainsi s'ils n'eussent d'abord existé séparément ; et lorsque nous recherchons la source de l'énergie d'une batterie voltaïque, nous la trouvons dans le fait que le zinc et l'oxygène existent à part l'un de l'autre, avec une force chimique entre eux, qui tend à les faire se combiner. Mais ils n'existent pas séparément dans la nature. Dans son état naturel, le zinc se rencontre toujours combiné chimiquement avec l'oxygène ; et avant qu'il puisse devenir une source d'énergie électrique, l'oxygène doit être séparé de lui. Cette séparation s'effectue par la chaleur dans le four du métallurgiste, la chaleur du four s'obtient par la combustion du charbon ; et nous retournons ainsi une fois de plus au soleil.

Force de la marée. — Il y a un vieil adage qui dit que l'exception confirme la règle : *exceptio firmat regulam.* Comme bien d'autres vieux dictons, cet adage, sous la forme d'un paradoxe, contient un germe de vérité solide. Je crois que nous nous faisons une idée plus parfaite de la force d'une règle quand nous considérons ses exceptions et que nous voyons combien elles sont restreintes et peu nombreuses. J'ai énoncé comme une règle générale que toute la force active du monde entier nous vient de l'énergie du soleil, et j'ai démontré cette règle générale en rappelant les diverses formes d'énergie familières à chacun. Quand nous en venons à chercher les exceptions, les savants nous affirment qu'il n'y en a vraiment qu'une qui vaille la peine d'être mentionnée, c'est la force des marées.

Le phénomène des marées est dû principalement, comme vous le savez, à l'attraction de la lune, bien qu'il soit dû partiellement aussi à l'attraction du soleil. Maintenant, si la terre ne tournait pas sur son axe, ce phénomène se réduirait simplement à une protubérance liquide, d'une hauteur de un mètre à un mètre vingt centimètres, du côté de notre globe qui est le plus éloigné de la lune. Vous verrez tout de suite qu'une telle crête d'eau ne serait pas plus capable d'effectuer un travail que la crête d'une colline ou le remblai d'un chemin de fer. Qu'est-ce qui change donc ce phénomène inerte en une source de force ? C'est la rotation de la terre sur son axe.

Comme la terre tourne sur son axe de l'ouest à l'est, la crête d'eau reste fixée sous la lune ; il s'établit de la sorte un mouvement relatif entre la crête de la marée et la terre. L'effet est le même que si la terre demeurait en repos, et que cette crête de la marée marchât comme une grande vague sur la surface de l'Océan, de l'est à l'ouest. Ainsi, vous voyez que c'est la rotation de la terre sur son axe qui transforme cette protubérance en flot mouvant et donne de l'énergie de mouvement à une masse inerte. La force des marées est, par conséquent, une exception à notre règle générale, puisqu'elle dérive de la rotation de la terre et non de l'énergie des rayons solaires.

Vous savez sans doute que l'on se sert très peu de l'énergie des marées pour des buts pratiques ; et, par suite, jusqu'à ce jour la terre n'a pas été appelée à dépenser beaucoup de son énergie de rotation pour faire du travail pour l'homme. Néanmoins, je puis vous dire que si nous n'usons pas de la force des marées, la terre épuise lentement et sûrement son énergie de rotation à maintenir cette force et à la garder toute prête pour notre usage. Essayons de nous rendre compte de ce fait extrêmement intéressant.

Figurez-vous la crête de la marée élevée sur la surface de l'Océan par l'attraction combinée du soleil et de la lune ; et souvenez-vous que, pendant qu'il y a une crête de marée de ce côté du globe qui se trouve tourné vers la lune, il y a une crête correspondante du côté opposé. Comme ces deux crêtes restent fixes, le globe tourne entre elles, se mouvant ainsi comme entre les pièces d'un frein à frottement. Le frottement, sans doute, est bien léger, relativement à l'énorme énergie de rotation de la terre autour de son axe. Mais il est pourtant réel, et travaille sans cesse à retarder le mouvement de la terre. Celle-ci tourne toujours plus lentement, et si le présent ordre des choses dure assez longtemps, elle finira par s'arrêter.

Grandeur de l'énergie du soleil. — Je viens de vous montrer, dans un aperçu rapide, les diverses espèces de forces que l'homme peut utiliser — la force de l'eau, celle du vent, celle de la vapeur, la force musculaire, la force électrique, la force de la marée — et je vous ai fait voir qu'à la seule exception de la force de la marée, elles dérivent toutes, directement ou indirectement, à l'époque actuelle ou dans les âges passés, de l'énergie abondante du soleil.

Il est difficile de se faire une idée adéquate de l'immensité de la puissance mise de la sorte à notre disposition.

Nous nous servons, sans doute, de cette force, et nous savons, d'une manière générale, qu'elle effectue le travail du monde ; mais nous concevons avec peine que ce que nous employons est une partie extrêmement faible, une fraction infinitésimale de cette force totale. Les fleuves coulent paresseusement vers la mer ; les tourbières s'étendent en vain sur la surface de la terre ; le charbon reste renfermé dans son sein ; les vents soufflent continuellement sur la terre et sur l'eau, et çà et là seulement un moulin solitaire étend ses bras pour saisir la brise, ou un point blanc sur l'Océan marque l'endroit où une voile la précède dans sa course. L'ouvrage mécanique accompli par l'homme dans ce siècle est vraiment grand et merveilleux ; mais qu'est-il, lorsqu'on le compare aux richesses inépuisables que la nature a mises à notre disposition !

Ce trésor immense d'énergie, je le répète, vient à la terre du soleil, à part une seule exception insignifiante. Et qu'est-ce que la terre ? Un petit fragment globulaire de matière flottant dans le vaste océan de l'espace. Le soleil projette ses rayons dans toutes les directions, et la terre ne reçoit que cette petite partie qui est proportionnelle à l'espace qu'elle occupe. Représentez-vous une sphère creuse correspondant à l'orbite de la terre, avec le soleil fixé au centre, et la terre placée à la surface de la sphère. Le diamètre de cette sphère sera égal à deux fois la distance qui sépare le soleil de la terre, soit, en nombres ronds, 184 millions de milles (300,000,000 kilomètres) ; et l'espace occupé par la terre sera une surface de 8,000 milles (12,800 kilomètres) de diamètre. Maintenant, il est clair que, tandis que l'énergie radiante qui vient du soleil tombe sur chaque partie de la surface de notre sphère creuse, la terre ne peut recevoir de l'énergie totale que cette partie qui tombe sur la surface qu'elle occupe.

Si vous calculez à loisir ce qu'est cette surface, et que vous la compariez à la surface totale de la sphère, vous

trouverez qu'elle est quelque chose comme un peu moins
de la moitié de la billionnième partie du tout. En d'autres
termes, si l'énergie radiante sortant du soleil jour par jour
et année par année était divisée en deux mille millions de
parts égales, cette portion qui échoit à notre terre serait
un peu moindre que l'une de ces parts. Et cependant,
l'énergie qui vient à la terre est si considérable, que nous
ne pouvons nous faire aucune idée adéquate de sa grandeur. Que devons-nous donc penser de l'énergie totale,
deux milliards de fois aussi grande, qui tombe du soleil
dans l'espace, et qui en est tombée, dans le passé, non
seulement pendant le court moment de quelques milliers
d'années, qui correspond à la période de l'existence de
l'homme, mais pendant les longs âges des temps géo-
logiques qui précédèrent l'apparition de l'homme sur la
terre.

Mesure de l'énergie versée par le soleil. — Il
y a une autre méthode pour se rendre compte de la quantité d'énergie répandue par le soleil dans l'espace. C'est
la méthode de mesure effective, d'abord introduite par
Pouillet en France, et adoptée dans la suite par sir John
Herschel, qui fit ses expériences au cap de Bonne-Espé-
rance. La terre, comme je viens de l'expliquer, peut être
conçue comme se trouvant sur une surface de trois cents
millions de kilomètres de diamètre, et comme occupant
sur cette surface un petit espace circulaire d'un diamètre
de 12,800 kilomètres. Conséquemment la terre reçoit du
soleil la même quantité d'énergie radiante que celle qui
tomberait sur cette aire circulaire, si la terre était enlevée.

Maintenant, il est facile de calculer combien de mètres
carrés sont contenus dans une surface circulaire de
12,800 kilomètres de diamètre. Si donc nous pouvions
mesurer l'énergie radiante qui tombe, dans un temps
donné, sur un mètre carré, nous n'aurions qu'une multi-

plication à faire pour trouver combien il en tomberait,
dans le même temps, sur la surface totale. Tel est le problème que Pouillet et Herschel tentèrent de résoudre par
l'expérience.

Puisque le soleil est pratiquement au centre de la
sphère creuse, ses rayons doivent tomber perpendiculairement sur chaque partie de la surface. Par conséquent,
il fallait mesurer la quantité d'énergie radiante qui tombe
sur un mètre carré de surface se présentant perpendiculairement à la direction des rayons solaires. Le diagramme
que voici vous fera mieux comprendre comment on y parvint. AB est un vase cylindrique peu profond, en argent.
La surface supérieure est couverte d'une couche de noir
de fumée ou de suie, qui a la propriété d'absorber toute
l'énergie radiante qui tombe sur elle. La surface des côtés et du fond, au contraire, est parfaitement polie et
jouit, par conséquent, du pouvoir de réfléchir toute l'énergie radiante qui tombe sur elle. Le vase lui-même est
en partie rempli d'eau, et dans l'eau est immergé le rése-
voir d'un thermomètre très sensible, dont la tige s'avance,
du haut vers le bas, dans le tube T, où vous voyez une
ligne noire qui représente la colonne de mercure.

L'appareil doit être ajusté de telle sorte que les rayons
du soleil tombent perpendiculairement sur la surface
supérieure du vase de verre. A cet effet, il est muni d'une
charnière autour de laquelle on peut le mouvoir dans
toutes les directions; et cette disposition s'obtient par un
moyen très simple. Vous remarquerez que le tube T est
perpendiculaire à la surface supérieure du cylindre AB,
et perpendiculaire aussi au disque EF. Par conséquent,
lorsque les rayons du soleil tomberont perpendiculairement sur AB, ils seront parallèles à T, et le disque EF
se trouvera exactement dans l'ombre de AB. Il n'y a
donc qu'à faire tourner l'appareil sur la charnière,
jusqu'à ce que l'ombre de AB tombe sur EF; alors nous

savons que les rayons du soleil sont perpendiculaires sur AB.

Fig. 32.

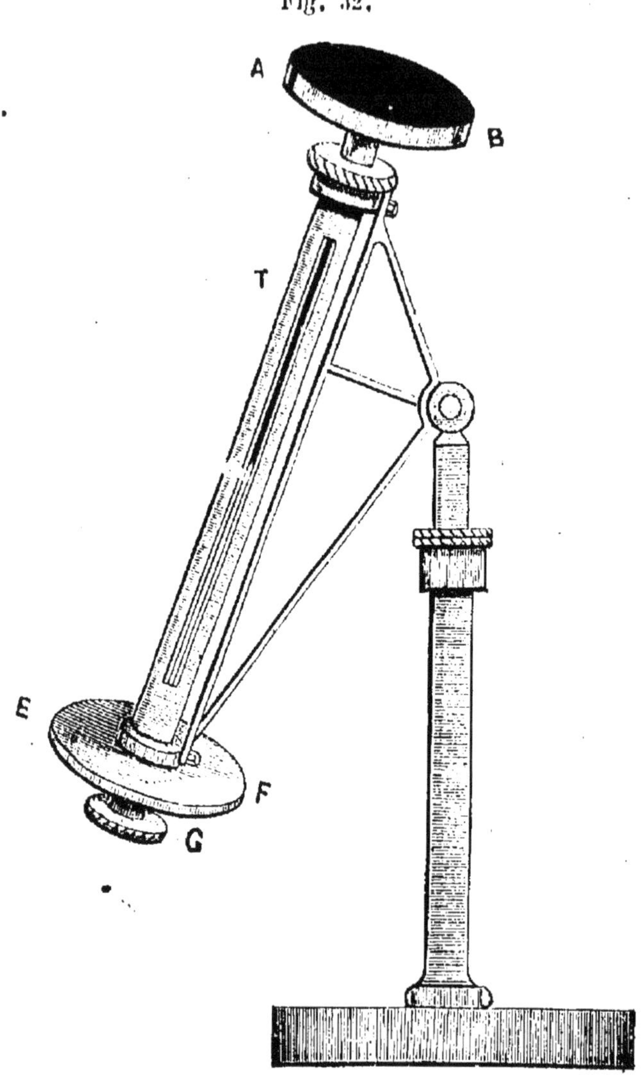

Appareil de Pouillet pour mesurer l'énergie de la radiation solaire.

AB Cylindre peu profond en argent, en partie rempli d'eau.

T Tube avec thermomètre, pour indiquer la température de l'eau.

On choisit un moment où le soleil brille dans un ciel absolument sans nuages, et l'instrument est disposé de la manière décrite. On met alors le cylindre à l'abri du soleil pendant quelques minutes, au moyen d'un écran, et l'on note soigneusement les indications du thermomètre. Puis on enlève l'écran, et on laisse le cylindre exposé à toute l'énergie des rayons solaires pendant un temps déterminé, dix minutes, par exemple. Pendant ce temps, on fait tourner lentement le tube sur son axe, pour que l'eau soit remuée doucement, et la chaleur distribuée également dans toutes les parties du vase. Au bout de dix minutes l'écran est replacé, et l'on note de nouveau l'indication du thermomètre. L'accroissement de température étant ainsi connu, il est facile de calculer la quantité de chaleur communiquée au cylindre et à son contenu pendant le temps qu'il est demeuré exposé aux rayons du soleil.

Corrections. — Mais cela ne suffit pas. Le noir de fumée possède à un haut degré la propriété d'émettre de la chaleur, aussi bien que celle d'en absorber. Pendant tout le temps qu'il est resté exposé aux rayons solaires, le cylindre, en recevant la chaleur du soleil, abandonnait de sa chaleur propre, et ce qu'il a gagné, au bout de ce temps, ne représente que l'excès de ce qu'il a reçu sur ce qu'il a perdu. Il est donc nécessaire de mesurer la chaleur qu'il a émise pendant qu'on l'a exposé au soleil. Pour cela, on l'abrite des rayons du soleil au moyen d'un écran, et on le tourne vers un ciel parfaitement pur. Il rayonne maintenant dans l'espace, sans aucune compensation, et la température s'abaisse. En observant cet abaissement de la température pendant dix minutes, nous pouvons calculer la chaleur perdue par rayonnement dans ce laps de temps, et cela, ajouté au premier résultat de notre expérience, donnera la quantité totale d'énergie radiante versée sur la surface supérieure du cylindre pendant dix minutes.

Il est bon d'observer, en passant, que les rayons solaires, considérés en eux-mêmes, sont tous de même nature, n'étant autre chose que les vibrations de l'éther; mais, selon la rapidité de ces vibrations et la nature des corps sur lesquels ils tombent, ils produisent des effets variés, comme la chaleur, la lumière, et la décomposition chimique. Dans notre expérience cependant, toute l'énergie est pratiquement absorbée par le noir de fumée, et communiquée à l'eau sous forme de chaleur. Par suite, l'expérience fait connaître, avec une grossière approximation, l'énergie totale du rayon qui tombe sur la surface noircie de notre vase cylindrique pendant qu'il est exposé aux rayons solaires.

Maintenant supposons, pour éclaircir nos idées, que cette surface noircie soit d'un mètre carré. Il n'y a besoin que de faire des multiplications pour savoir quelle quantité d'énergie radiante, dans les mêmes proportions, tomberait toutes les dix minutes sur un disque circulaire exposé de la même manière, et d'un diamètre de 12,800 kilomètres. Et cela, comme je vous l'ai dit, est l'énergie radiante versée sur la terre, toutes les dix minutes, par le soleil.

Mais je dois vous rappeler qu'une grande partie de l'énergie des rayons solaires est absorbée par notre atmosphère, qui s'étend à une hauteur de plusieurs lieues; et il est évident que la chaleur ainsi absorbée doit être rapportée au soleil, tout aussi bien que celle qui parvient à la surface de la terre. Pouillet fit donc de nombreuses observations, pour déterminer la quantité d'énergie des rayons solaires qu'absorbe l'atmosphère de notre terre; et le résultat de ses investigations fut de montrer que la quantité totale d'énergie radiante qui parvient à la surface extérieure de notre atmosphère, est à peu près une fois et demie aussi considérable que celle qui parvient à la surface de la terre.

Évaluation pratique de l'énergie versée par le soleil.

— Le résultat final auquel on arrive de la sorte pourrait être exprimé en unités ordinaires de chaleur, et exposé en une longue file de chiffres. Mais je ne pense pas que tous ces chiffres, si exactement qu'ils représentent la vérité objective, soient d'un grand secours à l'esprit pour lui donner une idée adéquate du fait. Le Père Secchi, le grand astronome romain, adopte une meilleure méthode quand il nous dit que la chaleur que nous recevons chaque année du soleil suffirait à fondre une couche de glace épaisse d'un peu plus de 32 mètres, et couvrant toute la surface de notre globe.

Mais il m'a semblé que je pourrais vous donner une idée encore plus saisissante de cette énorme quantité d'énergie en vous la présentant sous la forme familière du pouvoir d'un cheval-vapeur. Acceptant donc les résultats établis par les expériences de Pouillet et de Herschel, je trouve que l'énergie fournie à la terre par les rayons du soleil, jour par jour et année par année, suffirait à entretenir une force constante de quatre dixièmes de cheval-vapeur, par mètre carré de la surface terrestre. Essayons de nous représenter ce que cela veut dire. Le plancher de cette salle, de grandeur ordinaire, dans laquelle nous sommes assemblés, a une surface d'environ 250 mètres carrés; et $0^m,4$ de cheval-vapeur par mètre carré signifierait par conséquent une puissance de 100 chevaux sur chaque partie de la surface terrestre équivalente au parquet de cette salle; 100 chevaux sur chaque surface de cette étendue, travaillant jour et nuit, sans interruption, pendant des milliers et des millions d'années.

Et cependant, comme nous l'avons vu, toute cette énergie, si énorme que les expériences nous manquent pour donner une idée de sa grandeur, n'est, elle-même, qu'une fraction insignifiante — la moitié de la billionième partie — de l'énergie totale que le soleil répand dans l'espace.

Quelle merveilleuse source d'énergie se révèle ainsi à nos regards! Nous pourrions bien nous demander comment est entretenu ce vaste réservoir qui répand ainsi ses trésors avec tant de prodigalité sur l'univers entier, et, après des millions d'années, ne manifeste aucun signe d'épuisement? C'est là une question qui a donné lieu à d'intéressantes spéculations. Elle a fixé l'attention de quelques-uns des esprits scientifiques les plus éminents de notre époque; et c'est le résultat de leurs recherches que j'espère vous exposer dans ma prochaine conférence.

DEUXIÈME CONFÉRENCE

LA SOURCE DE L'ÉNERGIE DU SOLEIL

Il y a deux manières de concevoir comment la chaleur et la lumière du soleil se conservent. Ou bien le soleil est un foyer immense, dans lequel la chaleur et la lumière sont développées par combustion, — ou il est une masse incandescente, comme un boulet de fer chauffé au rouge, qui, sans se consumer lui-même, envoie de la chaleur et de la lumière à l'espace environnant. Si le soleil est un foyer, alors sa provision de combustible doit se consumer proportionnellement à la chaleur produite; et si de nouvelles provisions ne lui arrivent pas, le feu doit finir par s'éteindre. Si, d'un autre côté, le soleil est simplement une masse incandescente, alors il doit toujours se refroidir, à moins qu'il ne se développe en lui de l'énergie nouvelle, convertie en chaleur.

Le soleil n'est pas un grand foyer. — Je dois établir tout d'abord, comme l'opinion admise par les savants, que le soleil n'est pas un grand foyer où la chaleur serait entretenue par la combustion; et je vais vous dire brièvement les raisons sur lesquelles cette opinion se fonde. La combustion du charbon dans une grille ordinaire est la forme de combustion qui nous est la plus familière. Supposons donc que le soleil soit un énorme globe de charbon, brûlant à la surface. Pour que ce feu continue de brûler, nous devons supposer le soleil

Fig. 33.

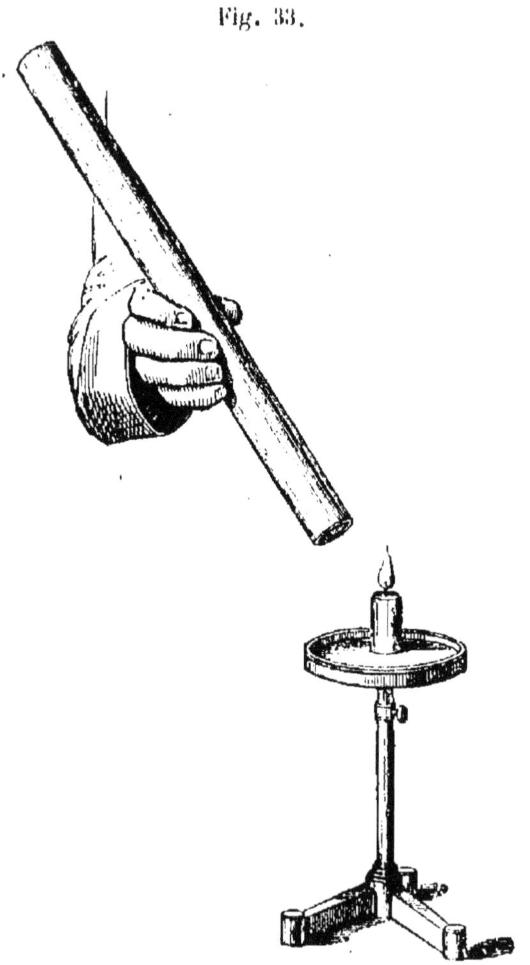

Flamme éteinte par les produits de la combustion.

entouré d'une atmosphère contenant de l'oxygène en large proportion ; car l'oxygène, comme vous le savez, est essentiel à la combustion. Mais qu'arrivera-t-il dans ces conditions? Pendant que le charbon se consume, les produits de la combustion s'échappent sous forme d'acide carbonique et de vapeur d'eau ; l'atmosphère s'obstrue ; l'oxygène ne peut plus arriver librement au charbon, et le feu doit s'éteindre au bout de très peu de temps.

Je veux vous prouver ceci par une expérience. Voici un petit bout de chandelle qui brûle sur une table, dans l'atmosphère de cette salle. Je mets dessus ce grand tube de verre qui, remarquez-le, n'intercepte pas l'atmosphère, puisqu'il est ouvert à son sommet. Vous voyez ce qui arrive : en quelques instants la flamme perd de son éclat ; elle baisse très vite et elle meurt.

Si je mettais un second bout de chandelle, avec un tube semblable dessus, au lieu de la première, elle aurait le même sort ; et il en serait de même d'une troisième et d'une quatrième. L'air de chaque tube est vicié par les produits de la combustion, et l'oxygène de l'atmosphère n'a plus d'accès à la flamme. Eh bien, supposons que toute la surface de la terre soit couverte de bouts de chandelle placés côte à côte. Il est clair que nous pourrions nous passer de tubes de verre ; chaque chandelle allumée emplirait immédiatement l'atmosphère au-dessus d'elle des produits de sa combustion, et toutes s'éteindraient en quelques minutes. De même le soleil s'éteindrait immanquablement, dans un temps très court, s'il était une masse de charbon brûlant environnée d'une atmosphère d'oxygène.

Mais nous pourrions supposer le soleil composé de quelque matière qui contiendrait en elle-même tous les éléments de combustion, c'est-à-dire non seulement le carbone et l'hydrogène, mais l'oxygène aussi. Un globe de coton-poudre, par exemple, remplirait cette condition ; et s'il était allumé à sa surface, il pourrait continuer à brûler sans l'aide de l'atmosphère environnante. Mais combien de temps durerait un tel globe de coton-poudre, avant d'être entièrement consumé ? Sir William Thomson a fait le calcul avec beaucoup de soin, et a montré que si le soleil était un globe de ce genre, donnant de la chaleur au taux où il le fait, il consumerait de sa propre substance une couche de 0^m,15 d'épaisseur chaque minute, ou une couche de 88 kilomètres d'épaisseur chaque année.

Or il est souverainement improbable, sinon absolument contradictoire aux faits observés, que la masse lumineuse du soleil ait subi une diminution si rapide dans les temps historiques. Appliquée au passé, cette supposition signifierait qu'il y a 8,000 ans le soleil était presque deux fois aussi gros qu'il l'est à présent; et appliquée à l'avenir, elle signifierait que dans 8,000 ans le soleil sera complètement consumé, et aura cessé d'exister comme source de chaleur et de lumière (1).

Peut-être dira-t-on cependant que le combustible peut venir au soleil de l'extérieur, et qu'ainsi le feu peut être entretenu sans perte sensible pour le soleil lui-même. Cette supposition est fort possible, et j'ajouterai même, dans une certaine mesure, très probable. Nous savons comme un fait certain que des météores, appelés aérolithes, tombent parfois sur la terre de l'espace planétaire, et développent de la chaleur et de la lumière au moment de leur chute. Par suite, il est probable que de tels corps tombent aussi, de temps à autre, sur le soleil; et, en raison de la haute température de cet astre, il est inévitable qu'une combustion se produise, s'il se trouve une quantité suffisante d'oxygène à proximité.

Mais la chaleur due à la combustion de corps météoriques ne vaut guère la peine d'être mise en ligne de compte comme source de l'énergie solaire; car on peut montrer par un calcul exact (et je saisirai bientôt l'occasion de vous donner une idée de la manière dont on a fait ce calcul), que la chaleur produite par la combustion d'un météore quelconque, se mouvant à travers l'espace, est

(1) V. *Philosophical Magazine*, vol. III, p. 417.

infiniment petite comparée à la chaleur qui doit se développer par le soul fait de sa collision avec le soleil. Autant que nous le savons par l'expérience, ces corps météoriques se composent surtout de fer; et l'on a montré qu'une masse de fer tombant sur le soleil engendrerait, par le fait de sa chute, 18,000 fois autant de chaleur qu'en produirait la combustion de la même masse dans une atmosphère d'oxygène. Même si nous prenons la supposition la plus favorable, savoir, que le combustible tombant sur le soleil consisterait exclusivement en charbon d'excellente nature, la chaleur due à sa chute serait au moins 3,000 fois aussi grande que la chaleur due à sa combustion (1).

Je ne conteste donc pas que le phénomène de combustion ne puisse avoir lieu jusqu'à un certain point, à la surface du soleil. Mais je dis que la combustion ne peut être regardée comme la source principale, ou même comme une source très importante de la chaleur solaire. Ni la combustion du soleil lui-même : car cette supposition impliquerait des changements dans la masse du soleil, ce qui, pour les temps historiques au moins, semble totalement inadmissible ; ni la combustion d'une matière venue de l'extérieur, parce que ce combustible, par le simple fait de sa collision avec le soleil, développerait plusieurs milliers de fois plus de chaleur qu'il ne pourrait en développer par sa combustion.

Le soleil est une masse incandescente. — Nous sommes amenés de la sorte à regarder le soleil non pas comme une masse de combustible enflammé, non pas comme une immense fournaise, mais plutôt comme un globe de matière incandescente, comme un boulet de fer

(1) Cf. *Philosophical Magazine*, vol. III, 1854, p. 418; et aussi Secchi, *Le Soleil*, t. II, pp. 267, 268.

chauffé au rouge, qui, sans se consumer lui-même, répand de la chaleur et de la lumière dans l'espace. Mais une masse incandescente de cette nature, perdant continuellement de la chaleur par radiation, doit inévitablement se refroidir, jusqu'à ce qu'elle soit amenée à la température de l'espace environnant, si d'autre chaleur ne se développe pas en elle par la consommation de quelque autre forme d'énergie. Or, nous avons toutes sortes de raisons de penser que le soleil ne se refroidit pas de la sorte, et qu'il est, de fait, une source de chaleur et de lumière aussi riche en ce moment qu'il y a 8,000 ans. Une question se présente donc : Où est la provision d'énergie qui a pu maintenir cette chaleur et cette lumière, durant cette longue période de temps, malgré l'énorme dépense qui s'en produit sans cesse, et qui la maintient encore, sans que l'on aperçoive aucun signe d'épuisement ou d'affaiblissement?

A cette question l'on a donné deux réponses, très dignes de considération, aussi bien pour leur importance intrinsèque que pour les noms distingués auxquels elles s'associent. L'une est celle de sir William Thomson, d'après lequel la source principale de l'énergie solaire consiste dans la collision des météores avec le soleil. L'autre est celle du professeur Helmholtz, de Berlin, qui prétend que la chaleur du soleil est due principalement à la compression graduelle de sa masse sous l'influence de la gravitation.

Avant d'en venir à la discussion de ces théories, je dois peut-être dire qu'ici nous dépassons les limites de la vérité scientifique démontrée, et que nous entrons dans le domaine de la spéculation. Dans ma dernière conférence, en parlant de l'immensité de l'énergie solaire, je m'occupais surtout de faits démontrés. Je pouvais vous faire voir, par un raisonnement parfaitement solide, que, pratiquement, toute l'énergie dont l'homme peut se servir pour faire son travail peut être attribuée à l'énergie des rayons solaires comme à sa source ; et, au moyen de connaissances fournies par des expériences effectives, nous avons pu mesurer grossièrement toute la quantité d'énergie ainsi répandue par le soleil, et transportée à travers le monde sur les ailes rapides de la chaleur rayonnante et de la lumière.

Mais quand nous en venons à nous demander comment cette énergie elle-même s'engendre dans le soleil, nous en sommes réduits en grande partie à des spéculations et à des conjectures, conjectures qui s'appuient sans doute sur des bases scientifiques, mais qui ne sont pas encore susceptibles d'une démonstration rigoureuse.. Je dirai donc qu'en étudiant cette question, nous nous trouvons en quelque sorte dans la condition de voyageurs qui sont parvenus à la limite de séparation entre un pays connu et une région ignorée ; et nous sommes maintenant sur le point de franchir cette ligne de démarcation et d'entrer dans une région nouvelle de la recherche scientifique, sur les pas de quelques explorateurs hardis et illustres.

Incandescence et combustion. — D'abord, il faut que je vous explique bien clairement ce que j'entends par une masse incandescente, en tant qu'elle se distingue d'une masse de combustible qui brûle ; car cette distinction est à la base même du problème que nous devons examiner. Quand un corps est chauffé et qu'il brûle, il se consume dans la combustion ; mais quand un corps est maintenu à l'état incandescent sans qu'il brûle, alors il ne se consume pas, mais il demeure le même dans sa masse, le même dans sa composition chimique que précédemment. Si vous faites brûler un sac de charbon dans une grille, je n'ai pas besoin de vous apprendre que votre sac de charbon a disparu quand votre feu est éteint.

Mais si vous chauffez au rouge vif, dans une *fournaise*, un boulet de fer, ce boulet de fer ne se consumera pas, bien qu'il soit devenu lui-même une source de lumière et de chaleur: et quand il se sera refroidi, on ne constatera pas de changement en lui; il sera exactement ce qu'il était d'abord.

La masse incandescente doit pourtant tirer sa chaleur de quelque source réelle d'énergie. Bien qu'elle ne soit pas consumée elle-même, il doit y avoir quelque chose qui se consume pour produire la chaleur versée dans l'espace. Ceci est un point de première importance, que je voudrais vous faire bien retenir en prenant un ou deux exemples familiers. Dans l'exemple que je viens de donner, le fourneau est le réservoir d'énergie; et le boulet de fer, mis dans le fourneau, prend simplement une partie de cette provision d'énergie et s'échauffe ainsi sans se consumer. Mais la réserve d'énergie peut exister sous d'autres formes. Vous savez qu'un forgeron peut amener au rouge une barre de fer sur l'enclume, par les coups répétés de son marteau. Dans ce cas, la barre de fer n'est pas consumée, mais l'énergie musculaire du forgeron se dépense; et, en outre, l'énergie de la chaleur produite est l'exact équivalent de l'énergie musculaire dépensée pour la produire. Maintenant, la barre de fer répand des rayons de lumière et de chaleur dans l'espace environnant; et si cette perte n'est pas réparée, si le forgeron s'arrête dans son travail, même pendant peu de temps la barre de fer cessera d'être rouge. Nous apprenons ainsi qu'un approvisionnement constant d'énergie nouvelle est absolument nécessaire pour maintenir un corps à l'état d'incandescence.

Le courant électrique nous fournit un autre et très instructif éclaircissement. Lorsque j'envoie un fort courant à travers ce fil de platine en spirale, le métal brille et projette une chaleur intense, mais il ne se consume pas. La chaleur, comme vous le savez, se maintient aux dépens du courant électrique. En ce moment, le courant qui passe dans le fil engendre, dans chaque unité de temps, exactement autant de chaleur que le fil, pendant ce temps, en répand dans l'espace ; le fil continue ainsi à briller, émettant une quantité constante de chaleur rayonnante et de lumière. Si j'interromps le courant, le fil brille encore pendant quelques instants. Mais il dépense maintenant son petit stock de chaleur, sans recevoir d'énergie nouvelle pour renouveler cette provision. Au bout de quelques moments, il cesse de briller, et quelques secondes après il est devenu aussi froid que les objets environnants.

Je pense que maintenant vous comprendrez clairement le problème dont nous avons à nous occuper. Aussi sûrement que la barre de fer rougie cesse de briller quand le forgeron ne la frappe plus de son marteau, aussi sûrement que ce petit fil de platine en spirale cesse de luire quand le courant électrique est arrêté, le soleil s'éteindrait s'il n'y avait pas dans son voisinage ou en lui-même quelque source immense d'énergie capable de réparer les pertes énormes qu'il subit incessamment. Et la question est précisément de savoir où se trouve cette source d'énergie.

La théorie météorique de sir William Thomson. — En 1854, sir William Thomson lut, à la Société royale d'Édimbourg, un mémoire sur l'énergie mécanique du système solaire, mémoire où il mit en avant et défendit cette théorie, que la source principale de l'énergie doit être cherchée dans la collision de corps météoriques avec le soleil (1). Vous savez que lorsqu'une

(1) V. *Transactions of the Royal Society of Edimburgh*, 1854, et *Philosophical Magazine*, 1854. Il est juste de dire que cette théorie de la chaleur solaire fut exposée d'une manière très complète par Mayer, de Heilbronn, en 1848, dans un mémoire intitulé : « *Beiträge zur*

balle de carabine frappe une cible, son énergie de mouvement se convertit immédiatement en chaleur. Imaginez, par conséquent, une cible exposée à une grêle perpétuelle de boulets qui la frappent à tout moment. Vous comprendrez facilement comment elle peut être maintenue au rouge par le choc des boulets, tout comme la barre de fer dont nous parlions tout à l'heure est maintenue au rouge par les coups de marteau du forgeron. Eh bien, sir William Thomson supposa que le soleil est en quelque sorte dans la condition d'une telle cible; qu'il est frappé sans cesse par de petits météores qui tombent sur sa masse, et que la chaleur engendrée par ce martelage répété suffit à réparer les pertes qui se produisent à sa surface.

Permettez-moi de vous dire un mot de ces corps météoriques, autant que nous sommes certains de leur existence dans le système solaire. Chacun connaît le phénomène connu sous le nom d'*étoiles filantes*. Généralement, ces étoiles *filantes* ne se voient qu'une à la fois; mais parfois elles se présentent en groupes; et dans certaines rares occasions — une fois par trente-trois ans environ — elles apparaissent comme une véritable averse de balles enflammées, traversant notre atmosphère pendant plusieurs heures. Une splendide averse de ce genre eut lieu dans la nuit du 13 novembre 1866, et plusieurs de ceux qui m'écoutent ont dû en être témoins. L'averse lumineuse commença par quelques balles éparses, vers dix heures et demie; puis elles vinrent par deux et trois à la fois, et ce nombre augmenta jusqu'à une heure, où elles se produisirent, pendant quelque temps, au taux d'une par seconde, environ. A ce moment, le spectacle était

Dynamik des Himmels. » Cinq ans plus tard, M. Waterston l'esquissa de son côté, à la réunion de la British Association, à Hull. Mais elle fut travaillée avec plus de soin par sir William Thomson, qui en prit, sans le dissimuler, l'idée mère dans le mémoire de M. Waterston, mais qui paraît n'avoir pas connu alors le travail de Mayer.

vraiment magnifique. Puis leur nombre diminua graduellement, et, à quatre heures et demie du matin, tout avait cessé.

Ce que l'on nomme ainsi étoiles filantes consiste simplement en masses de matière solide, parcourant des orbites autour du soleil, tout comme les planètes, et se mouvant souvent avec une vitesse de trente à cinquante kilomètres par seconde. Quand elles traversent la route suivie par la terre, elles sont amenées à une haute température, en partie par le frottement avec notre atmosphère, en partie par la compression de l'air situé au-devant d'elles, et elles passent soudainement à une brillante incandescence. Parfois, quand elles s'approchent suffisamment, elles sont détournées de leur route par l'attraction terrestre, et tombent sur la terre (1). Souvent,

(1) Cette identité des étoiles filantes et des aérolithes est aujourd'hui contestée. Les premières semblent plutôt participer de la nature des comètes, qu'il y a tout lieu de croire composées d'une matière gazeuse, rebelle à la condensation. Elles en ont la vitesse, environ quarante-deux kilomètres par seconde, et elles décrivent, comme elles, des orbites allongées, sortes d'ellipses aplaties. Il y a mieux : on a vu des comètes se transformer, en quelque sorte sous nos yeux, en essaims d'étoiles filantes. La comète de Biéla, assez régulière pour que ses retours pussent être annoncés à jours fixes, s'est morcelée peu à peu. Elle s'est dédoublée en 1844; ses deux fragments se sont isolés de plus en plus, et la matière qui les composait s'est éparpillée dans l'espace au point de cesser d'être visible. Seulement, à la place de la comète, on a rencontré, à chacune des époques où elle aurait dû réapparaître, un essaim d'étoiles filantes qui résultaient évidemment de sa désagrégation et n'en étaient pour ainsi dire que la monnaie. Il est à croire que ces corpuscules s'enflamment en pénétrant dans la partie supérieure de notre atmosphère et deviennent ainsi visibles pour un instant, malgré leur extrême petitesse.

Les considérations dans lesquelles entre l'auteur, à la suite de Thomson, n'en conservent pas moins leur valeur, mais à la condition d'être appliquées de préférence aux aérolithes. Les particules de

ceux qui les ont vues tomber les ont recueillis; et vous
pouvez en voir des spécimens, sous le nom de pierres
météoriques, dans presque.toutes les grandes collections
de minéraux. Elles se composent surtout de fer; mais
plusieurs autres éléments, tels que le cuivre, l'étain, le
nickel, le cobalt, même la potasse, la soude, la magnésie,
la chaux, la silice, entrent plus ou moins dans leur composition. Il est remarquable qu'on n'a pas encore trouvé
dans ces pierres météoriques un seul élément qui ne fasse
partie de ceux que nous connaissons comme appartenant
à notre planète.

Quelques-uns d'entre vous auront peut-être de la peine
à admettre qu'une masse de fer froide puisse se changer
en un météore lumineux, simplement par son mouvement à travers notre atmosphère. Nous n'avons pas
d'exemple, dans la vie de chaque jour, d'une chaleur
aussi intense produite par le frottement d'un gaz contre
un corps solide. Cependant, je crois pouvoir vous faire
comprendre cela par une simple explication. C'est un
fait d'expérience ordinaire que lorsqu'un boulet de
canon frappe les plaques de fer d'un blindage, et que son
mouvement est arrêté tout d'un coup, il acquiert une
chaleur intense, et souvent on voit un éclair en jaillir au
moment du choc. Eh bien, la chaleur développée dans ce
cas est due entièrement au mouvement qui a été détruit.
L'énergie de mouvement est convertie par le choc en
énergie de chaleur.

Pour donner à cette idée une forme précise, supposons
qu'une balle de fer, du poids d'un kilogramme, vienne
frapper une cible de fer avec une vitesse de 480 mètres à
la seconde. Il est facile de calculer, avec une exactitude
scientifique absolue, la quantité de chaleur engendrée au

matière qui donnent lieu au phénomène des étoiles filantes sont
trop ténues, sans doute, pour que leur chute sur le soleil puisse y
développer une chaleur considérable. (*Trad.*)

moment du choc. Sans entrer dans ce calcul, je puis vous dire que cette chaleur serait juste suffisante pour élever un litre d'eau à 29 degrés centigrades, ou un kilogr. de fer à 240 degrés centigrades. Naturellement, une partie de cette chaleur est développée dans la balle de fer, et une autre partie dans la cible qui arrête son mouvement. Si nous supposons que la chaleur totale soit répartie également entre l'une et l'autre, alors la balle de fer serait amenée, par le choc, à 120 degrés centigrades. Remarquez que c'est là l'effet produit quand une balle de fer pesant un kilogr. est arrêtée dans sa course, et perd une vitesse de 480 mètres à la seconde.

Considérons maintenant le cas d'une masse météorique de fer, pesant un kilogr., et marchant dans l'espace avec une vitesse de 32 kilomètres à la seconde. Quand elle entre dans notre atmosphère, son mouvement est retardé par le frottement, et je pense que vous ne me taxerez pas d'exagération si je suppose qu'elle peut très bien perdre alors, somme toute, un cinquième de sa vitesse initiale. Nous avons ainsi un poids d'un kilogr., entrant dans notre atmosphère avec une vitesse de 32 kilomètres à la seconde, en repartant avec une vitesse de 25 kilomètres, et ayant perdu, dans son passage, une vitesse de 7 kilomètres à la seconde. Eh bien, l'énergie du mouvement détruit s'est convertie tout entière en chaleur; et l'on peut montrer que la chaleur totale développée alors est plus de 150 fois aussi grande que celle qui se développe lorsqu'une balle de fer, de masse égale, frappe une cible avec une vitesse de 480 mètres à la seconde. Sans doute, une grande partie de cette chaleur a pour effet d'élever la température de l'atmosphère. Mais vous voyez facilement que même une fraction de cette chaleur suffirait à porter la masse météorique elle-même à l'incandescence, et à la maintenir dans cet état pendant le temps très court de son passage.

L'existence de météores se mouvant à travers l'espace est donc un fait bien établi. Qu'il y ait un développement de chaleur chaque fois que le mouvement de tels corps est retardé ou détruit, c'est encore un fait bien constaté, et que l'on peut parfaitement expliquer au moyen de principes scientifiques. Eh bien, sir William Thomson montra que des corps de cette nature, se mouvant autour du soleil, doivent être attirés peu à peu vers cet astre par la force de la gravitation, et finalement tomber à sa surface. Donc, disait-il, nous sommes en droit de supposer qu'il y a sur le soleil une pluie perpétuelle de météores ; et il calcula que la vitesse due à leur chute ne pouvait être moindre de 432 kilomètres à la seconde. Mais cette vitesse doit être détruite tout entière avant qu'ils reposent sur la surface du soleil ; et l'énergie de mouvement qui s'éteint ainsi chaque jour, sur une échelle d'une grandeur colossale, peut être regardée comme la source principale de la chaleur solaire.

On objectera peut-être que, suivant cette théorie, le soleil doit augmenter de volume d'année en année, par suite de cette matière qui lui vient de l'extérieur ; et cependant on n'a remarqué aucun accroissement sensible de ses dimensions, dans la longue période pendant laquelle on l'a soumis aux observations les plus soigneuses et les plus exactes. Cette difficulté n'a pas échappé à l'esprit clairvoyant de sir William Thomson.

Pour déterminer la vraie valeur de l'argument, il calcula tout d'abord la quantité de matière qui devrait tomber sur le soleil chaque année pour compenser la perte de chaleur due à la radiation, et il trouva que cette quantité devrait être d'environ 1,900 kilogr. par 9 décimètres carrés de la surface solaire. Or, la densité moyenne du soleil est à peu près égale à la densité moyenne de l'eau ; et si nous supposons que les météores tombant sur cet astre ont la même densité que l'eau,

1,900 kilogr. sur chaque superficie de 9 décimètres carrés formeraient une couche de matière de 18 mètres d'épaisseur sur la surface entière du soleil.

Dans cette supposition, par conséquent, le diamètre du soleil s'accroîtrait de deux fois 18 mètres, c'est-à-dire de 36 mètres, chaque année ou d'environ 3,600 mètres en 100 ans. A ce taux, l'accroissement total du diamètre solaire, pendant une période de 6,000 ans, serait de moins de 220 kilomètres. Mais 220 kilomètres ne représentent que la six-millième partie du diamètre solaire actuel ; et un accroissement aussi insignifiant, quand même il se fût produit subitement pendant ce siècle au lieu de se répartir sur six mille années, aurait pu à peine être constaté par les procédés les plus perfectionnés de la science moderne. Nous pouvons donc nous tenir pour assurés que toute la chaleur versée par le soleil, dans les temps historiques, pourrait avoir été engendrée par la chute de météores sur sa masse, sans qu'il eût été possible à l'observation la plus attentive de découvrir l'accroissement de volume qui en aurait résulté.

Telle est la théorie météorique, au moyen de laquelle sir William Thomson essaya, il y a trente ans, d'expliquer l'origine de la chaleur solaire. J'ai cru bon de l'exposer d'une façon suffisamment complète, tant à cause de son intérêt intrinsèque que pour la place importante qu'elle occupe dans la question que nous étudions en ce moment. Mais je puis maintenant vous dire qu'au point de vue astronomique elle rencontre des objections qui semblent insurmontables. Si cette énorme masse de météores tombait des régions extérieures du système solaire sur la surface du soleil, elle causerait, dans la marche de la terre et dans celle des planètes inférieures, des perturbations qu'il serait impossible de ne pas constater. Et, si, d'un autre côté, pour échapper à cette difficulté, nous concevons ces météores comme existant sous forme d'un nuage épais de matière environnant le soleil, ils doivent avoir été rencontrés par certaines comètes que nous savons avoir traversé cette région, et dont la marche eût été sensiblement retardée par l'action d'une masse aussi énorme ; et cependant ces comètes ont poursuivi leur course sans éprouver aucun trouble, et sans manifester le moindre signe d'une rencontre de ce genre.

Pour ces raisons principalement, la théorie météorique a été généralement abandonnée par les savants, et sir William Thomson lui-même l'a mise de côté. Il maintient, il est vrai, et avec raison, que des corps météoriques tombent de temps à autre sur le soleil, et que, par leur chute, ils contribuent dans une certaine mesure au développement de la chaleur solaire ; mais, tout considéré, il ajoute que leur effet doit être à peu près négligeable, comparé à l'énorme dépense de chaleur qui a lieu chaque jour (1).

Théorie de la compression du professeur Helmholtz. — Si cette théorie ne suffit pas, de l'aveu de tous, à expliquer entièrement l'origine de l'énergie solaire, elle a rendu un grand et important service. Elle a fixé l'attention des savants sur la force de gravitation, en tant qu'existant dans le soleil lui-même et capable de produire de la lumière et de la chaleur. Telle est l'idée fondamentale de la théorie météorique. La gravitation amène sur la masse du soleil un vaste nuage de corps météoriques qui flottaient auparavant dans l'espace ; elle les attire avec une force énorme, et l'énergie des météores en mouvement est convertie par le choc en énergie de chaleur.

(1) Voyez un petit mémoire de sir William Thomson, dans le *Macmillan's Magazine*, vol. V, p. 389 ; et une autre communication dans *Good Words*, mars 1887, p. 160. Voyez aussi Secchi, *Le Soleil*, vol. II, p. 260; Newcomb, *Astronomie populaire*; p. 521; sir Robert Ball, *The Story of Heavens*, 2e édition, pp. 499-501.

Maintenant, j'ai dit que cette immense multitude de météores, que la théorie suppose tombant continuellement sur le soleil, ne saurait être admise. Ce n'est pas cependant que les corps météoriques fassent complètement défaut. La force de la gravitation est tout aussi capable de développer de la chaleur en agissant sur la masse même du soleil, et en la poussant tout entière vers un point central de cet astre, qu'en agissant sur un nuage de météores qu'elle attirerait vers le centre du soleil. Telle est la théorie très simple et très belle d'Helmholtz ; c'est sur elle que je voudrais maintenant appeler votre attention.

Que le soleil soit maintenant en voie de condensation, c'est ce qui semble extrêmement probable. Le spectroscope nous a révélé que le soleil se compose en grande partie des mêmes éléments que la terre ; et cependant la densité moyenne de cet astre n'est que le quart de la densité moyenne de notre planète. En d'autres termes, c'est la même matière qui existe dans le soleil et dans la terre ; mais dans le soleil elle se trouve à un état beaucoup plus diffus.

Ce fait est particulièrement frappant quand on se souvient que la pesanteur, qui tend à condenser cette masse, est vingt-sept fois plus grande sur le soleil que sur la terre. Cette masse de matière que nous appelons un kilogramme, exigerait pour être soulevée, si elle était transportée sur le soleil, le même effort qu'il faudrait pour soulever 27 kilogrammes à la surface de la terre. Un homme sur la surface du soleil pèserait autant que vingt-sept hommes sur la surface de la terre. S'il était étendu de son long, il ne pourrait, par aucun effort, se relever lui-même ; il demeurerait simplement pressé contre la surface du soleil par son propre poids.

Comment se fait-il donc que, malgré cette énorme force compressive, la matière du soleil soit bien moins compacte que la matière de la terre? C'est la haute température du soleil qui fournira la réponse à cette question. La chaleur tend à dilater la matière, et la grande chaleur du soleil développe une puissante force expansive, qui résiste à la compression. Nous pouvons donc concevoir la masse du soleil, à un moment quelconque, comme soumise à l'influence de deux forces opposées : l'une, due à la chaleur, qui tend à la dilater; l'autre, la force d'attraction qui tend à la comprimer.

Si ces deux forces ne subissaient aucun changement, un état d'équilibre s'établirait et se maintiendrait entre elles. Mais l'équilibre est sans cesse troublé et sans cesse rétabli. La chaleur disparaît par rayonnement; la force expansive due à la chaleur diminue ainsi, la pesanteur l'emporte alors et la condensation s'ensuit. Mais la condensation à son tour développe de la chaleur. Vous connaissez, j'en suis sûr, plus d'un exemple de cette loi. Si je comprime de l'air dans un briquet à air, je trouve que cet air s'échauffe à plus de 400°, de manière à enflammer de l'amadou. Eh bien, le soleil s'échauffe de même quand il est comprimé par la force énorme de gravitation ; et la chaleur perdue par le rayonnement est renouvelée de la sorte par la compression. La chaleur disparaît encore; la compression recommence, et de nouveau la perte est réparée. Par suite, tant que la perte de chaleur par rayonnement est suivie d'une nouvelle compression, la provision de chaleur du soleil peut être renouvelée incessamment, sans subir jamais aucune diminution (1).

Combien de temps alors, pourra-t-on demander, ce phénomène durera-t-il? C'est là une question à laquelle nous sommes incapables de répondre d'une façon tant soit peu précise. Il y a, il est vrai, de bonnes raisons de

(1) Cf. Newcomb's *Popular astronomy*, 2° édition, p. 552; sir Robert Ball's *Story of the Heavens*, 2° édition, p p. 501-503.

croire que le soleil continuera à se condenser toujours davantage, jusqu'à ce que sa densité moyenne soit devenue plus grande que celle de la terre ; car la matière est la même, et la force compressive, qui résulte de la gravitation, est beaucoup plus grande pour le soleil que pour notre globe. Mais en prenant l'hypothèse la plus modérée, savoir que la compression continuera jusqu'à ce que la densité du soleil soit devenue au moins égale à la densité de la terre, — c'est-à-dire jusqu'à ce que le soleil soit réduit au quart de ses dimensions actuelles, — Helmholtz a montré que la chaleur développée par une telle condensation, suffirait pour compenser les pertes, au taux actuel, pendant 17 millions d'années encore (1).

Si nous acceptons cette théorie, nous devons naturellement admettre que le soleil diminue de volume d'année en année. Mais il n'y a là aucune difficulté particulière. D'après un calcul de Helmholtz, une condensation de la masse solaire qui réduirait son diamètre d'un dix-millième de sa longueur actuelle engendrerait assez de chaleur pour réparer toutes les pertes pendant une période de 2,000 ans (2). Un changement aussi insignifiant, il est à peine besoin de le dire, aurait passé tout à fait inaperçu durant les temps historiques.

L'hypothèse de la nébuleuse. — Cette théorie, considérée en elle-même, semble donc offrir une explication complète et parfaitement admissible de l'origine de la chaleur solaire. Mais il y a, en sa faveur, une autre

(1) *Populäre Wissensschaftliche Vorträge*, von H. Helmholtz, Drittes Heft, Braunschweeig, 1876, p p. 128-120.

(2) *Populare Wissenschaftliche Vortrage*, von H. Helmholtz, Drittes Heft, Braunschweig, 1876, p p. 128-120, Zweites Heft, p. 131. Voyez aussi Thomson et Tait, *Treatise on natural Philosophy*, vol. I, part. II, p. 489 ; Newcomb, *Popular astronomy*, p; 521 ; et Ball, *Story of the Heavens*, 2ⁿ édition, p p. 501-504.

considération que je ne dois pas passer sous silence. Vous avez entendu parler, j'en suis certain, de l'hypothèse de la nébuleuse, qui a fait son chemin, depuis longtemps, en astronomie, et qui s'appuie sur plusieurs sortes de preuves absolument indépendantes de notre présente étude.

D'après cette hypothèse, le soleil n'est autre chose qu'une nébuleuse, ou masse de vapeur, condensée. Dans sa condition primitive, cette nébuleuse qui contenait, sous une forme extrêmement diffuse, tous les éléments qui composent maintenant le soleil et les planètes, avec leurs satellites, s'étendait, pour le moins, jusqu'à l'orbite de la planète la plus éloignée. Elle était animée d'un mouvement de rotation assez lent, et douée de la force d'attraction qui tendait à condenser la masse tout entière autour d'un point central situé au dedans d'elle-même. Pendant qu'elle se condensait graduellement, son mouvement de rotation s'accélérait, conformément à une loi bien connue. De temps à autre, des fragments se détachaient à la surface extérieure, et commençaient à se condenser, chacun autour d'un centre situé à son intérieur; les fragments, après la séparation, conservèrent tous leur mouvement originel, et se mirent ainsi à tourner autour de la masse centrale, dont le volume diminuait toujours. Parfois les fragments eux-mêmes projetèrent des fragments plus petits, qui, d'après la même loi, se mirent à tourner autour des fragments qui leur avaient donné naissance, et qui, naturellement, commencèrent aussi à se condenser, chacun autour d'un centre situé au dedans de lui-même. Ainsi, avec le temps, la grande masse centrale se condensa en un soleil; les fragments se condensèrent en planètes, tournant autour du soleil; et les fragments de fragments se condensèrent en satellites, tournant autour des planètes.

Notre dessein n'est pas de pénétrer dans cette grande

et belle théorie ; bien moins encore de vous présenter les raisons qui la fondent. Je dirai seulement, ce que vous comprendrez tout de suite, que si l'on admet cette théorie, le problème de la chaleur solaire est résolu. L'orbite de Neptune, la plus éloignée des planètes connues, peut être regardé comme un cercle dont le diamètre est d'environ 8,000 millions de kilomètres. Dans l'hypothèse de la nébuleuse, le soleil était d'abord une grande masse de vapeur, remplissant tout l'espace enfermé dans cet orbite, et la condensation d'une telle masse de vapeur dans le volume actuel du soleil engendrerait, comme Helmholtz l'a montré, assez de chaleur pour réparer les pertes incessantes, pendant une période de 20 millions d'années.

Voilà, je pense, ce qui suffira amplement pour satisfaire toutes les exigences raisonnables de la science géologique, en ce qui concerne le passé. Et pour ce qui regarde l'avenir, nous avons vu que la condensation continuelle du soleil, jusqu'à ce que la densité de cet astre soit réduite à la densité du globe terrestre, produirait assez de chaleur pour maintenir la dépense actuelle pendant 17 millions d'années encore.

Mais je ne vous demande pas d'accepter la théorie de la nébuleuse comme une vérité scientifique démontrée. Mon cas est simplement celui-ci. De la condition physique du soleil, à l'époque actuelle, nous avons été amenés à conclure avec probabilité que cet astre est en voie de condensation, et que cette condensation est la source de sa chaleur. Maintenant, des considérations purement astronomiques, nous font supposer que le soleil, tel qu'il existe en ce moment, est dû à la condensation graduelle d'une nébuleuse primitive. Cette vue fut suggérée à Laplace par l'étude approfondie des lois qui régissent le système solaire ; elle s'empara de l'esprit de sir William Herschel, grâce aux longues et patientes observations qu'il fit sur le ciel à l'aide de son grand télescope ; et elle est adoptée par Secchi, dans les écrits duquel on trouve toute la lumière que les recherches récentes ont projetée sur ce sujet. Nous la prenons donc comme on nous la donne, recommandée par les plus grands astronomes, et nous disons parfaitement de nature à confirmer la conclusion à laquelle nous sommes parvenus nous-mêmes par une voie différente. S'il est vrai que le soleil soit arrivé à son état actuel par une condensation pro-gressive, dans laquelle une énorme quantité de chaleur doit nécessairement avoir été développée, alors il est d'autant plus raisonnable de supposer que ce phénomène de condensation se poursuit encore, et qu'il produit chaque jour un nouvel approvisionnement de chaleur.

L'énergie passée du soleil. — Et maintenant, au point où nous en sommes de nos spéculations, il est pres-que impossible de ne pas faire un pas de plus, et de ne pas nous demander ce qu'est devenue l'immense quantité d'énergie sortie du soleil pendant les longs âges du temps passé. Vous pourriez supposer, peut-être, qu'elle a cessé d'exister. Mais une telle supposition serait purement gra-tuite et ne trouverait certainement aucun appui près des savants. Nous avons une expérience très longue et très variée de l'énergie, à la fois dans la vie pratique et dans les investigations scientifiques, mais nous ne connaissons pas un seul cas où l'on ait constaté l'annihilation de l'é-nergie.

Alors, si l'énergie radiante du soleil n'a pas été dé-truite, peut-être a-t-elle servi à faire du travail dans quelque partie éloignée de l'univers ; elle se serait ainsi convertie en d'autres formes d'énergie. Mais quel travail pourrait-elle faire dans un espace vide ? Et si nous excep-tons quelques rayons perdus qui s'en vont frapper, çà et là, une étoile fixe, une comète, ou une nébuleuse, toute la chaleur radiante du soleil, autant que nous le savons, passe dans un espace vide. Peut-être alors voudra-t-on recourir à l'ingénieuse théorie proposée l'année dernière par sir William Siemens, qui suppose que l'énergie radiante du soleil est recueillie, dans un espace lointain, par quelque opération mécanique, et rapportée au soleil d'où elle est venue. Mais la théorie de sir William Siemens n'a pas encore reçu le sceau de l'approbation scientifique générale ; et beaucoup de personnes la jugent absolument contradictoire aux lois mécaniques.

A tout prendre, il n'est pas improbable que cette énergie radiante ne soit ni annihilée, ni convertie en travail, ni amassée et rapportée au soleil, mais qu'elle poursuive encore sa course à travers l'espace. Cette supposition s'accorde parfaitement avec certains faits bien établis. Vous savez qu'il y a, dans le ciel, des étoiles si éloignées que la lumière qui nous les rend actuellement visibles, la lumière qui entre dans nos télescopes, chaque nuit, et nous annonce leur existence dans l'espace lointain, a mis des milliers d'années à nous parvenir. Ne pouvons-nous pas, en conséquence, supposer avec quelque raison que la lumière partie, il y a quelques milliers d'années, du soleil, qui est notre étoile fixe, poursuit de la même manière sa course à travers les espaces lointains ?

Il n'est pas inutile de nous représenter ce qu'implique cette supposition. Prenons un seul exemple. Il y a environ deux mille ans, toute la force des armes romaines se rassembla dans les plaines de Pharsale, afin de combattre pour l'empire du monde. Les rayons du soleil tombèrent sur le champ de bataille, et furent réfléchis par les casques, les boucliers et les lances. Et toujours, depuis ce jour mémorable, ces rayons ont marché dans l'espace, avec une vitesse de 300.000 kilomètres à la seconde. Eh bien, si nous supposons un être doué d'une vue assez perçante pour voir l'objet le plus éloigné à l'aide du plus faible rayon de lumière, et, capable, en outre, de traverser l'univers d'un seul bond, un tel être n'aurait qu'à se placer aujourd'hui sur la route de ces rayons, à un point probablement beaucoup plus rapproché de nous que la plupart des étoiles fixes, et en dirigeant ses regards vers les plaines de Pharsale, il assisterait à la bataille.

Résumé. — Je vais maintenant résumer en quelques mots les lignes générales de notre discussion, et les résultats auxquels nous sommes parvenus. Dans ma première conférence, je vous ai invités à considérer les diverses formes d'énergie qui existent autour de nous sur notre globe ; et je vous ai montré qu'à part une exception relativement peu importante, on peut les rapporter toutes à l'énergie qui nous vient du soleil. L'énergie du soleil élève les eaux de l'océan aux sommets des montagnes, et les laisse retomber sous forme de rivières et de fleuves, de cataractes et de torrents. L'énergie du soleil est demeurée pendant de longs âges emmagasinée dans nos mines de charbons ; elle nous est rendue quand nous allumons notre feu. On l'entend dans le bruit du vent ; on la voit dans les rayons éblouissants de la lumière électrique. Elle entre dans toutes nos petites industries sous forme d'énergie musculaire, et sous la forme de vapeur à haute pression elle actionne nos machines et transporte nos marchandises.

Puis, j'ai essayé de graver dans vos esprits ce fait évident que la somme totale de l'énergie qui est parvenue à la terre, depuis les temps primitifs jusqu'à ce jour, n'est qu'une fraction infinitésimale de l'énergie versée par le soleil dans l'espace. Mais cette vaste dépense exige une compensation d'une grandeur équivalente. Le soleil ne pourrait continuer toujours à répandre de la lumière et de la chaleur dans l'espace, avec une aussi grande prodigalité, s'il ne recevait du dehors ou s'il ne trouvait en lui une nouvelle source de chaleur. De là, nous nous sommes posé la question de savoir comment se maintient la chaleur solaire, et c'est ce que nous avons étudié dans la conférence de ce jour.

La question posée dans son entier, et le problème nettement déterminé, nous avons vu sans trop de peine que la chaleur du soleil n'est pas entretenue, dans une large mesure, par la combustion ; car si le soleil était une masse de matière enflammée, c'est-à-dire s'il était simplement un grand foyer, il y a longtemps qu'il serait consumé. La cause principale de la conservation de la chaleur solaire ne saurait davantage être cherchée dans la chute de météorites sur le soleil. Il est, à la vérité, tout à fait probable que des météorites tombent sur le soleil ; il est absolument certain que lorsqu'elles tombent, elles doivent contribuer, dans une certaine mesure, à son approvisionnement de chaleur. Mais des considérations astronomiques semblent nous montrer clairement que la quantité de ces corps tombés sur le soleil, dans les temps historiques, ne suffit pas à compenser l'énorme perte de chaleur qui se produit actuellement.

Nous sommes arrivés alors à la théorie d'Helmholtz, savoir, que le soleil est en voie de condensation ; que la force condensatrice est la gravitation, qui tend à comprimer la masse vers un point central situé à son intérieur ; et que l'effet de la condensation est un développement de chaleur. Cette théorie, j'ai essayé de vous le faire voir, est entièrement en harmonie avec les principes de la science ; d'autre part, elle nous explique d'une manière suffisante l'origine de la chaleur solaire ; et si elle ne peut prétendre au titre de vérité établie, on peut fort bien l'accepter comme une hypothèse sérieuse et bien fondée.

LA LUMIÈRE ÉLECTRIQUE

DEUX CONFÉRENCES

1° COMMENT ON PRODUIT LE COURANT ÉLECTRIQUE

2° COMMENT LE COURANT ÉLECTRIQUE PRODUIT LA LUMIÈRE ÉLECTRIQUE

PREMIÈRE CONFÉRENCE

COMMENT ON PRODUIT LE COURANT ÉLECTRIQUE

Une installation de lumière électrique se compose essentiellement de deux parties, l'une dans laquelle un courant électrique est engendré, et l'autre dans laquelle l'énergie du courant est convertie en lumière. Pour l'éclairage par l'électricité, le courant électrique est maintenant produit presque partout au moyen d'une machine dynamo-électrique, ou, comme on dit plus familièrement, d'une dynamo ; et l'énergie du courant est convertie en lumière dans une lampe électrique d'une forme ou d'une autre. Je me propose, dans ma conférence de ce jour, de vous parler brièvement de la machine dynamo-électrique, retraçant son histoire depuis ses origines jusqu'au moment présent, où elle est arrivée à un haut degré de perfection. Dans ma seconde Conférence, je traiterai de la lampe électrique, et je vous expliquerai, autant que je le pourrai, la marche que l'on suit pour amener le courant à nous donner la lumière.

Découverte de Faraday. — Au mois de novembre 1831, Faraday lut, devant la Société Royale de Londres, un mémoire dans lequel il annonçait, pour la première fois, une découverte à jamais célèbre dans les annales de la science. Il montra que lorsqu'un circuit fermé, c'est-à-dire un conducteur dont les extrémités sont en communication électrique, est mû en présence d'un aimant, un courant d'électricité se développe dans le circuit, pendant qu'il est en mouvement. Il serait trop long de reproduire toutes les expériences par lesquelles cette découverte fut établie, mais je puis vous donner en quelques mots une idée générale de la nature de ces expériences.

J'ai ici, dans ma main gauche, un fil de cuivre formant une bobine, et recouvert d'un enduit isolant, de telle sorte qu'un courant électrique développé dans le fil de cuivre ne puisse sauter d'une spirale à l'autre, mais soit forcé de traverser une spirale dans toute sa longueur avant de passer à l'autre spirale. Dans ma main droite, je tiens une barreau aimanté ordinaire. Eh bien, ce que Faraday démontra est tout simplement ceci : que si les extrémités du fil de cuivre sont reliées ensemble, formant ce qu'on appelle un circuit fermé, un courant d'électricité se développera dans l'appareil, quand on l'amènera en présence d'un aimant.

Pour démontrer la présence de ce courant électrique, j'ai placé sur la table un galvanomètre extrêmement sensible, confectionné par M. Bourbouze, de Paris. Je n'ai pas besoin de vous dire qu'un galvanomètre est un instrument dont l'office est de révéler la présence d'un courant électrique, et d'indiquer en même temps la direction de ce courant. Celui que vous avez devant vous est muni d'un long index, que vous pouvez tous voir, je le pense, et qui se trouve maintenant au zéro de l'échelle; mais quand un courant d'électricité passera dans l'appareil, l'index sera dévié de sa position de repos, et s'inclinera vers la droite ou vers la gauche, selon la direction du courant.

Fig. 34.

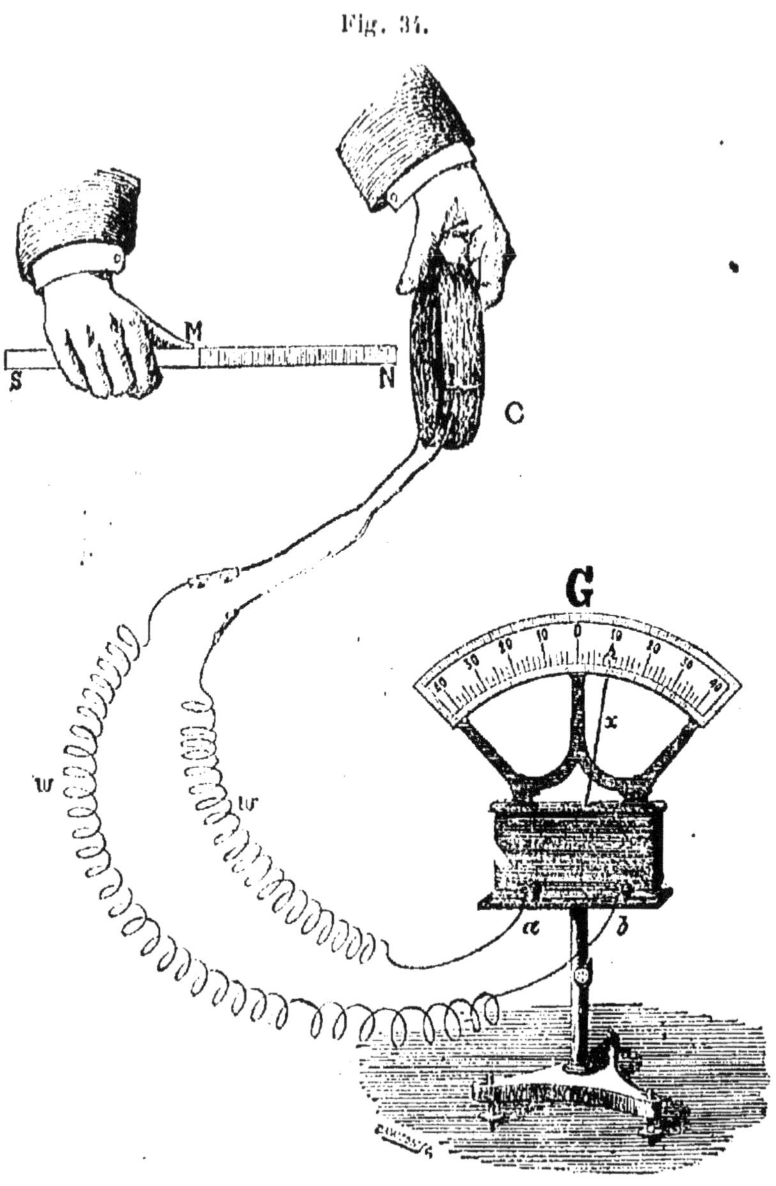

Courant d'électricité produit par le mouvement d'une bobine de fil métallique
en présence d'un aimant.

M Aimant.

C Bobine de fil métallique.

ww Fils qui transportent le courant.

G Galvanomètre très sensible.

ab Vis d'attache du galvanomètre.

x Index du galvanomètre.

Mon aide va maintenant attacher les extrémités des fils aux bornes ou vis d'attache du galvanomètre, au moyen de fils métalliques légers et flexibles. En le faisant, il établit en réalité un circuit fermé, dont la bobine forme une partie et le galvanomètre une autre ; et maintenant, si un courant électrique se développe dans la bobine, il sera obligé de passer par le galvanomètre, et sa présence se manifestera par la déviation de l'index.

Avec cet appareil, je puis reproduire en substance les expériences de Faraday, de manière à en rendre les résultats sensibles à tous ceux qui m'écoutent. J'approche la bobine vers le pôle nord de l'aimant, et l'index du galvanomètre s'incline à droite, montrant qu'un courant a passé. Mais remarquez que l'index, après avoir oscillé quelque temps, revient au zéro, où il demeure immobile; d'où nous pouvons conclure que lorsque la bobine et l'aimant sont tous les deux en repos, si rapprochés qu'ils puissent être l'un de l'autre, il ne se produit aucun courant. Maintenant, j'éloigne la bobine du pôle nord, et l'index dévie de nouveau ; mais cette fois il s'incline vers la gauche, montrant que le nouveau courant qui se développe marche dans une direction opposée à celle du premier.

Je répète ces expériences avec un pôle sud. Quand j'approche la bobine du pôle sud, l'index dévie vers la gauche ; quand je l'éloigne, l'index s'incline vers la droite. Nous apprenons ainsi que le courant produit par l'action du pôle sud suit toujours une direction opposée au courant produit par le pôle nord.

Poursuivant ces expériences, Faraday montra en outre que l'intensité du courant s'accroît beaucoup si la bobine de cuivre est enroulée autour d'une barre de fer doux. Il montra aussi que le courant développé est d'autant plus fort que l'aimant est plus puissant, et le mouvement plus rapide.

Il fit voir enfin que le courant se produit également dans tous les cas, soit que l'aimant demeure en repos et que la bobine soit mise en mouvement, comme c'était le cas dans nos expériences, soit au contraire que la bobine demeure en repos et que l'aimant soit mû. Tels sont les faits principaux que Faraday établit au moyen d'expériences réalisées à la *Royal Institution* de Londres, il y a juste 57 ans ; et l'on peut dire que c'est sur la base de ces faits que l'on a construit toutes les machines dynamoélectriques qui travaillent actuellement dans le monde.

Faraday avait pleine conscience de l'importance de sa découverte ; et il la regardait comme susceptible d'une foule d'applications pratiques. Mais il laissa à d'autres le soin de rechercher ces applications ; et, après avoir offert au monde sa découverte, avec toute sa puissance de développements futurs, comme un héritage immortel, il tourna son attention vers de nouveaux champs de recherches, dans l'espoir de découvrir de nouvelles vérités, et de reculer encore les limites de la connaissance humaine.

Premières machines fondées sur la découverte de Faraday. — La première application pratique de la découverte de Faraday à la construction d'une machine destinée à développer un courant électrique fut réalisée en 1832 par Pixii, constructeur d'instruments de physique à Paris. Vous comprenez sans peine la disposition de cette machine au moyen du diagramme que voici. Deux bobines de fil métallique, B, B, ayant chacune à son centre un noyau de fer doux, sont montées dans une position fixe sur le bâtis solide A. Immédiatement au-dessous des bobines se trouve un aimant en fer à cheval M, ajusté de telle sorte qu'on puisse le faire tourner rapidement au moyen de la roue et du pignon P. Pendant que l'aimant est en rotation, ses pôles passent

alternativement en face de chaque bobine et tout près
d'elle ; des courants électriques sont ainsi engendrés
dans les bobines, et ces courants sont transportés par les
fils métalliques *aa* aux ressorts *bb*, d'où ils passent au
commutateur C.

Fig. 35.

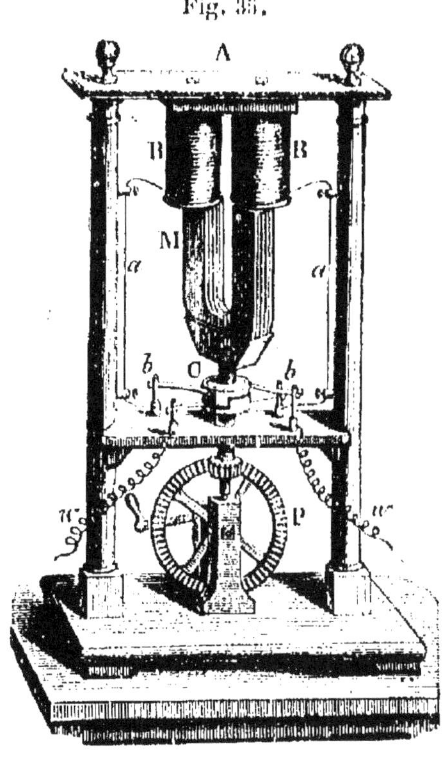

Machine de Pixii, 1832.

BB Bobines de fils métalliques.
M Aimant en fer à cheval.
P Roue et pignon pour faire mouvoir
l'aimant.

aa Fils métalliques pour transporter les
courants des bobines aux pièces de
contact *bb*.
C Commutateur pour recueillir les courants et les transmettre aux fils *ww*.

Du commutateur les courants sont transmis aux fils *ww*,
par lesquels ils peuvent être transportés à un circuit extérieur quelconque, pour l'usage pratique.

On ne tarda pas cependant à découvrir qu'il valait
mieux faire tourner les bobines de cuivre devant les pôles

de l'aimant, que de faire tourner l'aimant devant les bobines. Cette modification fut introduite d'abord par Saxton, en 1833, et adoptée ensuite par Clarke, dont la

Fig. 36.

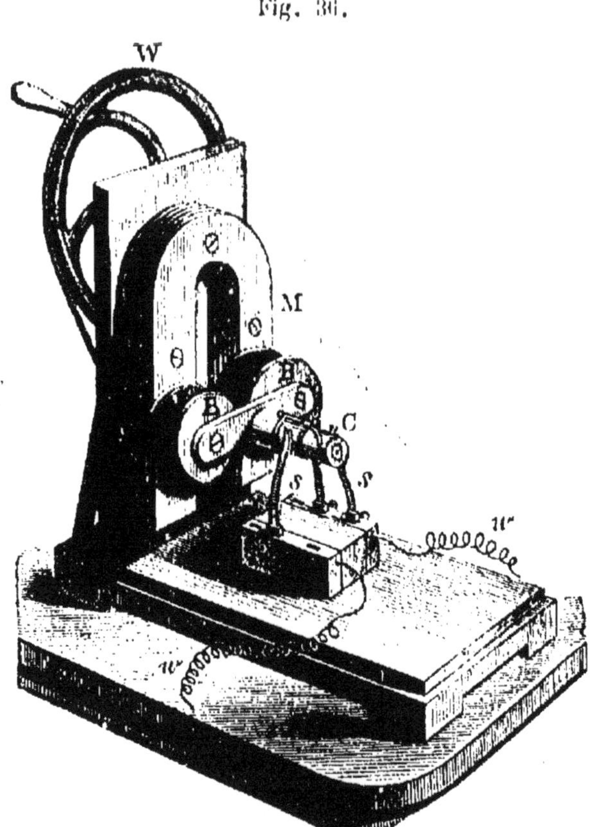

Machine de Clarke, 1836.

M Aimant en fer à cheval.
BB Bobines de fils de cuivre.
W Roue pour actionner les bobines.

C Commutateur.
ss Ressorts pour transporter les courants du commutateur au circuit extérieur, à travers les fils de cuivre ww.

machine, qui fit sa première apparition en 1836, a survécu sous une forme ou sous une autre, jusqu'à nos jours. Le diagramme que vous voyez sur le mur représente une machine de Clarke, sous une de ses premières formes ; M est l'aimant en fer à cheval ; BB sont les bobines de fil métallique, et W est la roue au moyen de laquelle les bobines sont mises en rotation devant les pôles de l'aimant. Les courants électriques développés dans les bobines passent dans le commutateur C, fixé sur l'axe de rotation ; et du commutateur ils sont transportés par les ressorts *ss*, qui exercent une pression contre le commutateur pendant qu'il tourne, aux fils métalliques *ww*, le long desquels ils passent dans le circuit extérieur.

La machine de Clarke a été trouvée très commode en médecine, et les médecins l'emploient généralement, même de nos jours, sous une grande variété de formes. Le spécimen que voici sur cette table, confectionné par Gaiffe, de Paris, est un des plus récents ; il est fixé solidement dans une boîte rectangulaire, ce qui le rend portatif ; et il est pourvu de tout ce qu'il faut pour que les courants développés puissent être transportés aux diverses parties du corps humain.

Je devrais vous dire que, dans toutes ces machines, les courants électriques développés dans les bobines suivent une direction pendant chaque demi-révolution, et la direction opposée dans la demi-révolution suivante. Vous vous souviendrez que, en répétant les expériences de Faraday, il y a quelques instants, je vous ai montré que lorsqu'une bobine arrive dans le voisinage d'un pôle magnétique, le courant suit une direction, et que lorsque la bobine s'éloigne du pôle, le courant suit la direction opposée. Je vous ai montré aussi que les courants développés par le mouvement vers un pôle nord sont toujours opposés aux courants développés par le mouvement vers un pôle sud.

C'est en conséquence de ces lois que, dans les machines que nous avons devant nous, les courants engendrés dans chaque demi-révolution des bobines suivent des directions opposées. De là, si nous relions directement les extrémités du fil venant des bobines à un circuit extérieur, les

courants suivront alternativement des directions opposées
dans le circuit. Mais on a imaginé un appareil ingénieux,
appelé commutateur, au moyen duquel les courants, bien
qu'ils suivent alternativement des directions opposées
dans les bobines, sont tous envoyés dans la même direction dans le circuit extérieur.

Il est inutile que j'entre dans les détails mécaniques
du commutateur. Qu'il vous suffise de savoir qu'il y a
deux types de machines électriques. Dans les unes, les
courants qui passent dans le circuit extérieur suivent
alternativement des directions opposées ; dans les autres,
où le commutateur est en usage, les courants du circuit
extérieur suivent toujours la même direction. Les premières sont appelées machines à courant alternatif ; les
autres sont appelées machines à courant continu. Les
deux types sont d'un usage général ; et tous les deux, je
puis le dire par anticipation, sont usités en ce moment
pour la production de la lumière électrique.

Armature de Siemens. — Il y a, dans le progrès
scientifique, des périodes d'activité et des périodes de
repos. L'apparition de la machine de Clarke, en 1836, fut
suivie d'une longue période de repos ; car aucun perfectionnement ne fut réalisé depuis cette date jusqu'à 1859,
époque où le docteur Werner Siemens, de Berlin, inventa
une nouvelle manière d'enrouler la bobine de fils métalliques, ou l'armature, comme on dit. Vous aurez remarqué
que, dans les machines que j'ai décrites, une seule face
de chaque bobine s'approche des pôles de l'aimant ; l'autre
face est toujours éloignée, et, par suite, l'influence de
l'aimant sur elle doit être comparativement faible.

Siemens eut l'idée de construire sa bobine de telle sorte
que chacune de ses faces pût approcher des pôles magnétiques, et que l'effet inductif de l'aimant devînt ainsi
beaucoup plus puissant.

Voici une de ses bobines, sous la forme qu'elles reçurent d'abord ; et voici la machine dans laquelle elle travaille (1). Pour préparer la bobine, on prend une barre cylindrique de fer doux, et l'on fait, sur ses deux côtés, et dans toute sa longueur, une entaille large et profonde. Le fil de cuivre isolé est alors enroulé dans cette entaille comme du fil sur une navette. Dans la machine, un certain nombre d'aimants en fer à cheval sont montés sur un support, tous les pôles nord se trouvant d'un côté, et tous les pôles sud de l'autre. Ces pôles sont façonnés de manière à ce que l'armature cylindrique puisse s'ajuster entre eux, avec tout juste assez d'espace pour tourner librement. Quand l'armature est mise en rotation, chaque côté de la bobine se présente alternativement, d'abord en face d'une ligne de pôles, puis en face de l'autre, et l'action inductive a lieu dans les conditions les plus favorables.

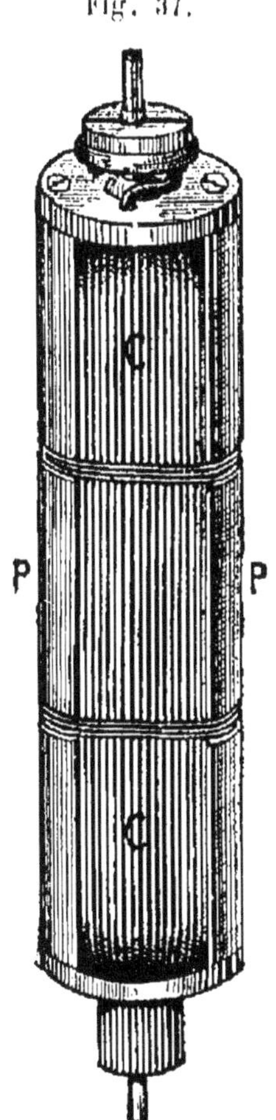

Fig. 37.

Armature de Siemens.
1857.

Premières machines pour la production de la lumière électrique. — Peu de temps après l'introduction de l'armature de Siemens, des praticiens commencèrent à penser que la puissance de ces machines pouvait être augmentée presque indéfiniment. Il n'y avait, conformément aux principes établis par Faraday, qu'à se procurer de plus grands aimants et en plus grand nombre, à

(1) Pour la machine de Siemens, voir la figure de la page 204.

enrouler plus de fil métallique sur l'armature, et à mouvoir celle-ci avec une vitesse plus grande : alors on pourrait développer un courant électrique surpassant de beaucoup tous ceux qu'on avait obtenus jusqu'alors avec les piles.

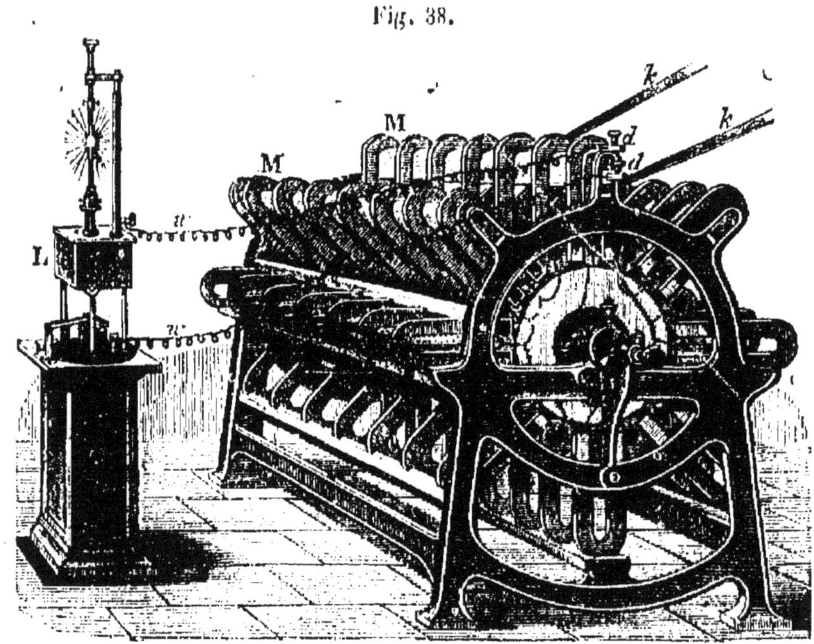

Fig. 38.

Machine de la Compagnie de l'Alliance, 1863.

MM Aimants permanents en fer à cheval.   rr Fils métalliques pour transporter le
kk Courroie pour mouvoir l'armature.   courant de la machine à la lampe L.

On ajoutait aussi qu'on pourrait se servir avec beaucoup d'avantage de ces courants pour la production de la lumière électrique pour l'illumination des phares.

Cette idée fut accueillie à peu près en même temps en Angleterre et en France ; et l'on ne tarda pas à l'appliquer dans les deux pays. Une machine extrêmement puissante, construite par la Compagnie de l'Alliance, en France, et mise en action par une machine à vapeur, fut installée au phare du cap de La Hève, près du Havre, vers l'année 1863 et l'on s'en est servi depuis ce temps pour la production de la lumière électrique. La construction de la machine de l'Alliance se comprend sans peine au moyen du diagramme que voici devant vous. Vous voyez ici huit rangées d'aimants MM, montés sur un support massif, avec sept aimants dans chaque rangée, ou cinquante-six aimants en tout. Entre les pôles de ces aimants une grande armature de Siemens est mise en mouvement par la courroie *hh* ; les courants sont reçus aux bornes *dd*, et transportés par les fils métalliques *ww* à la lampe L.

Une machine absolument semblable à celle-ci fut construite en Angleterre par Holmes, qui avait été précédemment au service de la Compagnie de l'Alliance, et fut montée le 6 juin 1862, au phare de South Foreland, où elle a fonctionné avec beaucoup de succès pendant plusieurs années. Cette machine, au South Foreland, est particulièrement intéressante, parce qu'elle fut installée sous la direction de Faraday lui-même, qui était alors conseiller scientifique à Trinity-House, et qui eut ainsi la satisfaction de voir, trente ans après sa découverte, ce fruit de son génie arrivé à la maturité, et entrant dans une carrière d'applications pratiques où il demeurera aussi longtemps que le monde lui-même.

Première machine avec électro-aimant. — Mais, ces machines, bien qu'elles aient réussi dans leur temps, étaient énormes et encombrantes ; et à peine les eut-on vues à l'œuvre qu'on pensa tout de suite pouvoir réaliser une grande économie, tant pour les dimensions que pour le poids, par l'emploi d'électro-aimants, au lieu de barreaux d'acier aimantés permanents. Un électro-aimant, comme vous le savez sans doute, consiste en une barre ou plaque de fer, très doux, autour de laquelle est enroulé un fil métallique isolé.

En voici un, qui a la forme de fer à cheval, et qui est suspendu à ce support à trois pieds. Il ne donne aucun

signe sensible d'aimantation lorsque je lui présente un
plateau couvert de clous de fer. Mais au moment où
j'amène un courant électrique à passer dans les fils des
bobines, vous voyez que les clous sont attirés soudainement, et tenus en suspension dans l'air, le pouvoir magnétique passant à travers la masse, de sorte qu'ils se
tiennent en grappes autour des pôles de l'aimant. Si maintenant j'interromps le courant, le magnétisme de la barre
de fer doux disparaît tout aussi rapidement qu'il était
apparu, et les clous retombent en un monceau par terre.

Ce que vous avez surtout à remarquer dans cette expérience, c'est, d'abord, qu'un électro-aimant est beaucoup
plus puissant qu'une barre d'acier à aimantation permanente d'un poids égal; et secondement, qu'il peut acquérir
sa puissance magnétique en un instant et la perdre de
même. Mais je vous prierai aussi de remarquer un point
sans importance à première vue, et qui a pourtant une
application singulièrement intéressante, comme vous le
verrez bientôt, dans la machine dynamo-électrique.

Remarquez que, bien que la plus grande partie des
clous soient tombés des pôles de l'électro-aimant, il y en
a un ou deux des plus petits qui y adhèrent encore faiblement. Pour vous faire bien voir qu'il ne s'agit pas ici
d'un simple hasard, je répète plusieurs fois l'expérience;
chaque fois, lorsque le courant est interrompu, deux ou
trois petits clous restent fixés aux pôles de l'aimant. De
là nous pouvons conclure que, si la barre de fer perd son
aimantation lorsque le courant cesse de passer, elle ne
la perd pas entièrement; il en reste encore quelques
faibles traces. C'est ce qu'on appelle le magnétisme *rémanent*, et je vous prie maintenant d'en prendre note, parce
que vous verrez un peu plus loin quel rôle important ce magnétisme rémanent est appelé à jouer dans nos machines.

L'idée de se servir d'un électro-aimant dans la construction d'une dynamo fut appliquée pour la première

fois par Wilde, de Manchester, en 1867. Le dessin que voici vous montrera tout de suite que la machine de Wilde se composait de deux parties. La partie supérieure est tout simplement une machine de Siemens, telle que je vous l'ai décrite. Voici une rangée d'aimants permanents en fer à cheval, M, avec deux masses oblongues de fer doux comme pôles. Entre ces pôles, une armature de Siemens, dont on voit une extrémité en r, est mise en rotation par la courroie bb.

Le courant électrique engendré dans l'armature n'est pas envoyé au circuit extérieur ; il est transporté des bornes pq autour des bobines d'un grand électro-aimant DD, qui lui donne un pouvoir magnétique bien supérieur à celui des aimants permanents situés au-dessus. Entre les pôles de cet électro-aimant, une seconde armature de Siemens, beaucoup plus grande que la première, et dont on voit une extrémité en F, est mise en rotation par la courroie hh, actionnée elle-même par une machine à vapeur, que l'on ne voit pas dans la figure ; et il se développe un courant électrique d'une grande puissance, qui passe au circuit extérieur par le moyen des fils ww. Cette machine fut d'abord présentée à la Société Royale de Londres, en mars 1867, puis à l'Exposition de Paris, dans l'été de la même année, où elle attira l'attention générale.

Découverte d'un nouveau principe. — Mais la machine de Wilde était à peine terminée qu'elle fut distancée par une nouvelle découverte, faite vers la même époque par le docteur Werner Siemens, de Berlin, et par le professeur Wheatstone, de Londres. Le résultat pratique de cette découverte fut de montrer que la partie supérieure de la machine de Wilde n'était pas nécessaire, d'autant que le courant requis pour l'excitation de l'électro-aimant peut être obtenu par l'action de l'électro-aimant lui-même. A première vue, cette assertion ressemble à un paradoxe : il s'agit en effet de produire le courant au moyen de l'électro-aimant, et de produire l'électro-aimant au moyen du courant ainsi engendré. Mais l'explication

Fig. 39.

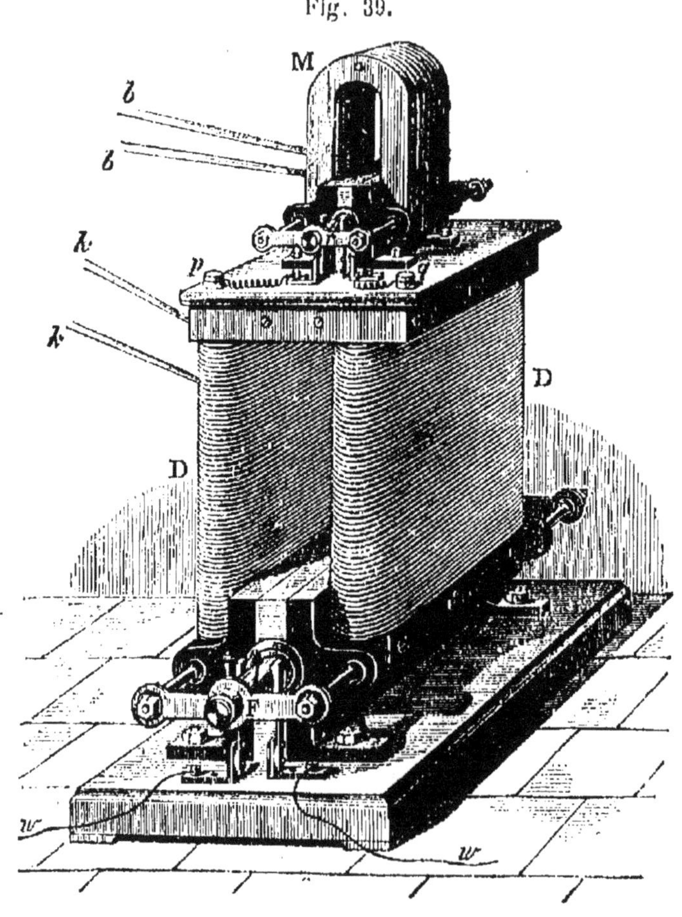

Machine de Wilde, 1867.

M Rangée d'aimants permanents.
bb Courroie pour faire mouvoir l'arma-
    ture de la petite machine.
DD Grand électro-aimant.

kk Courroie pour faire mouvoir l'arma-
    ture de la grande machine.
ww Fils métalliques pour transporter le
    courant au circuit extérieur.

se trouve dans le phénomène du magnétisme rémanent, sur lequel j'ai appelé votre attention il y a peu de temps.

Un électro-aimant, une fois excité, conserve, pendant un temps considérable, quelques faibles traces d'aimantation. Si donc nous supposons qu'on supprime la partie supérieure de la machine de Wilde, et que l'on mette en rotation l'armature inférieure, celle-ci tournera, en fait, entre les pôles d'un faible électro-aimant, et par suite un faible courant électrique se développera dans les fils de l'armature. Maintenant, ce courant peut être transporté dans les bobines de l'électro-aimant, de manière à augmenter son pouvoir magnétique, et, par suite, à augmenter aussi la force du courant développé dans l'armature. La même disposition amènera ce courant plus fort autour de l'électro-aimant, augmentant encore son pouvoir magnétique, et augmentant en même temps la force du courant développé. L'opération peut continuer; le pouvoir de l'aimant et la force du courant s'accroissant avec rapidité, jusqu'à ce que l'on soit parvenu à un certain maximum, où le courant peut maintenir l'aimant à un degré très élevé d'intensité magnétique, et effectuer aussi un travail dans le circuit extérieur.

Ce principe, qui devait amener une révolution dans la construction des machines dynamo-électriques, fut exposé à l'Académie des Sciences de Berlin, par le docteur Werner Siemens, au mois de janvier 1867, et en février suivant, le professeur Wheatstone, qui l'avait trouvé de son côté, le communiqua à la Société Royale de Londres. Il ne tarda pas à recevoir une application pratique dans une machine construite par M. Ladd, de Londres, qui parut à l'Exposition de Paris la même année.

Mais la machine de Ladd, bien qu'elle attirât fortement l'attention, à cause du nouveau principe sur lequel elle reposait, ne passa guère dans l'usage pratique. Elle fut suivie, néanmoins, à un court intervalle, de deux machines fondées sur le même principe, et que l'on peut dire avoir fait époque dans l'histoire de notre question; je veux dire la machine de Gramme, qui parut en 1871, et celle de Siemens, qui parut en 1873.

Il est bon de nous arrêter quelque peu sur la construction de ces machines ; car elles fournissent les types qui ont servi depuis lors à presque toutes les formes variées de machines dynamos. Elles diffèrent l'une de l'autre principalement par la manière dont le fil de cuivre isolé s'enroule sur l'armature, ou bobine tournante ; Gramme ayant inventé une nouvelle forme d'armature et une nouvelle manière d'enrouler le fil de cuivre, tandis que Siemens modifia l'armature qu'il avait précédemment inventée, et dont je vous ai expliqué la construction.

La machine de Gramme. — Je pense réussir à vous donner une idée bien claire du principe de la machine de Gramme, en vous montrant tout d'abord non pas la machine elle-même, mais un squelette idéal, qui en représente toutes les parties essentielles, sous leur forme la plus simple. Dans le dessin que vous avez devant vous, AB est un anneau de fer doux, autour duquel s'enroule un fil métallique isolé, dont les extrémités sont reliées de manière à former un circuit continu. Cet anneau peut être mis en rotation sur son axe entre les pôles N et S d'un électro-aimant. Je vous expliquerai bientôt comment le magnétisme de l'électro-aimant est établi et maintenu ; pour le moment, je dirai seulement que N et S sont les deux pôles magnétiques nord et sud.

Maintenant, supposons que l'anneau tourne dans la direction de la flèche p. On peut montrer, conformément aux principes établis par Faraday, que pendant que chaque spirale du fil métallique se meut de X en N, un courant électrique se développe, marchant dans la direction indiquée par les flèches ; et que, pendant que chaque spirale se meut de N en Y, un courant électrique se développe aussi dans la même direction. Ainsi, tandis que l'anneau tourne comme nous avons dit, une force se développe qui tend à faire passer un courant électrique dans cette moitié

de l'anneau qui se trouve en ce moment à votre gauche,
de X en Y. De même on peut montrer qu'une force est
développée dans cette moitié de l'anneau qui se trouve à
présent à votre droite, et ce courant aussi va de X en Y.

Fig. 40.

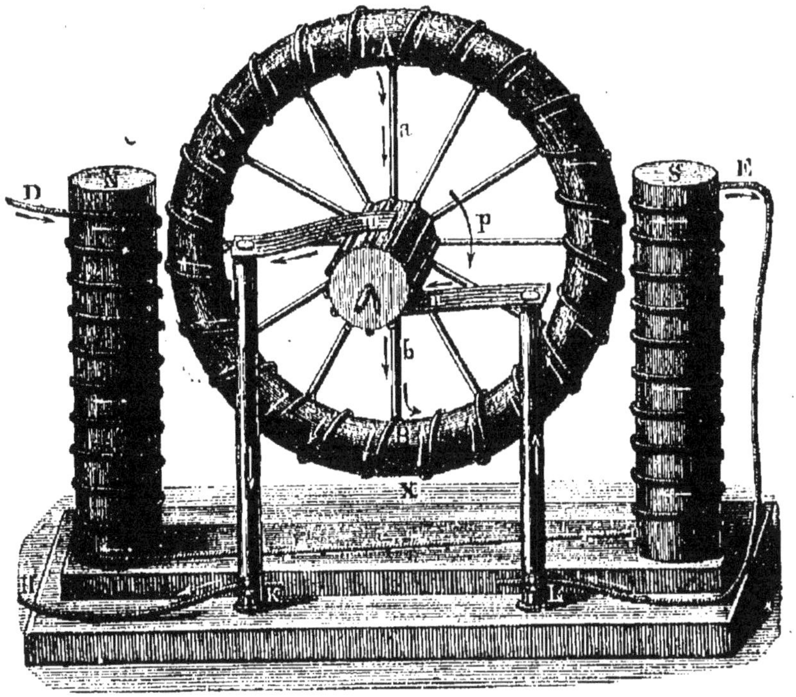

Figure schématique de la machine de Gramme.

AB Anneau de fer doux.
NS Pôles de l'électro-aimant.
mm Lames de cuivre pour recevoir le
courant.

La flèche *p* montre la direction de la
rotation.
Les autres flèches indiquent la direction
des courants.

On a coutume de concevoir l'action de ces deux forces
comme déterminant, des deux côtés de l'anneau, une élévation graduelle de ce que l'on appelle *potentiel* entre la
spirale qui, à tout moment, franchit le point X, et la spirale
qui franchit en même temps le point Y. Une différence de
potentiel se maintient de la sorte entre la spirale qui se

trouve en X et celle qui se trouve en Y; la première
étant toujours au potentiel le plus bas, et l'autre au potentiel le plus élevé de toute la bobine. Or, une différence
de potentiel est, pour l'électricité, comme une différence
de niveau pour l'eau. L'eau tend toujours à passer d'un
niveau plus élevé à un niveau plus bas, et, lorsqu'elle
coule, elle peut effectuer du travail; de même l'électricité
tend toujours à passer d'un point de potentiel plus élevé à
un point de potentiel plus bas; et pendant ce passage elle
peut effectuer du travail. Si donc un conducteur électrique
est introduit entre la spirale qui, pour le moment, est en
train de franchir Y, et la spirale qui franchit en même
temps X, un courant électrique passera dans ce conducteur, et l'on pourra alors lui faire effectuer du travail.

Mais comment introduire un tel conducteur, les spirales
étant toutes en mouvement, et toutes recouvertes d'une
matière isolante? La réponse à cette question nous amène
à l'une des dispositions les plus ingénieuses de la machine
de Gramme. Vous remarquerez que le fil qui recouvre
l'anneau est partagé en sections ou bobines distinctes,
dont chacune communique à l'axe de l'anneau au moyen
d'une pièce rayonnante composée d'une matière bonne
conductrice, et qui relie le fil métallique à une plaque de
cuivre étroite, placée sur la circonférence de l'axe. Ainsi,
chacune de ces petites plaques de cuivre se trouve à tout
moment dans le même état électrique que la bobine correspondante de l'anneau.

Regardez maintenant les deux piliers de cuivre devant
l'anneau de fer doux. A chacun d'eux est attaché un ressort de cuivre. Celui qui se trouve au-dessus et qu'indique
la lettre m, exerce une légère pression sur la plaque de
cuivre, qui est reliée au moyen de la pièce rayonnante a,
à la bobine qui franchit alors le point Y; et de même le
ressort n et la borne L sont toujours au potentiel le plus
faible le long de la spirale en X. Si donc nous relions K

et L au moyen d'un fil métallique, le courant passera dans ce fil et nous pourrons nous en servir pour produire la lumière électrique ou pour effectuer toute autre sorte de travail.

Revenons maintenant à l'électro-aimant. J'ai pris jusqu'ici pour accordé qu'il possède un pouvoir magnétique, pendant toute la marche que j'ai décrite ; il me reste à vous montrer comment ce pouvoir magnétique lui est donné. D'abord, comme je l'ai déjà expliqué, l'électro-aimant a un résidu de magnétisme, qui, bien que très faible, produit néanmoins son effet et développe un faible courant électrique dans l'anneau en mouvement. Ce courant est amené dans le circuit extérieur par le fil métallique H, et, en retournant en D, il passe dans l'aimant, de manière à rendre le pôle nord N et le pôle sud S plus puissants qu'ils ne l'étaient auparavant. L'aimantation plus puissante développe un courant plus fort, et ce courant plus fort, amené dans les fils métalliques de l'anneau, augmente encore la force de l'aimant ; de sorte que la force de chacun s'accroît alternativement, jusqu'à ce que, en moins de temps qu'il n'en faut pour le dire, le régime régulier de la machine soit atteint.

Détails de construction. — Tel est le principe général de la machine de Gramme, dans sa conception la plus simple. Dans la machine elle-même, comme on le comprendra maintenant sans difficulté, les éléments essentiels sont : d'abord, l'électro-aimant ; secondement, l'anneau recouvert de fil ; troisièmement, les plaques de cuivre étroites placées de côté dans l'axe de l'anneau, qui, prises ensemble, reçoivent le nom de collecteur ; et quatrièmement, les ressorts de cuivre qui transportent le courant du collecteur aux bornes.

L'électro-aimant se compose de deux barres massives de fer doux, avec des pôles arqués de manière à enclore partiellement l'armature entre eux. Le fil métallique que l'on enroule sur l'électro-aimant varie indéfiniment en longueur et en épaisseur, suivant le but que l'on se propose. Dans l'armature, le noyau de fer doux n'est pas d'ordinaire en fer massif, comme dans le squelette idéal, mais en fil de fer léger, enroulé en forme d'anneau solide. Sur cet anneau solide on enroule alors un fil de cuivre isolé, divisé en un grand nombre de sections ; une des extrémités de chaque section est reliée à une plaque du collecteur, et l'autre extrémité à la plaque suivante. Par cette disposition, pendant que chaque section passe au point du potentiel le plus élevé, c'est-à-dire au point Y du squelette idéal, la plaque correspondante du commutateur sera au potentiel le plus haut ; et, de même manière, pendant que chaque section passe au point du potentiel le plus bas, la plaque correspondante du commutateur sera au potentiel le moins élevé.

Vous comprendrez mieux la construction de l'armature au moyen du dessin que voici, qui représente un anneau de Gramme dans lequel on a pratiqué des sections verticales, et qui est en partie ouvert. En A et en B l'on voit les sections verticales du fil de fer formant l'anneau ; *ss* et *cc* sont les divisions, ou comme on dit les *sections*, du fil de cuivre isolé, qui s'enroule autour de l'anneau ; RR figurent les plaques du collecteur, séparées l'une de l'autre par de légères couches de matière isolante, que vous pouvez voir en H. On remarquera que la partie inférieure de la figure montre les sections du fil séparées les unes des autres, les extrémités du fil métallique de chaque section demeurant libres ; mais, dans la partie supérieure, les sections sont vues telles qu'elles existent réellement dans l'anneau, très rapprochées les unes des autres, et reliées par les extrémités du fil métallique aux plaques du collecteur.

Les ressorts de cuivre, figurés par *m* et *n* dans notre

squelette idéal, se nomment maintenant les *balais*, et consistent, dans les machines de petites dimensions, en un faisceau de fils métalliques ; mais dans les grandes machines, elles se composent généralement de légères plaques de cuivre. Elles sont disposées de telle sorte que l'une exerce toujours une pression légère sur la partie du collecteur qui se trouve, au moment considéré, au point du plus haut potentiel, et l'autre sur la partie qui se trouve, au même moment, au point du potentiel le plus

Fig. 11.

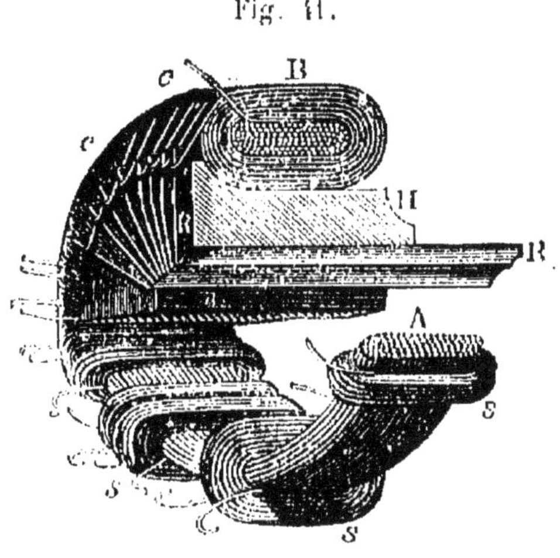

Construction de l'armature.

AB Section verticale de l'anneau montrant le fil métallique et le noyau de fer à l'intérieur.

ss, cc, Sections du fil.

RR Plaques du collecteur.

II Couche de matière isolante.

bas. De la sorte, le courant électrique engendré dans l'armature tend toujours à passer d'un balai à l'autre, à travers tout conducteur qui peut lui offrir un passage ; et le conducteur est disposé de manière à transporter le courant à travers le fil de l'électro-aimant, où il maintient l'aimantation du fer doux, et à travers le circuit extérieur, où il effectue du travail.

Dans la machine qui est sur cette table, vous reconnaîtrez sans peine tous les éléments que j'ai décrits, assem-

blés dans une structure compacte et solide. C'est une des
formes primitives, pas la première cependant, de la machine de Gramme, et elle a rendu de bons services à son
heure; on l'appelle type d'atelier. Ces deux barres mas-

Fig. 42.

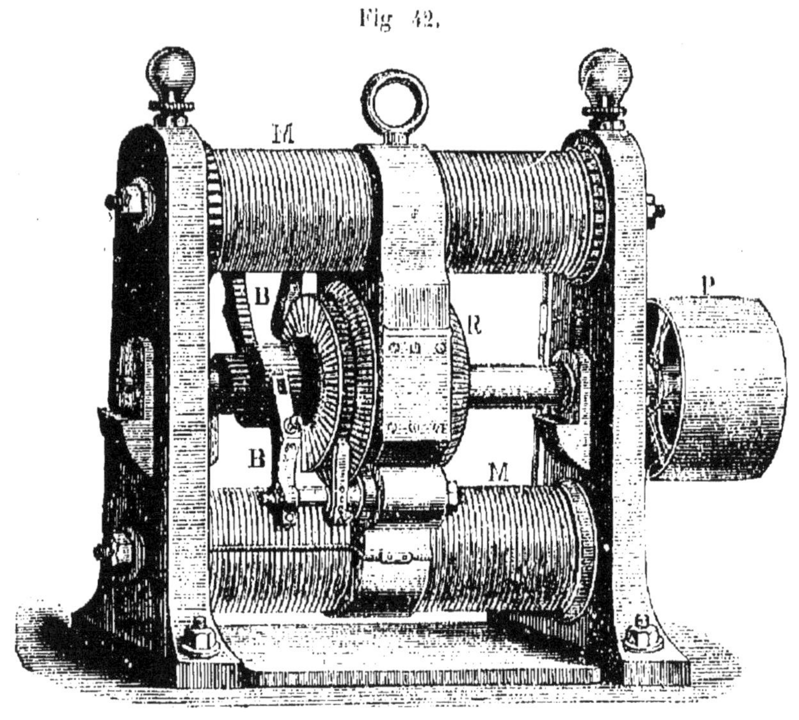

Machine de Gramme, type d'atelier, 1873.

MM Électro-aimants.   BB Balais pour recevoir le courant.
R Anneau-armature.   P Poulie pour mouvoir l'armature.

sives horizontales, l'une en haut et l'autre en bas, sont
les électro-aimants. Les fils métalliques des aimants
sont enroulés de telle sorte que les pôles se trouvent au
centre; et vous pouvez voir les grandes pièces des pôles,
l'une en haut et l'autre en bas, arquées comme je l'ai dit,
et enfermant une grande partie de l'anneau-armature,
qui n'a que tout juste assez d'espace pour tourner entre
elles. L'armature elle-même est en partie cachée à vos
regards; mais il en reste assez à découvert pour qu'elle

devienne bien visible, pendant que je la fais tourner lentement entre les pôles de l'aimant. Sur l'axe de l'armature vous pouvez voir aussi les bandes étroites des plaques du collecteur, qui sont ici au nombre de six. Enfin, voici les balais, exerçant une légère pression sur les côtés opposés du collecteur, qui font passer le courant dans le circuit extérieur et permettent de l'utiliser.

Cette machine de Gramme s'associe d'une manière curieuse à la mémoire de Napoléon Ier. Le 10 novembre 1801, ou, comme on disait alors, le 19 Brumaire an X, le célèbre Volta lut une communication à l'Institut de France. Le sujet de son mémoire était la pile bien connue qu'il venait d'inventer, et que l'on a nommée, depuis, la pile voltaïque. Le premier consul assistait à la réunion. Vivement frappé des perspectives que le mémoire paraissait ouvrir, il offrit aux savants de tous les pays un prix de 60,000 francs, qui devait s'appeler le prix Volta, pour les meilleures applications pratiques du pouvoir de l'électricité.

Ce prix fut renouvelé par Napoléon III, qui l'adjugea trois fois, en le réduisant toutefois à la somme de 50,000 francs. Il fut accordé de nouveau sous la République, en 1871, presque immédiatement après la fin de la guerre franco-allemande. Le dernier concours fut ouvert en juillet 1882, et fermé en juillet 1887; et dans cette occasion le prix fut adjugé à Zénobie-Théophile Gramme, pour l'invention de ses machines dynamo-électriques.

Il est intéressant de savoir qu'en 1862, M. Gramme travaillait encore comme simple charpentier dans l'atelier de M. Rumkorff, constructeur bien connu d'instruments de physique à Paris. Il n'avait aucune éducation scientifique; mais ayant été employé à finir les pièces de bois de quelques machines électriques, il fut fasciné par le pouvoir mystérieux avec lequel il se trouvait en contact, et, par la seule force de son génie naturel et de son indomptable persévérance, il parvint à construire une machine qui marque une date nouvelle dans l'histoire des arts industriels (1).

Je ne fatiguerai pas votre attention en vous donnant d'autres détails de construction. La machine inventée par Siemens de Berlin ne diffère de la machine de Gramme que par le mode d'enroulement de l'armature ; et la grande majorité des machines que l'on construit maintenant sont faites, en grande partie, sur l'un ou l'autre de ces deux types. Malgré les modifications et les perfectionnements sans nombre apportés dans les cinquante dernières années, les mêmes éléments essentiels sont communs à toutes les machines. Il y a toujours une armature, ou bobine tournante en fil métallique ; des électro-aimants massifs ; un collecteur, avec ses nombreuses plaques de cuivre, placées en côté sur l'axe de l'armature tournante ; et enfin des balais qui reçoivent le courant de l'armature, et l'envoient dans le fil de l'électro-aimant et dans le circuit extérieur.

La dynamo ne crée pas d'énergie. — Avant d'en finir avec cette partie de mon sujet, je voudrais vous rappeler que la dynamo ne crée pas l'énergie électrique qu'elle fournit. C'est une loi de la nature que la somme totale de l'énergie, dans l'univers matériel, demeure toujours constante ; elle ne subit ni diminution ni accroissement. Elle est donnée à l'homme pour qu'il s'en serve à son gré ; mais, en s'en servant, il ne peut que la faire changer de forme ; il ne saurait ni en augmenter la somme totale ni en détruire une partie quelconque. Il nous est impossible, par conséquent, d'obtenir de notre dynamo un courant d'énergie électrique si nous ne dépensons

(1) Cf. *The Electrician*, 27 juillet 1888, p. 364 ; et 24 août 1888, pp. 406, 497.

quelque autre espèce d'énergie pour la produire ; et l'énergie ainsi dépensée doit toujours être proportionnelle à l'énergie électrique que nous voulons produire.

Je veux essayer de vous faire comprendre cette importante vérité au moyen d'une expérience. Voici un spécimen de bonnes dimensions d'une des formes primitives de la machine de Siemens. C'est une machine à aimants permanents, telle que je l'ai déjà décrite. Elle est faite pour être actionnée par la main, l'armature étant mise en rotation au moyen de cette roue. Les *bornes* de la machine sont reliées au moyen de fils métalliques légers et flexibles au commutateur qui se trouve sur cette table ; et, en tournant la poignée du commutateur, je puis faire entrer cette spirale de platine dans le circuit, ou interrompre le circuit, à mon gré. Quand le circuit est inter-. rompu, il ne se produit aucun courant, si rapide que soit la rotation de la bobine ; mais quand le circuit est fermé, un courant se développe immédiatement dans la bobine en rotation, et passe à travers la spirale de platine.

Voici maintenant ce que je veux vous faire remarquer. Lorsque le circuit est interrompu, et qu'il ne se produit aucun courant, il est très facile de faire mouvoir la bobine ; il n'y a qu'à imprimer une certaine vitesse de rotation à une masse de matière relativement petite, et à surmonter le frottement de la machine. Mais quand le circuit est fermé, et que la bobine ne peut plus continuer de tourner sans produire un courant électrique, alors il faut une somme de travail beaucoup plus considérable pour la mouvoir. Voilà le fait que vous avez à observer ; et, en présence de ce fait, vous admettrez promptement cette conclusion que le travail additionnel effectué, lorsque le circuit est fermé, est l'équivalent mécanique de l'énergie électrique engendrée.

Mon aide va maintenant tourner la roue. En ce moment le circuit est interrompu, et vous voyez avec quelle facilité il fait mouvoir rapidement la bobine. Je tourne la poignée du commutateur; le circuit est fermé. C'est comme si l'on avait mis un frein; chacun peut voir que mon préparateur fait beaucoup plus d'efforts pour continuer de mouvoir la bobine; et, en même temps, la spirale de platine commence à projeter une vive lumière rouge, ce qui montre qu'un courant est en train de passer. Je renverse

Fig. 43.

Dépense d'énergie dans la production d'un courant électrique.

A Forme primitive de la machine de
   Siemens.
⁓ Fils métalliques qui transportent le
   courant électrique.

C Commutateur pour fermer ou interrompre le circuit.
P Spirale de platine.

le mouvement de la poignée; mon aide éprouve un soulagement immédiat; et la petite lampe de platine s'éteint, ce qui prouve que le courant ne passe plus. Je ferme encore une fois le circuit; mon aide doit encore une fois donner tous ses efforts pour forcer la bobine à tourner; et la lumière de la lampe de platine nous apprend une fois

de plus que le travail additionnel correspond à la production d'un courant électrique.

L'énergie électrique développée dans une dynamo est due à l'énergie mécanique que l'on dépense. — Nous apprenons donc que l'énergie électrique développée dans une dynamo est l'effet de l'énergie mécanique que l'on dépense pour l'actionner. Il s'ensuit que l'énergie électrique qui est engendrée ne peut jamais être supérieure à l'énergie mécanique qui est dépensée. En pratique, elle est toujours inférieure, parce qu'une certaine partie de l'énergie mécanique est employée à surmonter le frottement de la machine, et par suite est convertie directement en chaleur, et non en énergie électrique. Une partie de l'énergie électrique qui se développe est également dépensée dans la machine elle-même, et ne peut servir à un usage pratique. Mais, malgré la perte d'énergie qui résulte de ces deux causes, telle est la perfection à laquelle on a su amener la dynamo, que quatre-vingts à quatre-vingt-dix pour cent du travail effectué pour actionner la machine est converti en énergie électrique, et peut être utilisé pour la production de la lumière électrique, ou pour toute autre sorte de travail.

Le dessin que voici, et qui représente la machine connue sous le nom de dynamo Edison-Hopkinson, construite par MM. Mather et Platt, de Manchester, vous donnera une bonne idée de la dynamo moderne, sous l'une de ses plus belles formes. Dans cette machine, l'énergie utilisable pour le circuit interne est, dit-on, de plus de 90 pour 100 de l'énergie mécanique dépensée à l'actionner, et peut entretenir plus de mille lampes à incandescence de seize bougies chacune.

J'en ai fini avec la première partie de mon sujet. Je me suis efforcé de vous présenter, dans une rapide esquisse, l'histoire de la dynamo, depuis la première découverte

des principes fondamentaux sur lesquels elle repose, jusqu'au moment actuel; et j'ai essayé de vous faire comprendre que, sous toutes ses variétés de formes et de

Fig. 44.

La dynamo Edison-Hopkinson.

détails, elle n'est essentiellement qu'une machine des
tinée à convertir l'énergie mécanique en énergie électrique. Dans ma prochaine Conférence, je tâcherai de
vous montrer comment l'énergie du courant électrique
est convertie en lumière.

DEUXIÈME CONFÉRENCE

COMMENT LE COURANT ÉLECTRIQUE PRODUIT
LA LUMIÈRE ÉLECTRIQUE

Quand un courant électrique passe à travers un conducteur, le conducteur s'échauffe; et si le courant est assez fort, et le conducteur convenablement choisi, celui-ci peut être amené à une température très élevée, et fournir une lumière brillante. On peut donner une idée de ce phénomène, sous sa forme la plus simple, au moyen d'un fil de platine en spirale, tel que celui que vous voyez monté sur ce support.

La forme la plus simple de la lumière électrique. — Je tire d'abord le courant de deux piles d'une batterie d'emmagasinement située dans la salle voisine : la spirale de platine devient sensiblement chaude au toucher; mais aucune lumière n'apparaît. J'ajoute trois piles, et la platine devient rouge. Je porte à huit le nombre des piles, et la spirale projette maintenant une lumière blanche très pure et d'un vif éclat.

Vous vous attendez peut-être à ce que je vous explique la nature du phénomène par lequel la chaleur est ainsi

engendrée dans ce fil métallique pendant que le courant
le traverse. C'est là cependant un sujet que nous ne
comprenons pas encore parfaitement. Nous ne savons
pas ce qu'est le courant électrique en lui-même; bien
moins encore savons-nous la nature de ce qui a lieu dans
le fil, quand le courant le traverse ; par suite, nous ne
pouvons en réalité expliquer comment la chaleur est produite. Cependant, nous ne sommes pas, à cet égard, dans
une ignorance absolue ; nous savons quelque chose, et ce
quelque chose est facile à dire. Nous savons qu'un courant électrique possède de l'énergie ; nous savons qu'il
rencontre de la résistance dans la spirale de platine, qu'il
surmonte cette résistance, et qu'en le faisant il conserve
une partie de son énergie ; et nous savons que l'énergie
consommée de la sorte est convertie en chaleur.

Permettez-moi d'éclaircir ces idées fondamentales au
moyen d'un exemple familier. Tout écolier sait qu'en
frottant énergiquement un bouton de cuivre contre une
planche de sapin, il peut l'échauffer au point qu'on puisse
à peine le toucher. D'où vient cette chaleur? Vous ré-
pondrez probablement : « Il est bien facile de le dire :
elle vient du frottement. » Vous avez parfaitement raison ;
mais qu'est-ce que le frottement? C'est une espèce de
force qui existe entre la surface du bouton de cuivre et la
surface de la planche de sapin, et qui tend à les empêcher
de glisser l'une sur l'autre. Mais, en dépit de cette force,
l'écolier fait glisser le bouton ; en agissant ainsi, il consomme de l'énergie musculaire ; l'énergie ainsi consommée disparaît de lui pour toujours ; et à sa place il se produit de l'énergie de chaleur dans le bouton de cuivre et
dans la planche de sapin.

Eh bien, nous pouvons concevoir la résistance opposée
par ce fil de platine au courant électrique comme une
sorte de *frottement électrique;* et l'énergie électrique
consommée à surmonter cette résistance est convertie en

chaleur, tout comme l'énergie musculaire est convertie en chaleur dans l'expérience familière de l'écolier.

Une lampe électrique n'est donc ni plus ni moins qu'un appareil pour convertir l'énergie d'un courant électrique en énergie de chaleur. Elle doit se composer d'un conducteur qui, tout en laissant passer le courant, lui oppose néanmoins une résistance considérable; et le conducteur doit être d'une matière telle, qu'amené à une haute température, il projette de la lumière.

Première production de la lumière électrique (1810).

— La lumière électrique fut produite pour la première fois par sir Humphry Davy, à la *Royal Institution* de Londres, en l'année 1810. Il se servit d'une batterie de 2,000 piles, et il relia les pôles de la batterie, au moyen d'un support comme celui que vous avez devant vous, à deux pointes de charbon, montées sur le support. Quand les deux pointes de charbon furent amenées au contact, puis lentement éloignées à une faible distance, le courant traversa l'air dans l'intervalle, et au même moment les pointes de charbon furent portées à une chaleur intense, et projetèrent une lumière d'un éclat éblouissant.

Je peux vous reproduire cette expérience sur une petite échelle. Dans la salle voisine, il y a une batterie de trente-six piles, et les pôles de la batterie sont reliés, au moyen de ces deux fils métalliques conducteurs, aux deux pointes de charbon montées sur ce support. En ce moment, les pointes de charbon sont à un centimètre l'une de l'autre, et aucun courant ne passe. Mais en tournant une vis disposée à cet effet, je puis les amener au contact; elles se touchent maintenant, et la lumière rouge que vous voyez au point de contact montre que le courant passe. Je tourne la vis en sens inverse, en mettant entre les pointes de charbon une distance d'un demi-centimètre, et une

brillante étoile de lumière blanche remplit l'espace qui
les sépare.

Cette expérience de sir Humphry Davy attira l'attention universelle, et fit espérer qu'une lumière si brillante
ne tarderait pas à passer dans l'usage pratique comme
moyen ordinaire d'éclairage. Mais cet espoir ne devait
pas se réaliser de sitôt. La batterie voltaïque, le seul
moyen connu alors et longtemps après de produire un

Fig. 45.

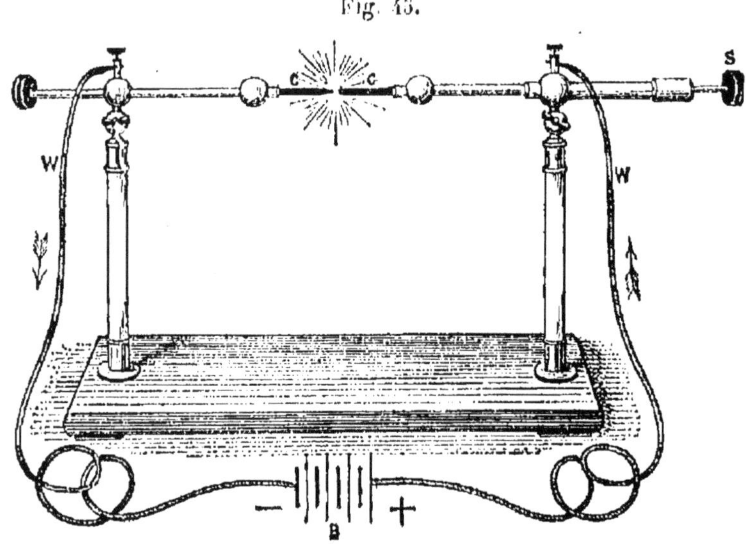

Expérience de sir Humphry Davy.

B Batterie électrique.   C Pointes de charbon.
WW Fils métalliques allant de la bat-   S Vis d'ajustement.
    terie aux pointes de charbon.

courant électrique, était trop coûteuse et trop embarras-
sante pour l'usage général; et, bien que la lumière électrique soit depuis longtemps familière aux savants comme
un moyen très utile de recherche, c'est seulement depuis
le développement de la machine dynamo-électrique, dans
les vingt dernières années, qu'elle est sortie de l'obscurité du laboratoire, et qu'elle est entrée dans le domaine
plus étendu de la vie ordinaire.

Deux types de lampe électrique. —Vous remarquerez, d'après les expériences que j'ai déjà faites devant vous, qu'il y a deux méthodes différentes pour obtenir de la lumière d'un courant électrique; de fait, deux types différents de lampe électrique. Dans l'expérience de sir Humphry Davy, le conducteur solide est interrompu; et une étroite couche d'air est interposée dans la voie du courant. La lumière produite de cette manière est appelée *arc voltaïque*. Dans le cas d'une spirale de platine, il n'y a pas d'interruption dans le circuit : le conducteur solide est entièrement continu, et une partie de ce conducteur devient lumineuse pendant que le courant passe à travers lui. La lumière ainsi obtenue s'appelle lumière par incandescence.

Ces noms ne sont pas très heureusement choisis. L'*arc voltaïque* est ainsi appelé de sa ressemblance supposée à la forme d'un arc. Mais la ressemblance est plus imaginaire que réelle; et, en tout cas, elle n'est qu'un trait bien secondaire dans le caractère de la lumière. De même, la lampe à incandescence n'a aucun titre spécial à cette appellation; car les deux formes de lumière sont réellement à incandescence, étant produites toutes les deux par l'éclat ou incandescence du conducteur chauffé. Mais la vie est trop courte pour qu'on discute sur des noms; et, après vous avoir mis en garde contre les méprises qui pourraient résulter de l'emploi de ces termes, je prendrai les noms comme je les trouve, l'arc voltaïque et la lumière par incandescence, et je vous dirai quelque chose de chacune de ces lumières.

L'arc voltaïque. —Commençons par répéter l'expérience de sir Humphry Davy, qui nous donne, comme je l'ai dit, ce que l'on nomme l'arc voltaïque. Je tourne d'abord la vis pour amener les pointes de charbon au contact; puis je renverse le mouvement, laissant un court intervalle entre les pointes, et la lumière jaillit soudainement. Mais vous remarquerez qu'après quelques instants, quand l'appareil est laissé à lui-même, la lumière s'affaiblit et finit par s'éteindre. La raison en est que les pointes de charbon se consument lentement dans la chaleur intense engendrée par le courant; la distance qui les sépare augmente graduellement, et avec l'accroissement de la distance, la résistance opposée au courant augmente aussi; le courant devient plus faible; la résistance s'accroît au point que le courant cesse de passer, et la lumière s'éteint.

Il est donc nécessaire, si nous voulons garder la lumière pendant un certain temps, de disposer les charbons de telle sorte que, malgré l'usure qui se produit sans cesse, ils restent néanmoins à la même distance l'un de l'autre. Dans l'appareil que voici, cette disposition peut être obtenue au moyen de cette crémaillère, qui me permet de faire avancer lentement une des pointes de charbon, à mesure que l'espace qui les sépare s'accroît avec la combustion lente. Mais lorsqu'on a besoin de lumière pour des buts pratiques, il est évidemment à souhaiter que la disposition dont je parle soit obtenue au moyen de quelque mécanisme, qui marchera de lui-même sans l'intervention d'aucun agent extérieur.

Lampe de Dubosq. — Un mécanisme de ce genre fut inventé pour la première fois par Foucault, de Paris, et perfectionné par Dubosq. Je l'ai ici, sur cette table, et je vais essayer de vous donner une idée générale du principe sur lequel il repose. Les pointes de charbon, comme vous le voyez, sont fixées dans ces *porte-charbon* de cuivre, de telle sorte qu'elles se trouvent toutes les deux sur la même ligne verticale, l'une tournée vers le haut, l'autre tournée vers le bas, et séparées par une petite distance. La pointe inférieure est reliée d'une façon permanente au pôle positif d'une pile ou d'une dynamo, et la pointe supérieure au pôle négatif. Dans le pied de la lampe, il y a un mécanisme d'horlogerie, que vous pouvez voir à travers cette plaque de verre; et lorsque ce mécanisme fonctionne, les charbons se rapprochent l'un de l'autre. Quand ils viennent au contact, le courant passe. Au même moment, un électro-aimant intérieur est actionné par le courant, et attire une petite barre de fer, retenue en suspension par un ressort juste au-dessus des pôles de l'aimant. L'effet produit est double. D'abord, le mouvement de la barre de fer écarte les pointes de charbon et fait jaillir la lumière; en second lieu, il pousse une pointe de canif contre une roue dentée et arrête le mécanisme.

Pendant que la lumière continue de briller, les pointes de charbon sont consumées lentement par une chaleur intense. La distance qui les sépare s'accroît donc, et le courant devient plus faible. Alors, l'électro-aimant, qui est entretenu par le courant, perd graduellement sa force à mesure que le courant diminue d'intensité, et retient moins solidement la barre de fer. A la fin, il ne peut plus la retenir du tout, et la barre de fer est attirée en haut par le ressort, qu'on a eu soin de choisir d'une force proportionnée à l'effet qui doit être produit. Quand la barre de fer est attirée en haut, le mécanisme est mis en liberté et les pointes de charbon recommencent à s'approcher l'une de l'autre. A mesure qu'elles se rapprochent, le courant devient plus puissant, et l'aimant, reprenant sa force, abaisse de nouveau le ressort, et arrête le mécanisme. Puisque cette marche peut continuer indéfiniment, la lumière sera maintenue jusqu'à ce que le courant soit interrompu ou les charbons entièrement consumés.

Nouvelles formes de lampe automatique. — Aussi longtemps que la lumière électrique resta confinée dans le laboratoire et dans la salle de conférences, cette lampe de Dubosq, sous une forme ou sous une autre, prévalut à peu près exclusivement. Mais le développement récent de la machine dynamo-électrique donna une impulsion nouvelle à l'invention; et il existe maintenant une variété innombrable de lampes convenables pour la production de l'arc lumineux. Vous pouvez en voir, de grandeur et de formes variées, dans les gares de chemins de fer et dans les squares publics de presque toutes les capitales de l'Europe; elles abondent encore davantage dans le grand continent américain. Quelques-unes d'entre elles, sans doute, laissent beaucoup à désirer sous le rapport de la continuité et de la sûreté d'action; mais, d'un autre côté, un grand nombre fonctionnent avec une uniformité et une précision qui justifient presque les descriptions enthousiastes qu'on en a faites. Je n'entrerai pas dans les détails de leur construction. Qu'il me suffise de vous dire qu'elles visent toutes au même but, savoir, maintenir les pointes de charbon à une distance constante les unes des autres, malgré qu'elles s'usent continuellement par la combustion.

Mais, quelque parfait que puisse être le mécanisme de ces lampes, l'arc lumineux est toujours, de sa nature, une lumière qui manque d'uniformité. La distance entre les pointes de charbon augmente d'abord à mesure que les charbons se consument; puis elle diminue quand le mécanisme fonctionne, et ainsi de suite, indéfiniment. Or, tout changement dans la distance entre les charbons produit un changement dans la résistance de l'arc; et tout changement dans la résistance de l'arc produit un changement dans l'intensité de la lumière. Il en résulte forcément que la lumière varie sans cesse d'intensité; et tout l'effort des inventeurs a été de restreindre autant que possible les limites de cette variation. Une absolue uniformité de lumière semble presque irréalisable,

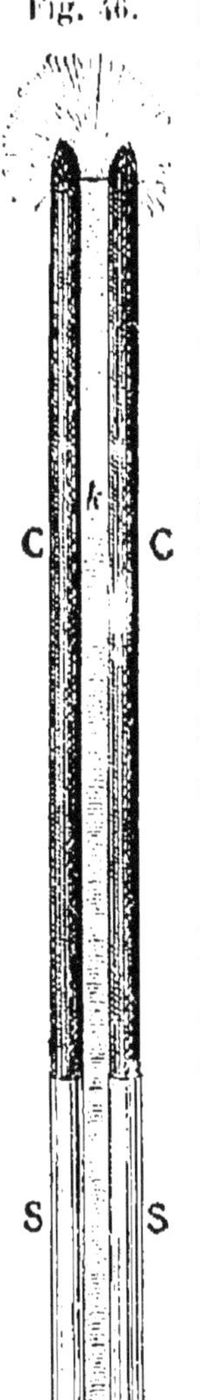

La bougie
Jablochkoff.
CC Tiges de
charbon.
kk Couche iso-
lante de ma-
tière pâteuse.
SS Supports de
cuivre qui
doivent être
reliés à la
batterie ou à
la dynamo.

tout ce qu'on peut souhaiter, c'est de s'en rapprocher autant qu'il peut se faire.

La bougie Jablochkoff. — Il y a douze ans, l'apparition d'une nouvelle forme d'arc lumineux, sous le nom de bougie Jablochkoff, produisit une grande sensation. M. Jablochkoff était officier dans l'armée russe ; mais aussitôt qu'il eut conçu l'idée de la bougie électrique, il se démit de ses fonctions et vint à Paris. Là, il prit une patente pour sa bougie, ouvrit un atelier pour la fabrication de celle-ci, et en peu de mois il se rendit célèbre comme inventeur d'une nouvelle forme de lumière électrique.

J'ai ici quelques spécimens de cette bougie.

Elle consiste, comme vous le voyez, en deux baguettes de charbon, d'environ 0^m25 de longueur, parallèles l'une à l'autre, et maintenues à une distance d'environ cinq millimètres dans toute leur longueur au moyen d'une couche solide de matière blanche, qui agit comme corps isolant. La composition de cette pâte isolante est un point fort important dans la fabrication de la bougie ; diverses substances ont été essayées ; mais je crois que celle que l'on regarde maintenant comme la plus efficace est un mélange de baryte et de plâtre de Paris. Les pointes de charbon s'élèvent d'un demi-centimètre au moins de cette couche isolante ; et un petit pont formé de quelque matière conductrice les rejoint, pour permettre au courant de passer de l'une à l'autre.

Lorsque la bougie est montée pour l'usage, une des baguettes de charbon est mise en communication avec le pôle positif de la pile ou de la dynamo, au moyen de la pince métallique dans laquelle elle s'adapte ; et l'autre pointe est mise de même en communication avec le pôle négatif. Le courant, incapable de traverser la couche isolante qui sépare les deux supports, passe par l'une, franchit le pont, et descend dans l'autre. Le pont est immédiatement consumé par la chaleur engendrée, et l'arc lumineux jaillit entre les deux pointes. La chaleur intense de l'arc fond et consume la couche isolante ; et la bougie tout entière brûle lentement pendant l'espace d'environ deux heures. L'intensité de la lumière équivaut à deux ou trois cents bougies (1).

Un point intéressant d'histoire scientifique se rattache à cette invention. Jablochkoff avait lu dans des manuels d'électricité que la pointe positive du charbon se consume deux fois aussi vite que la pointe négative. Il se dit alors : « Je parerai à cela en donnant à mon charbon positif une épaisseur double de celle de mon charbon négatif ; et, de la sorte, ils resteront toujours au même niveau en brûlant. » En conséquence, il fit ses bougies avec un crayon de charbon épais et un autre crayon de charbon mince ; le crayon épais étant toujours relié au conducteur positif, et ayant une surface de section deux fois aussi grande que le crayon mince.

Mais cette idée ingénieuse ne résista pas à l'épreuve de l'expérience D'un côté, le charbon positif ne brûlait pas exactement dans la mesure sur laquelle on avait compté ; tandis que, d'un autre côté, le charbon négatif, offrant une plus grande résistance au courant, était chauffé au rouge sur une partie considérable de sa longueur et se trouvait de la sorte sensiblement réduit

____

(1) Pour des détails complets sur la bougie Jablochkoff, voyez le travail très soigné publié tout récemment par Hippolyte Fontaine, *Eclairage à l'électricité*, Paris, 1888, pp. 376-381.

d'épaisseur, par la combustion lente qui se produisait à sa surface. Pour ces causes, la bougie brûlait très irrégulièrement, et s'éteignait d'ordinaire au bout d'un quart d'heure (1).

Les premières bougies furent donc un insuccès. Mais l'inventeur trouva bientôt une autre ressource. J'ai expliqué dans ma dernière leçon, comme vous pouvez vous en souvenir, qu'une dynamo peut nous donner des courants continus dans la même direction, suivant son mode de construction. Jablochkoff eut alors l'idée de se servir d'une machine qui donnerait des courants alternatifs dans des directions opposées. Ainsi chaque charbon serait positif et négatif alternativement ; ils se consumeraient, par suite, également, et s'ils avaient la même épaisseur, resteraient toujours au même niveau en brûlant.

Cette nouvelle bougie fut regardée tout d'abord comme destinée à un grand succès. On l'adopta à Paris, et l'on s'en servit au lieu de gaz tout le long de l'avenue de l'Opéra, sur la place du Théâtre Français, à une extrémité, et sur la place de l'Opéra, à l'autre. A Londres aussi on l'employa sur les quais de la Tamise, depuis Charing Cross jusqu'à Westminster. Mais elle ne réalisa pas les espérances qu'elle avait fait concevoir. La meilleure preuve peut-être de cet insuccès, c'est qu'on a renoncé à toutes les bougies électriques sur l'avenue de l'Opéra, et qu'on en est revenu, j'ai le regret de le dire, au gaz.

La cause de cet insuccès doit être attribuée en grande partie, me semble-t-il, à la couche pâteuse isolante. Quand le courant passe d'une pointe à l'autre, cette pâte est fondue et vaporisée, et produit une sorte de flamme d'une teinte qui varie. En outre, il semble qu'il y a un changement constant dans la résistance, suivant l'état de la pâte, et ceci donne lieu à un grand défaut de fixité dans la lumière. Enfin, à quelque cause qu'on doive l'attribuer,

(1) *Ibid.*, p. 377.

la bougie Jablochkoff, bien que reçue tout d'abord avec un grand enthousiasme, n'a pas été, en général, trouvée satisfaisante ; on l'a complètement abandonnée en Angleterre, et il n'est pas probable qu'on en entende beaucoup parler désormais dans l'histoire de la lumière électrique.

Je dois dire cependant que la bougie électrique semble encore en faveur en France. D'après les renseignements les plus récents, on en fabrique encore, dans ce pays, environ un million et demi chaque année. Au Havre, on s'en sert pour l'éclairage des ports, et à Paris, tous les visiteurs le savent, aux magasins du Louvre et aux magasins du Printemps. Il paraît que, dans ces deux établissements, on emploie journellement environ 465 bougies Jablochkoff. Mais, dans l'établissement, plus célèbre encore, connu sous le nom de Magasins du Bon Marché, qui vient d'être pourvu d'une des plus belles installations de lumière électrique du monde, il y a seulement 96 bougies électriques, tandis que les lampes à arc sont au nombre de 290, et les lampes à incandescence du type Edison au nombre de 1808 (1).

La lampe à incandescence. — J'arrive maintenant à la lampe à incandescence. Dans cette forme de lampe, le conducteur qui suit le courant est continu, c'est-à-dire qu'il n'y a dans le circuit aucun point où le courant soit obligé de traverser une couche d'air, comme dans la lampe à arc. Mais la résistance du circuit a été disposée de manière à ce qu'elle se concentre sur une partie du conducteur, qui brille alors d'un vif éclat quand le courant passe. Le plus simple exemple d'une telle lampe est la spirale de platine que je vous ai déjà fait voir, et que tout le monde connaît depuis plus de cinquante

____

(1) Voir *L'Éclairage à l'électricité*, par Hippolyte Fontaine. Paris, 1888, p. 380

ans. Le courant, venant d'une batterie de dix piles située dans la salle voisine, est transporté ici en grande partie à travers un gros fil de cuivre, qui n'offre que peu de résistance, et n'est, par suite, que légèrement échauffé ; mais, à un certain point du circuit, il y a une spirale de platine interposée dans la voie du courant, sur un espace de 5 ou 6 centimètres. Le fil de platine offre une résistance considérable ; une chaleur intense se développe en conséquence dans cette partie du circuit, et le fil de platine projette une belle et vive lumière blanche.

Cette spirale de platine est, à quelques égards, une petite lampe très parfaite. Le platine n'a aucune tendance à se combiner avec l'oxygène, même quand il se trouve à une haute température, et on peut l'amener à l'incandescence autant de fois qu'on voudra sans qu'il se consume. Il projette de la lumière quand le courant passe, et il revient à son état primitif quand le courant est interrompu.

On serait presque tenté de croire qu'une lampe de ce genre peut durer toujours. Mais elle a un défaut capital. Chaque métal a son point de fusion, c'est-à-dire qu'il fond à une température déterminée. Le point de fusion du platine est à environ 2.000 degrés centigrades ; et pour fournir une lumière réellement bonne, le platine doit être amené très près de ce point. Pour obtenir avec le platine incandescent une lumière convenable, il faut donc le maintenir si près de son point de fusion, qu'une légère irrégularité du courant peut, à tout moment, le faire fondre, interrompant ainsi le circuit et éteignant la lumière.

J'aimerais à vous montrer ceci par une expérience, bien que l'expérience exige le sacrifice de ma lampe. En ce moment, le courant qui passe à travers cette spirale est soigneusement réglé, de manière à nous donner une belle lumière blanche. Mais je puis accroître la force du courant, soit en ajoutant des piles à la batterie, soit en diminuant la résistance dans quelque autre partie du circuit. La dernière méthode est la plus simple, et la plus convenable pour l'effet que nous voulons obtenir. Vous voyez sur le mur un cadre rectangulaire contenant douze fortes baguettes de charbon. C'est ce que l'on appelle une caisse de résistance. En ce moment, ces baguettes de charbon font partie du circuit, de telle sorte que le courant doit les traverser toutes, l'une après l'autre. Mais en tournant une poignée, je puis en supprimer une ou deux à mon gré et diminuer ainsi graduellement la résistance.

Je tourne la poignée, et je supprime deux baguettes de charbon. La résistance diminue légèrement ; le courant devient plus fort en proportion, et vous voyez que la spirale de platine projette une lumière plus intense. J'avance encore un peu la poignée, et je retranche deux autres charbons. La spirale de platine brille encore davantage ; mais son éclat ne dure qu'un moment ; son point de fusion est atteint ; le circuit est interrompu, et la lumière disparaît.

Vous diriez peut-être que nous pourrions éviter ce danger en nous contentant d'une lumière moins vive. Cela est parfaitement vrai ; mais c'est là justement ce que nous ne ferons pas. Quand une fois nous aurons vu quelle brillante lumière le courant électrique est capable de nous fournir, nous ne nous contenterons pas d'une spirale de platine qui ne nous donne que la lumière de deux ou trois bougies. Aussi, après plusieurs tentatives ingénieuses de M. Edison pour rendre cette lampe pratique, d'abord avec du platine seulement, puis avec un alliage de platine et d'irridium, on l'a abandonnée à regret, au moins pour l'éclairage ordinaire.

Le charbon substitué au platine. — Mais cette propriété qui manque au platine, le charbon la possède à un très haut degré. J'ai déjà dit que le charbon ne saurait être fondu par aucune espèce de chaleur artificielle connue. Aussi avait-on reconnu depuis longtemps que si l'on pouvait substituer à cette spirale de platine une légère baguette de charbon, on pourrait porter celle-ci à l'incandescence la plus brillante sans craindre qu'elle ne fonde. Malheureusement le charbon est doué d'une autre propriété qui serait fatale à une lampe de ce genre. Il ne fondrait pas, mais il serait consumé. Le charbon, quand on l'a élevé à une haute température, a une grande affinité pour l'oxygène ; et si notre lampe à charbon était exposée à l'air, comme nous l'avons fait pour notre lampe à platine, le charbon amené à l'incandescence se combinerait avec l'oxygène de l'air pour former de l'acide carbonique, et serait consumé dans très peu de temps.

Le remède à cet inconvénient est facile à trouver, et dès 1845, il fut essayé par un inventeur américain nommé King. Celui-ci prit un léger crayon de charbon, monté sur support à l'intérieur d'un vase de verre ; puis il fit sortir l'air du vase par un procédé analogue à celui par lequel le vide de Torricelli est produit dans le tube d'un baromètre. Cette lampe, cependant, ne réussit pas. Le crayon de charbon recevait le courant électrique au moyen d'un conducteur métallique passant à travers le vase de verre, et il passait assez d'air à travers l'ouverture établie de la sorte pour amener la combustion du charbon.

On peut dire qu'il ne se fit aucun progrès dans ce genre de lumière électrique depuis le temps de King jusqu'à l'année 1879, où M. Edison, de New-York, et M. Swan, de Newcastle, étonnèrent le monde par l'invention de ces magnifiques lampes à incandescence auxquelles leurs noms sont indissolublement associés. D'autres inventeurs ne tardèrent pas à se montrer ; on prit de nombreux brevets d'invention, et chacun fit valoir ses titres à la priorité. Je n'ai pas à m'occuper de ces titres, ni des controverses auxquelles ils donnèrent lieu.

Qu'il me suffise de dire que la lampe à incandescence, qui
avait suscité tant d'espérances, et aussi tant de craintes,
lorsqu'on l'annonça au public, fut bientôt amenée à un
haut degré de perfection, et à l'exposition d'électricité de
Paris, en 1881, elle était déjà en pleine possession du
plus beau succès.

Le vide parfait. — Le nom de M. Crookes, de
Londres, n'est pas d'ordinaire mis en avant lorsqu'il est
question de lumière électrique ; et pourtant M. Crookes a
contribué dans une large mesure à l'invention de la lampe
à incandescence sous sa forme actuelle. La lampe consiste
en un léger filament de charbon monté dans un globe de
verre d'où l'air a été chassé. Elle ne diffère donc pas,
quant à son principe essentiel, de la lampe inventée par
King il y a quarante ans. Mais la lampe de King échoua
faute d'un vide satisfaisant ; et M. Crookes est l'homme
auquel nous devons surtout le vide parfait de la lampe
actuelle. L'histoire de cette découverte est curieuse et
intéressante.

M. Crookes était occupé, entre les années 1873 et 1874,
à des expériences qu'il faisait avec son radiomètre bien
connu. Pour ces expériences, il avait besoin d'un vide
beaucoup plus parfait que tous ceux que l'on avait pu obtenir jusqu'alors. Il appliqua donc sa rare puissance d'invention à perfectionner la machine pneumatique à mercure de Sprengel. Son succès fut tel que nous possédons
maintenant une machine pneumatique à l'aide de laquelle
on peut amener sans peine et avec certitude la pression
de l'air d'un globe de verre bien au-dessous d'un millionième d'atmosphère.

Avec un tel vide à leur disposition, les difficultés des
inventeurs, travaillant alors au développement de la lumière électrique, étaient à demi surmontées. Il n'est donc
pas étonnant qu'entre l'année 1878 et l'année 1879, un

certain nombre de lampes différentes, possédant plus ou moins de titres à l'originalité de l'invention, aient fait leur apparition dans le public. Les mieux réussies de ces lampes furent celles de M. Edison et de M. Maxim, en Amérique, et celles de M. Swan et de M. Lane-Fox, en Angleterre.

Fig. 47.

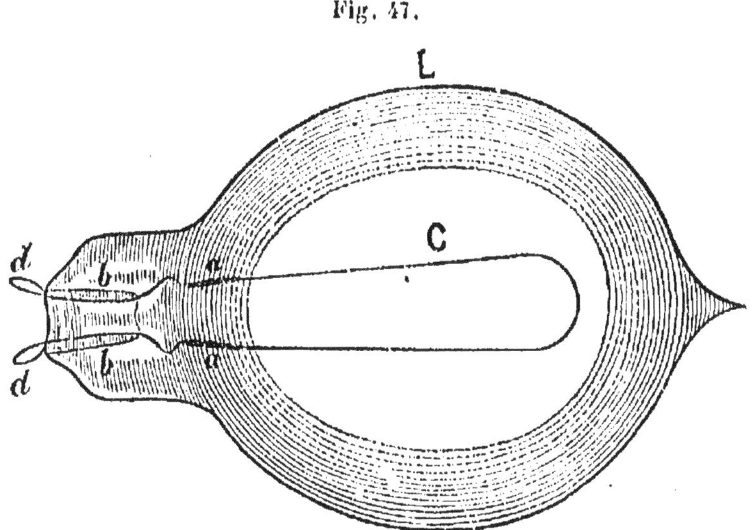

La lampe à incandescence.

L Globe de verre où l'on a fait le vide.
C Léger filament de charbon.

bb Fils de platine attachés au filament de charbon en aa, et formant bride à l'extérieur du verre en dd.

Lampe à incandescence avec filament de charbon. — Les éléments essentiels d'une lampe à incandescence, telle qu'on la fait maintenant, consistent en un léger filament de charbon, un globe de verre et un vide parfait. Voici l'une des lampes les plus récentes; mais vous verrez les détails plus distinctement dans ce dessin. L est le globe de verre d'où l'air a été presque entièrement chassé; C est le fil de charbon; bb représentent les fils de platine, qui passent à travers le verre et forment bride à l'extérieur, en dd; et aa montrent les points d'attache qui relient le filament de charbon aux fils de platine.

Pour mettre les fils de platine en communication avec les pôles opposés d'une dynamo ou d'une batterie, on a

Fig. 48.

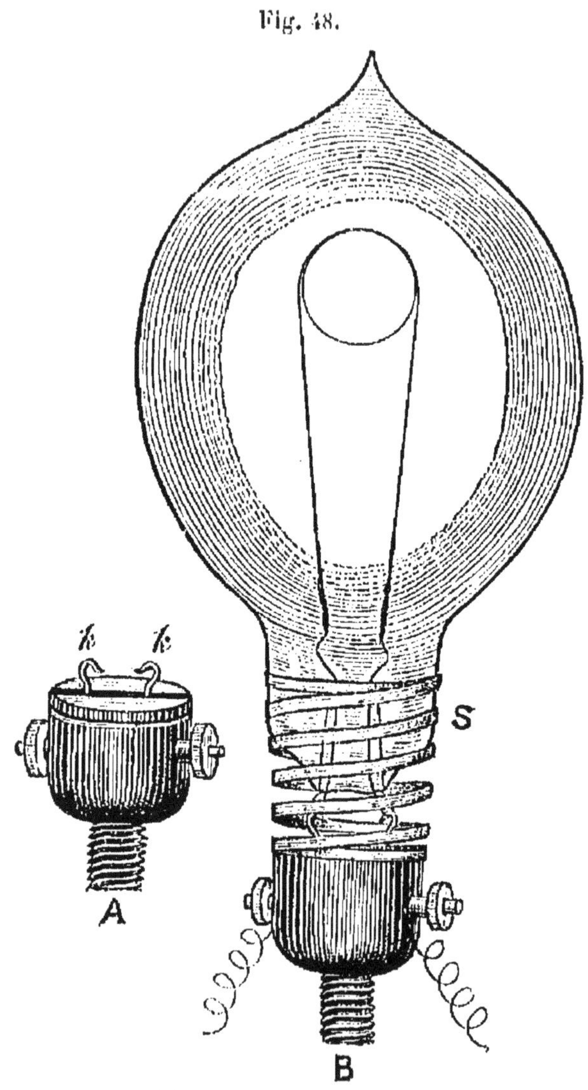

Lampe à incandescence et son chandelier.

A Support avec des crochets en *kk*.　　B Lampe sur son support avec un ressort en S.

coutume de se servir pour chaque lampe de ce que l'on appelle un support. Le support de la lampe de Swan, que

vous voyez sur cette table, et qui est aussi représenté
dans le dessin du mur, est extrêmement simple. Il consiste en un bouton d'ébène ou de bois très dur, avec deux
vis d'attache, auxquelles sont rattachés les fils métalliques
venant de la batterie et qui sont elles-mêmes reliées à
deux crochets *hh*. Vous voyez combien il est facile
d'adapter la lampe à ces crochets, au moyen des brides
de platine qui sortent du globe de verre. Mais pour obtenir un contact plus parfait, il y a, entre le support et la
lampe, un ressort en spirale qui tend à les écarter l'un de
l'autre et maintient ainsi une ferme pression aux points
de contact. Je prends maintenant la lampe et l'adapte au
support; la voilà toute prête à servir.

Préparation du filament de charbon. — Après
le vide, que l'on produit toujours à présent au moyen

Fig. 49.

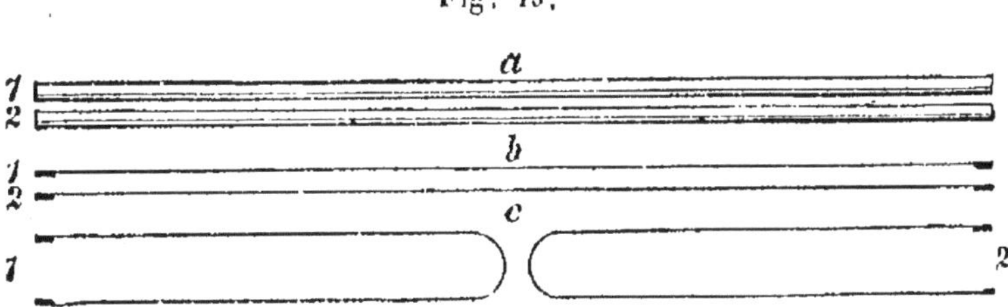

Préparation de filaments découpés dans une tige de bambou.

a Bandes plates uniformes.
b Les mêmes réduites à l'épaisseur d'un
   fil.

c Les mêmes recourbées et prêtes pour
   la carbonisation.

d'une machine pneumatique à mercure d'une forme ou
d'une autre, le point le plus important dans la lampe est
le filament de charbon. Ce filament est fait de diverses
manières. Sa condition la plus essentielle, de l'aveu de
tous, c'est qu'il soit d'épaisseur et de structure uniformes dans toute sa longueur, de manière à opposer,
dans tous ses points, la même résistance au passage du
courant. M. Edison, après de nombreuses expériences

faites sur toutes sortes de fibres végétales, a choisi la canne de bambou comme la plus convenable pour le but qu'il se proposait.

Après avoir tout d'abord enlevé la couche extérieure dure et siliceuse, il prépare un certain nombre de bandes parfaitement plates et parfaitement droites, de la longueur voulue, telles qu'on les voit dans la figure, en a. Il les réduit toutes à une épaisseur uniforme dans toute leur longueur, avec des instruments qu'il a inventés spécialement à cet effet. Il les amène alors à la finesse d'un fil, laissant à chaque extrémité un petit morceau qui fait saillie. Elles se trouvent alors dans l'état où le dessin les montre en b. Enfin, ces fils de bambou sont recourbés comme dans la figure en c, et placés dans des moules pour être carbonisés.

M. Swan se servit d'abord de carton pour préparer son filament de charbon; il employa ensuite du papier spongieux, qu'il traitait à l'acide sulfurique dilué; mais il finit par s'arrêter au fil de coton ordinaire comme donnant les résultats les plus satisfaisants. Il trempe le fil de coton dans de l'acide sulfurique dilué, lui donnant ainsi quelque peu le caractère de parchemin; puis il le courbe dans la forme voulue et le prépare pour la carbonisation. Tel est le procédé communément adopté, je crois, par la Compagnie Edison-Swan. On dit que le filament de charbon ainsi préparé est extrêmement dur et aussi raide qu'un fil métallique.

Dans le système adopté par l'*Anglo-american Brush Company*, c'est le coton-laine que l'on emploie. On le dissout d'abord dans du chlorure de zinc, et après l'avoir légèrement chauffé, on l'amène à l'état visqueux ou semifluide. On l'introduit alors à travers un petit orifice sous la pression d'une colonne de mercure; il en sort sous la forme d'un fil, et on le reçoit dans un vase d'alcool où il se solidifie. Enfin on le met dans un autre vase d'alcool, qui dissout toutes ses impuretés ; puis on le sèche et on le carbonise (1).

Le procédé de carbonisation est le même pour chaque espèce de filament. La fibre végétale, après avoir été préparée suivant l'un des modes susdits, est mise dans du charbon en poudre, dans un vase fermé, et graduellement chauffée à blanc ; on la maintient à cette température pendant plusieurs heures.

Quand le filament de charbon est prêt à servir, on attache soigneusement ses extrémités à celles de deux fils de platine, et on l'introduit dans un globe de verre, le col du globe ayant été porté à la température de fusion et fermé autour des fils de platine, de manière à former une jointure parfaitement imperméable à l'air. Il ne reste alors qu'à chasser l'air du globe, ce que l'on fait au moyen d'un tube de verre qui sert à le mettre en communication avec une machine pneumatique à mercure.

Pendant qu'on fait le vide, un courant électrique est envoyé dans le filament de charbon, qui est porté à l'incandescence, et, débarrassé de l'air et des autres gaz qui sans cela auraient pu rester dans ses pores. Quand le vide est complet, on enlève le tube qui relie le globe à la machine pneumatique et l'on ferme le globe à la flamme du chalumeau.

Lumière sans chaleur?. — Il y a quelques questions d'intérêt pratique qui se rattachent à la lumière

(1) Il est intéressant de noter que ce procédé a été le sujet d'un long procès dans lequel la Compagnie Edison-Swan était le demandeur et la *Brush Company* le défendeur. La Compagnie Edison-Swan prétendait avoir le droit exclusif de fabriquer les lampes à filaments de charbon. Mais les juges refusèrent de reconnaître ce droit et rendirent un jugement en faveur de la *Brush Company*. L'histoire de la lampe à incandescence fut entièrement exposée au cours du procès, et on la retrouve présentée avec une grande clarté dans le jugement lumineux de M. Kay. — V. *The Electrician*, mai, juin, juillet 1888.

électrique, et au sujet desquelles je voudrais vous dire quelques mots avant de terminer cette conférence. En premier lieu, je dois faire remarquer une idée que l'on se fait d'ordinaire relativement à l'éclairage par l'électricité, savoir, qu'il y a dans ce cas lumière sans chaleur. Mais je vous ai montré que, dans les deux modes de production de la lumière électrique, le charbon ne devient lumineux que parce qu'il est porté à une chaleur intense. Vous avez vu, de fait, que lorsqu'on emploie un fil de platine au lieu d'un filament de charbon, dans la lampe à incandescence, il est à craindre que le fil de platine ne fonde, bien que son point de fusion soit à environ 2000°, ce qui est le point de fusion le plus élevé de tous pour les métaux usuels.

De même, dans la lampe à arc, la chaleur des pointes de charbon est absolument la plus grande chaleur articielle connue. Pour vous donner une idée de l'intensité de cette chaleur, j'introduis le courant de la lampe à arc que voici sur cette table, et lorsque je tiens un fil solide de platine près du charbon positif, il fond comme de la cire à cacheter dans la flamme d'une bougie. Une baguette d'acier, dans la même position, envoie une pluie brillante d'étincelles dans toutes les directions. C'est donc commettre une erreur de dire que, dans une lampe électrique de l'une ou de l'autre forme, nous avons de la lumière sans chaleur.

Cependant il y a un germe important de vérité dans la croyance commune. Si vous regardez de près le filament d'une lampe à incandescence, vous verrez que, bien qu'il ait une longueur de 8 à 10 centimètres, il est extrêmement peu épais. Il a donc un volume très petit : le volume d'une flamme de gaz ordinaire est probablement plusieurs centaines de fois aussi considérable. Aussi, malgré l'intensité de la chaleur développée dans le filament, c'est-à-dire malgré que sa température soit très élevée, la quantité de chaleur produite est relativement petite. On a estimé que, pour le même éclairage, une flamme de gaz donne plus de cinquante fois autant de chaleur qu'une lampe électrique à incandescence, et la bougie de cire plus de trente-cinq fois autant. De même, dans le cas de l'arc lumineux, l'incandescence des pointes de charbon ne se produit que sur une très petite longueur, et la quantité de chaleur engendrée est relativement petite.

Comparaison de l'arc lumineux et de la lumière par incandescence. — Peut-être aimeriez-vous maintenant à entendre quelques mots sur les mérites relatifs de l'arc voltaïque et de la lampe à incandescence. Je dirai que chacune est excellente dans son genre ; mais ils visent à des buts tout différents. Parlons d'abord de leur prix relatif. Pour le même prix, vous pouvez obtenir huit ou dix fois plus de lumière avec la lampe à arc qu'avec la lampe à incandescence. Chaque cheval-vapeur de votre machine entretiendra environ huit lampes à incandescence, donnant une lumière de seize bougies chacune, soit cent trente bougies en tout ; tandis que la même force, avec une lampe à arc, donnera une lumière moyenne de mille à douze cents bougies.

L'arc lumineux, cependant, est complétement impropre à l'éclairage intérieur des maisons. Il est trop éblouissant et trop discontinu ; je pourrais peut-être ajouter que, grâce à la prédominance des rayons bleus et des rayons violets dans l'arc lumineux, il donne un aspect sauvage et hagard aux personnes et aux choses. D'un autre côté, il convient admirablement pour toutes sortes d'illuminations extérieures : pour l'éclairage des rues, des stations de chemin de fer, des jardins publics, des docks, des ports, en un mot de tous les lieux publics de réunion ou de travail.

La lampe à incandescence arrive fort à propos pour

remplacer la lampe à arc, lorsque celle-ci ne convient pas.
Elle donne une belle lumière douce et très brillante, et
elle est admirablement propre à l'éclairage intérieur. On
l'emploie de préférence dans les établissements publics
de toutes sortes : musées, bibliothèques, galeries de
peintures, hôtels et théâtres, magasins et manufactures ;
et je puis dire qu'elle réalise l'éclairage idéal des maisons privées et des vaisseaux. Comparons-la un instant
avec les autres modes d'éclairage usités actuellement.

**Comparaison avec les autres espèces de
lumière.** — Toute source artificielle de lumière, gaz,
bougies, huile, prend à l'air l'oxygène nécessaire à la vie
et lui abandonne en échange de l'acide carbonique, qui
est irrespirable, tandis que la lampe à incandescence ne
prend rien à l'air et ne lui donne rien que la lumière
pure et simple. De plus, la lampe à incandescence dé-
gage moins de chaleur, comme nous l'avons vu, pour
un éclairage donné, que les autres sources de lumière.
En outre, l'huile et les bougies produisent une odeur dé-
sagréable et donnent toujours plus ou moins de fumée,
qui salit les murs et les boiseries de vos chambres, en-
dommage vos peintures et les reliures de vos livres, et
défigure toute sorte d'ouvrages décoratifs. La lampe à
incandescence ne donne pas de fumée et, ce que beaucoup de personnes trouveront peut-être plus important
encore, elle ne donne pas d'odeur.

M. Preece a fourni, à la réunion de l'Association britannique tenue récemment à Bath, un témoignage très
remarquable de la salubrité de la lampe à incandescence par comparaison au gaz. Il y a deux ans, la
lumière électrique fut introduite à la Caisse d'épargne
de la Poste centrale à Londres ; et depuis ce temps, les
absences par suite de maladie des employés se sont réduites à une moyenne de deux jours par an pour chaque

personne. Cela, dit-il, équivaut au gain du travail de huit employés et représente une économie de 640 livres (16,000 francs) par an dans les traitements (1).

En ce qui concerne le danger d'incendie, il est difficile d'exagérer la sécurité que présentent les lampes à incandescence. J'appellerai votre attention sur un seul fait. Quand nous nous servons de gaz et de bougies, nous avons affaire à une flamme nue, qui peut mettre le feu à tout ce qu'elle touche; dans le cas d'une lampe à incandescence, nous avons affaire à une lumière enfermée dans une prison de verre, et, s'il nous arrive de briser le verre, au même moment nous éteignons la lumière.

La lumière électrique est-elle maintenant d'un usage pratique?

— Mais la question pratique la plus importante reste encore à examiner : La lumière électrique est-elle vraiment d'un usage pratique en ce moment, de telle sorte que nous puissions nous en servir, si nous le voulons, sans crainte et sans déception? C'est là une question à laquelle je dois répondre en la divisant; et je vous prie de vous souvenir que je n'exprime que mon opinion personnelle, fondée sur les renseignements que j'ai pu me procurer. D'abord, en ce qui concerne l'arc lumineux, il est parfaitement utilisable pour toutes les illuminations extérieures ; et vous pouvez l'employer, si vous le voulez, avec certitude, d'une manière efficace et économique.

Secondement, en ce qui regarde la lampe à incandescence, je dirai qu'on peut s'en servir dans tout établissement public et dans toute maison privée assez grands ou assez riches pour supporter les frais d'une installation séparée. Là où l'on a besoin d'un grand nombre de lu-

(1) V. *Address to the Mechanical section of the British Association*, 1888, by W. H. Preece, F. R. S., President of the Section.

mières, cent ou deux cents, par exemple, chaque jour, et
pendant plusieurs heures, je crois qu'une installation
séparée peut être établie et maintenue avec économie,
relativement aux autres modes d'éclairage. Aussi j'espère
voir la lumière électrique installée ici, dans notre nouveau Muséum, et dans la Bibliothèque Nationale, aussi
bien que dans la Galerie Nationale et dans le Musée
d'Histoire naturelle. Ce splendide groupe de constructions, destiné à devenir un grand centre d'éducation et
de culture pour le peuple, offre, pour l'introduction de la
lumière électrique, un champ presque unique jusqu'à ce
jour.

De même, une installation de lumière électrique peut
être établie avec économie dans les manufactures et les
magasins, dans les théâtres, les clubs et les grands
hôtels. Mais, dans les maisons privées, où le nombre des
lumières serait inférieur à cent, une installation électrique séparée serait probablement plus coûteuse que
tout autre mode d'éclairage. Ce serait un luxe ; mais
j'ajoute sans crainte que ce luxe est maintenant à la disposition de quiconque le désire et peut le payer.

Éclairage fourni par une station centrale. —
Voilà pour les installations séparées. Une question d'un
intérêt plus grand encore s'est probablement présentée
d'elle-même à votre esprit : Est-il possible de fournir la
lumière électrique, d'une station centrale, à toutes les
maisons, sur une surface donnée, comme on fournit le
gaz? Ce problème est précisément l'objet d'une expérience faite sur une large échelle ; et quand une question
pratique a été soumise à l'expérience, il est plus sage,
j'imagine, de ne pas faire de prophéties avant de connaître le résultat. Je puis vous dire cependant ce que l'on
a déjà fait. Il y a environ deux ans, une station centrale
a été établie près de Grosvenor-Gallery, à Londres, et, en

ce moment, cette station fournit des courants électriques pour trente mille lampes à incandescence environ, répandues sur une aire d'un peu moins d'un kilomètre et demi de rayon. Cette expérience est la plus considérable de toutes celles de cette nature que l'on ait tentées jusqu'ici en Angleterre, à ma connaissance ; mais jusqu'à quel point peut-on la regarder comme un succès réel ? C'est ce qu'il est impossible de dire avant de connaître de bonne source tout ce qui a rapport au fonctionnement du système.

Transformations de l'énergie. —Et maintenant, pour finir, permettez-moi de vous rappeler, quand même je courrais le risque de me répéter, qu'en vous présentant cette légère esquisse de l'histoire et du développement de la lumière électrique, je pense vous avoir donné en même temps un exemple frappant de ces merveilleuses transformations d'énergie qui s'effectuent continuellement autour de nous, à la fois dans les opérations de la Nature et dans les œuvres de l'homme. Dans ma dernière Conférence, j'ai cherché à vous faire voir que la dynamo n'est rien autre chose qu'une machine destinée à convertir l'énergie de mouvement mécanique en l'énergie d'un courant électrique ; et, dans ma Conférence d'aujourd'hui, je vous ai montré que les diverses formes de la lampe électrique ne sont qu'autant de moyens de convertir l'énergie du courant électrique en énergie de chaleur et de lumière.

Si j'avais à retracer l'histoire de ces transformations en remontant vers leur source, nous verrions que l'énergie mécanique qui actionne la dynamo vient de l'énergie emmagasinée dans le charbon ; le charbon vient de la végétation d'un âge lointain, et cette ancienne végétation dut la vie à l'énergie des rayons solaires. Ainsi, cette belle lumière que la science moderne a suscitée pour éclairer nos rues et nos maisons, ne fait que nous apporter l'énergie du soleil primitif, qui pendant longtemps sembla perdue, mais qui était, en réalité, soigneusement emmagasinée pour notre usage; et l'adage du poète romain : « *Omnia mutantur, nihil interit,* » reçoit une signification beaucoup plus profonde et beaucoup plus absolue que son auteur n'eût jamais pu, sans aucun doute, l'imaginer.

LES GLACIERS DES ALPES

LES GLACIERS DES ALPES

Les glaciers des Alpes nous intéressent à divers points de vue. Objet d'attachement passionné pour ceux qui vivent habituellement au milieu d'eux, ils ont le don d'attirer des contrées les plus éloignées, avec une sorte de fascination, des hommes qui ont par ailleurs les goûts les plus différents. Le poète aime à fréquenter ces déserts de glace et à contempler, solitaire, ces scènes sauvages et changeantes de la Nature, où il semble que, d'elles-mêmes, ses pensées se traduisent en vers harmonieux. L'alpiniste audacieux, poussé par l'amour des ascensions, se plaît à escalader leurs pentes glissantes, et n'a point de repos qu'il n'ait atteint leurs plus hautes sommités, couronnées d'un manteau de neige perpétuelle. Quant au géologue, il trouve dans les glaciers des Alpes une des clefs de l'histoire primitive de notre globe, et, dans ces masses énormes de glace mouvante, il reconnaît le puissant engin qui laboura et sillonna jadis plusieurs de nos chaînes de montagnes.

Mais l'intérêt des glaciers n'existe pas pour ceux-là seuls. L'amour instinctif de la Nature et de ses œuvres nous est commun à tous, et la foule des touristes intrépides qui, chaque été, noircissent de leurs multitudes les champs de neige des Alpes, escaladent les moraines escarpées et plongent un regard avide dans les cavernes de glace, prouve surabondamment que cet instinct salutaire n'est point tout à fait étouffé par l'ambition et les préoccupations absorbantes de la vie ordinaire.

Je n'essaierai pas de vous dépeindre ce soir la beauté originale et attrayante de ces champs de glace et de neige, qui, d'un côté, dressent leurs sommets contre le bleu firmament, et, de l'autre, s'étendent jusqu'aux vertes prairies et jusqu'aux pittoresques hameaux des vallées inférieures. Cette tâche convient plus particulièrement à l'artiste et au poète. Je n'ai point non plus l'intention de vous entretenir d'aventures périlleuses et d'escalades impossibles. Chacun peut trouver à discrétion, dans les *Annales* du Club Alpin, des récits de ce genre souvent agréablement écrits et accompagnés de gravures auxquelles l'art n'est pas toujours étranger. Mon but est plus modeste : il consiste à vous dire quelque chose de l'origine et de la nature des glaciers, et à vous esquisser les fonctions qu'ils remplissent dans l'histoire physique du globe.

Froid des hautes altitudes. — J'ai à peine besoin de vous dire que plus on s'élève dans les régions montagneuses, plus l'air devient froid. Si familier que soit ce fait, il n'en mérite pas moins d'être pris en sérieuse considération, vu qu'il est intimement lié à l'un des principes les plus importants et les plus intéressants de la science physique.

Comment se fait-il que l'air devienne plus froid à mesure qu'on se rapproche du soleil, le foyer de chaleur par excellence? Il y a à cela deux raisons principales sur lesquelles je me propose de vous retenir un instant.

D'abord, l'air n'est pas chauffé directement par le soleil, mais bien par la terre. Les rayons brillants, lumineux du soleil traversent notre atmosphère sans lui communiquer une quantité considérable de chaleur. Vous pouvez vous en rendre compte par vous-mêmes à l'aide d'une expérience des plus simples. Placez-vous en plein soleil, par une journée claire et froide, et jugez, pendant quelques minutes, de la chaleur que les rayons solaires communiquent à l'air qui vous environne. Puis, vous éloignant de quelques pas, mettez-vous à l'ombre, et vous sentirez immédiatement combien peu de cette chaleur a été communiquée à l'air lui-même, bien qu'il ait été traversé par les rayons solaires peut-être pendant des heures.

Cependant, la terre, ainsi que votre corps, est chauffée par ces mêmes rayons. Devenue chaude, elle est, à son tour, un foyer de chaleur, et elle émet des rayons dans l'atmosphère ambiante. Seulement, ces rayons, qui reviennent de la terre, ne sont pas lumineux comme ceux du soleil : ce sont les rayons *obscurs* ou sombres de chaleur. Or, l'air, qui ne pouvait absorber que très peu de chaleur des rayons brillants du soleil, absorbe au contraire, dans une large mesure, les rayons obscurs émanés du sol. Il en résulte que l'air ne reçoit point directement sa chaleur du soleil, mais bien de la terre, qui, elle, est échauffée par le soleil.

En disposant ainsi les choses, l'auteur de la Nature s'est montré plein de sagesse et de prévoyance. Supposons un moment que l'atmosphère fût constituée de manière à absorber la chaleur des rayons lumineux du soleil. Cette absorption commencerait lorsque les rayons pénétreraient pour la première fois dans notre atmosphère, à une centaine de kilomètres de hauteur ; elle se continuerait pendant toute leur course, et la chaleur de ces rayons se trouverait presque complètement épuisée avant qu'ils eussent atteint la surface de la terre. La conséquence serait que la terre entière serait beaucoup plus froide que ne le sont maintenant les régions polaires et que, par suite, l'homme ne pourrait y vivre. Au contraire, dans l'état actuel des choses, l'atmosphère se prête admirablement à nos intérêts, puisqu'elle permet à la chaleur solaire de la traverser librement à l'aller et qu'elle ne lui permet pas de se répandre librement dans l'espace au retour.

Maintenant que nous savons que l'air reçoit directement sa chaleur de la terre, considérons la conséquence de ce fait sur sa température à de hautes altitudes. En premier lieu, la chaleur radiante qui vient du sol doit, en règle générale, traverser les couches inférieures de l'atmosphère avant d'atteindre les supérieures. A mesure qu'elle s'élève, l'air l'absorbe en partie et dès lors, plus elle monte et plus elle s'affaiblit. En outre, l'air des hautes régions étant beaucoup plus raréfié que l'air des régions inférieures, son pouvoir d'absorber la chaleur est diminué d'autant. Vous voyez dès maintenant pourquoi les hautes régions de l'atmosphère sont plus froides que les basses : la chaleur radiante qui les atteint est moindre, ainsi que leur pouvoir d'absorption.

La seconde raison ne nous retiendra pas longtemps. Lorsque l'air se dilate, il se perd une certaine quantité de chaleur ; il s'en développe au contraire, lorsque l'air est comprimé. Je vous demanderai, pour le moment, de croire ces assertions sur parole, vu que leur discussion nous entraînerait beaucoup trop loin du sujet que nous traitons. Cependant, un mot d'explication en passant, pour stimuler votre intelligente curiosité plutôt que pour la satisfaire. Lorsque l'air se dilate, il se perd de la chaleur, parce que, de fait, la chaleur est l'agent qui produit l'effet. Elle dépense sa propre énergie en accomplissant un certain travail, je veux dire en triomphant de la pression atmosphérique ; et l'énergie ainsi dépensée cesse d'exister en tant que chaleur. Dès lors, après que la dilatation a eu lieu, la quantité totale de chaleur est moindre qu'elle ne l'était auparavant.

D'autre part, lorsque l'air est comprimé, une autre sorte d'énergie doit être dépensée pour obtenir ce résultat. L'énergie ainsi dépensée s'évanouit, et la chaleur apparaît en sa place. En d'autre termes, l'énergie employée a été convertie en chaleur. Donc, après la compression, la quantité totale de chaleur présente est plus grande qu'auparavant.

Maintenant, représentez-vous la grande chaîne des Alpes avec une hauteur moyenne de 3,300 mètres, et, pour fixer nos idées, supposons que le vent souffle du sud. L'air, qui s'est chargé d'humidité en passant sur la Méditerranée, vient frapper contre la base de cette barrière montagneuse. Il commence alors à s'élever le long des pentes et, à mesure qu'il s'élève, il se dilate ; la chaleur est dépensée par le fait de cette expansion, et longtemps avant que les plus hauts pics aient été atteints, la chaude atmosphère de l'Italie a été réduite par sa propre action à une température glaciale. Dans l'intervalle, la vapeur dont cet air était chargé a été condensée en eau ; puis, la température baissant sans cesse, les petites particules d'eau ont pris graduellement la forme solide de la glace. Alors commence ce merveilleux et mystérieux travail qui a pour résultat de transformer les molécules microscopiques de glace en délicats cristaux de neige. En se réunissant à leur tour, ces cristaux forment des flocons qui tombent drus et lourds, couvrant les pentes et les sommets des montagnes d'un manteau d'une blancheur éblouissante.

Après avoir franchi les plus hautes crêtes du rempart montagneux, l'air redescend dans les vallées de la Suisse. A mesure qu'il descend, il se condense par suite de la pression croissante de la portion de l'atmosphère qui le surmonte ; la condensation développe de la chaleur, et lorsqu'il atteint les cités de la plaine il est redevenu à la fois naturel et agréable. On voit ainsi que le même courant d'air qui est chaud lorsqu'il abandonne les plaines de l'Italie, qui est chaud encore lorsqu'il atteint les vallées de la Suisse, est devenu dans l'intervalle assez froid, par l'effet même du voyage qu'il accomplit, pour déposer un épais manteau de neige sur la chaine de montagne intermédiaire.

Nous avons exposé l'important phénomène auquel est due l'existence des glaciers et nous avons rattaché ce phénomène à sa cause. Le phénomène est simple et connu de tous : plus on s'élève dans la montagne et plus l'air est froid. La cause est double : d'abord, l'air des hautes régions reçoit moins de chaleur de la terre ; en second lieu, l'air qui vient des plaines se dilate à mesure qu'il s'élève et en se dilatant il se refroidit.

Formation des glaciers. — Une atmosphère froide, bien qu'elle soit une condition nécessaire pour la production des glaciers, n'est pas en elle-même une cause suffisante. Il faut de plus une abondante provision de neige, car c'est avec la neige que se font les glaciers. S'il n'en tombe chaque année qu'une petite quantité, le soleil de l'été suffira pour la fondre et il ne pourra s'établir de glacier permanent. Mais si la chute annuelle de neige est considérable et le froid de l'air intense, alors la neige peut défier le pouvoir du soleil. Sans doute ses rayons peuvent être encore passablement ardents, comme nous l'apprennent les visages flétris et hâlés de nos touristes alpins ; les brillantes fleurs de la montagne, qui s'épanouissent dans les recoins cachés et dans les fissures des rochers, témoignent elles-mêmes de la façon la plus agréable de la réalité de sa chaleur. Mais les jours de soleil sont rares, l'été est court et les neiges entassées par l'hiver offrent une douce mais indomptable résistance.

Par suite, dans les hautes régions des grandes chaînes
de montagnes, le sol est couvert de neige pendant l'année
entière, excepté sur les pics et sur les rochers escarpés
où la pente est trop raide pour que la neige puisse s'y
maintenir. Ce sont les régions dites des neiges perpétuelles, ou plus simplement la *limite des neiges*.

La position de cette ligne, c'est-à-dire sa hauteur au-
dessus du niveau de la mer, varie considérablement suivant les contrées où on l'observe. Elle dépend, on le
conçoit aisément, non seulement de la température, mais
encore de la quantité de neige qui tombe. Dans les Alpes,
la chute des neiges est considérable, grâce à l'humidité
du climat. La ligne des neiges est approximativement
à 2,700 mètres au-dessus du niveau de la mer, sur le
versant sud, et à 2,400 sur le versant nord. Au delà de
ces limites, les neiges des hivers s'accumulent d'une
année à l'autre et constituent comme le vaste magasin
d'approvisionnement d'une série de glaciers qui, pour le
nombre et l'étendue, l'emportent sur tous ceux des autres
contrées de l'Europe.

Puisqu'une nouvelle couche de neige se répand chaque
hiver sur toute la surface des hautes Alpes, et que
chaque été n'en fond qu'une partie, vous pourriez supposer que la hauteur des montagnes doit croître d'année en
année et d'âge en âge. Il n'en est point ainsi. A mesure
que les neiges s'entassent, le poids même de leur masse
comprime avec une force énorme les couches inférieures;
il les écrase en quelque sorte et les force à descendre
lentement dans toutes les directions sur les pentes et
les vallées de la chaîne des montagnes. Ces glaces mou-
vantes, ce sont les glaciers des Alpes. Nous les avons
pris à leur source dans les champs de neige éternelle;
nous avons maintenant à les suivre dans leur course
et à tâcher de saisir quelque chose de leur histoire.

Passage de la neige à la glace. — A mesure que le glacier descend dans la vallée, il passe de l'état de neige à l'état de glace par une transformation qui n'est pas sans analogie avec celle qui s'opère quand un écolier fait une boule de neige. L'écolier en question prend une masse de neige qu'il presse fortement, en même temps que la chaleur de ses mains en fait fondre la surface. En quelques instants, la boule devient beaucoup plus dure et plus compacte que la neige ordinaire, tout en étant loin d'avoir la dureté et la densité de la glace; mais cela suffit à la plupart des enfants. Cependant, qu'un écolier malicieux ait recours à des moyens spéciaux pour augmenter de plus en plus la pression ; qu'il ajoute de la neige fraiche à sa boule en même temps que celle-ci diminue de volume, et il obtiendra une matière qui ne différera guère de la glace.

Or la neige d'un glacier est soumise, nous l'avons vu, à une énorme pression, et pendant qu'elle se meut sous l'influence de cette pression elle est exposée à la chaleur du soleil qui la liquéfie à sa surface. Nous trouvons ainsi dans le glacier les deux conditions de la boule de neige de notre écolier.

En conséquence, comme dans ce cas, la neige, d'abord molle, incohérente, est transformée graduellement en glace pesante et compacte. Grâce à un tunnel percé artificiellement dans le glacier, à son extrémité inférieure, le voyageur peut, en quelques endroits, pénétrer assez loin dans la profondeur de la glace. Il est alors intéressant de comparer sa texture solide et sa magnifique teinte bleue avec l'aspect poussiéreux et la blancheur éblouissante de la neige dont elle dérive.

Nous sommes donc amenés à considérer les champs de neige des Alpes comme consistant en deux parties de caractère très différent. D'abord, il y a une vaste étendue de neige qui couvre les sommets arrondis et les pentes escarpées des plus hautes montagnes et remplit les grandes cavités en forme de cuvette où les vallées prennent naissance. Cette partie du champ de neige est appelée par les Allemands *Firn* e par les Français *névé*; la langue anglaise n'a pas de nom spécial pour la désigner. La neige qui tombe sur ces hauteurs a généralement une température notablement inférieure au point de congélation de l'eau. Aussi est-elle sèche et poudreuse comme une fine poussière. Il arrive quelquefois qu'on en voit de pareille dans notre propre pays par une très froide journée d'hiver. On la reconnaît immédiatement à cette particularité qu'elle ne peut s'agglomérer; si bien qu'on ne peut en faire des boules de neige.

Le premier effet du soleil d'été, dans les hautes Alpes, est d'élever la température de cette neige et de la fondre à la surface. L'eau ainsi produite s'infiltre à travers la masse et, se trouvant en contact avec de la neige plus froide, elle se congèle bientôt de nouveau. La mince écorce d'humidité qui recouvre la surface gèle également pendant la nuit. Par ces opérations, la neige est, jusqu'à une certaine profondeur, convertie en une glace à peu près solide; dans cet état, on peut facilement et agréablement se promener dessus; mais dans les endroits protégés pendant la plus grande partie du jour contre les rayons du soleil par la saillie d'un rocher, la neige reste toujours à l'état de poussière ténue, et le voyageur s'y enfonce à chaque pas jusqu'au genou.

Il ne faut pas confondre ce *névé*, dont je viens de parler, avec le glacier proprement dit. Celui-ci, qui tire son origine du *névé*, se transforme graduellement en une masse compacte et transparente et s'étend sur un espace de quelques kilomètres au-dessous de la ligne des neiges perpétuelles, remplissant les vallées jusqu'à une hauteur de plusieurs centaines de pieds.

Mouvement des glaciers. — Un glacier est donc un courant de glace qui se meut lentement depuis les champs de neige des hautes Alpes jusqu'à l'atmosphère plus chaude de la vallée, où il finit par se fondre et disparaître. Comme une rivière, il suit les sinuosités et prend la forme de son propre lit, s'étendant au loin là où la vallée s'élargit, se comprimant lui-même contre les saillies des rochers dans les passages étroits. Ce mouvement incessant est un des phénomènes les plus merveilleux de la nature. A ne le voir qu'en passant, non seulement le glacier semble au repos, mais on le dirait aussi immobile, aussi fixe entre ses rives que les montagnes qui l'entourent. Il marche néanmoins, et la preuve de ce mouvement n'est plus à faire, tant sont nombreuses les observations qui le confirment.

Dès l'année 1788, le fameux naturaliste suisse, de Saussure, passa une quinzaine de jours, avec tout un groupe de guides, au col du Géant, juste au-dessous du sommet du Mont-Blanc. A son départ, il laissa une échelle fixée dans le glacier en un endroit bien connu ; des fragments de cette échelle furent trouvés par Forbes, en 1832, à près de 5,000 mètres plus bas dans la vallée. Cette partie du glacier avait donc franchi cet espace en quarante-deux ans, ce qui donne une moyenne d'un peu plus de cent mètres par année.

Un autre naturaliste suisse, Hugi, se construisit, en 1827, une cabane sur le glacier inférieur de l'Aar, près du Grimsel. Il y retourna en 1830 et en 1836, et, chaque fois, il constata que sa cabane s'était avancée vers le bas de la vallée. Enfin, au bout de quatorze ans, en 1841, on trouva qu'elle s'était éloignée de 1,470 mètres de sa position primitive. Ici, la moyenne du mouvement annuel serait donc de 105 mètres.

Encore plus exactes sont les observations d'Agassiz sur le même glacier. Dans le cours de l'été de 1841, s'étant

muni d'outils en fer, il perça la glace à une profondeur
de 3 mètres en six endroits différents, de façon à former
une ligne droite au travers du glacier, et dans chaque
trou il enfonça un pieu en bois. Il détermina exactement
la position de cette rangée de pieux en la rapportant à
deux points fixes choisis de chaque côté, dans la montagne.
Lorsqu'il revint au mois de juillet de l'année suivante,
il constata que toute sa rangée de pieux s'était sensiblement écartée des deux points fixes : seulement le parcours
effectué par tous ses pieux était loin d'être le même.
Pour l'un d'eux, il était de 80 mètres, alors que pour un
autre il n'était guère que de 36 mètres.

Observations du professeur Forbes. — Mais
c'est à James David Forbes, anciennement professeur
d'histoire naturelle à l'Université d'Edimbourg, que
nous sommes principalement redevables des notions
variées et précises que nous possédons maintenant sur
le mouvement des glaciers. C'est lui qui, le premier,
montra en 1842, au moyen d'un théodolite, que le
mouvement d'un glacier peut être rendu sensible à
l'œil, non seulement d'un jour à l'autre, mais encore
d'une heure à la suivante. Le théâtre qu'il choisit pour
ses études, et qui continue d'être encore un endroit favori
pour les observations de ce genre, fut la célèbre mer de
Glace, ainsi appelée à cause de sa ressemblance avec une
mer congelée. C'est un immense glacier qui descend
d'un superbe amphithéâtre de montagnes appartenant au
groupe du Mont-Blanc, et qui, après un cours de plusieurs kilomètres, s'ouvre un passage dans une gorge
étroite, près du magnifique village de Chamounix. Le
professeur resta là plusieurs semaines et détermina, à
l'aide de procédés ingénieux, la mesure exacte du parcours
effectué par chaque partie du glacier. Je vous dirai tout
à l'heure le résultat de ses observations ; mais je voudrais

auparavant vous donner une idée de la façon dont le mouvement d'un glacier peut être rendu sensible à l'œil dans le cours de quelques heures.

Un théodolite, comme vous le savez sans doute, est, en réalité, un téléscope monté sur un pied. Seulement, pour ajouter à l'exactitude des observations, on a disposé sur l'oculaire deux minces fils d'araignée qui se coupent à angles droits. Si l'on plante cet instrument sur l'un des flancs de la montagne et qu'on regarde par le téléscope au travers du glacier, on arrivera facilement à faire coïncider un pic de glace bien défini avec le point d'intersection des deux fils. Cela fait, on peut laisser l'instrument dans sa position pendant trois ou quatre heures. En regardant de nouveau par le téléscope au bout de ce temps, on verra que le pic de glace ne coïncide plus avec l'intersection des fils, mais qu'il s'est sensiblement avancé dans le champ de l'instrument. Des observations soigneuses faites de cette manière et souvent répétées ont montré que le maximum de déplacement sur la Mer de Glace, au passage de la gorge, est d'un mètre par jour en été et de 0^m50 en hiver.

Le mouvement d'un glacier ressemble à celui d'une rivière. — La grande vérité établie par Forbes, et confirmée par tous les observateurs qui l'ont suivi, est la remarquable analogie qui existe entre le mouvement d'un glacier et celui d'une rivière. Naturellement, la vitesse du mouvement est tout à fait différente. Une vitesse d'un mètre par jour ou de quatre centimètres par heure est jugée considérable pour un glacier, alors que celle d'un cours d'eau atteint assez souvent trois ou quatre kilomètres à l'heure. Mais, à part cette différence, il semble que le glacier se comporte en tout exactement comme la rivière. La vallée qu'il parcourt peut être considérée comme le lit de ce cours d'eau glacée et, comme la rivière, il s'accommode partout, on l'a vu, à la forme et aux dimensions de son lit. Comme elle aussi, il marche avec précipitation dans les passages étroits, et prend une allure paresseuse là où la vallée s'élargit et se transforme en plaine.

On sait, en outre, que dans une rivière le courant est plus rapide au milieu que sur les bords, à la surface qu'au fond. La cause de cette différence est facile à saisir. Le frottement de l'eau contre les bords et le fond de la rivière agit, naturellement, comme une force de résistance qui tend à ralentir le cours de l'eau, et cette force se fait évidemment sentir de préférence sur les portions du liquide qui subissent de plus près son action. Il en résulte que les bords du courant sont plus ralentis que le centre, les parties profondes que la surface.

Maintenant, permettez-moi de vous rappeler l'expérience d'Agassiz. Vous savez que, pendant l'été de 1841, il enfonça un certain nombre de pieux ou de poteaux en ligne droite au travers du glacier de l'Aar. En juillet 1842, il constata que tous ses pieux s'étaient déplacés d'une façon notable, les uns plus, les autres moins. Il me reste à vous dire l'aspect qu'ils présentaient vus de la montagne. La ligne droite était devenue une ligne courbe, et la courbure de l'arc ainsi obtenue était dirigée vers le bas de la vallée. Il était évident, au premier coup d'œil, que les pieux voisins du centre avaient subi un déplacement plus considérable que ceux qui étaient situés sur l'un et l'autre bord. Le glacier avait donc marché plus vite au milieu que sur les côtés.

Ce résultat a été confirmé à diverses reprises par d'autres observateurs, notamment par Forbes et Tyndall qui ont successivement poursuivi leurs recherches pendant plusieurs années avec un zèle infatigable et une rare habileté scientifique. Le professeur Tyndall a réussi, en outre, à démontrer par ses propres expériences que la surface d'un glacier, comme celle d'une rivière, se meut plus rapidement que les couches inférieures. Non content de prouver ce qui était déjà connu ou conjecturé, cet infatigable observateur a établi une nouvelle et curieuse analogie entre le mouvement d'un glacier et celui d'une rivière.

Lorsqu'une rivière coule dans un lit sinueux, le point où le cours de l'eau est le plus rapide n'est pas exactement au centre du courant ; il se transporte, à chaque sinuosité nouvelle, d'un côté du centre à l'autre, de façon à se trouver toujours un peu du côté convexe de la courbure. Or, la vallée occupée par la mer de glace constitue un lit sinueux. En fixant une série de pieux à de courtes distances l'un de l'autre au travers du glacier, le professeur Tyndall a pu mesurer le mouvement exact de chaque partie, et il a invariablement constaté qu'à chacune des courbes de la vallée le pieu qui avançait le plus rapidement se trouvait à une légère distance du centre et toujours sur le côté convexe de la courbure du glacier.

Moraines d'un glacier. — Bien que les glaciers des Alpes doivent leur origine à des champs de neige d'une blancheur éclatante, ils ne conservent pas longtemps intacte la pureté de leur couleur primitive. Les forces de la nature sont incessamment à l'œuvre sur les montagnes qui les encaissent de part et d'autre. Les rochers les plus durs sont désagrégés par la gelée ; les pics élevés sont démolis par la foudre ; les galets mobiles et les boues sont entraînés par les torrents ; et tous ces débris s'entassent de jour en jour et d'année en année à la surface du glacier. Les matériaux les plus légers, dispersés dans toutes les directions par le vent, enveloppent le glacier d'un vêtement d'un gris sale. Quant aux débris plus considérables et plus denses, ils restent, pour la plupart, au pied des montagnes, et forment, de chaque côté du glacier, un long et épais dépôt qui est lentement entraîné vers la plaine inférieure. Ces remparts de cailloux, de vase et de fragments de rochers portent le nom de *moraines latérales*. C'est à peine si je connais un objet de plus vif intérêt dans l'histoire naturelle de notre globe.

Le voyageur qui se tient dans les retraites solitaires des glaciers entend, par intervalles, les cailloux se précipiter sur le flanc de la montagne; il les voit tomber quelquefois un à un, quelquefois en masse, comme une véritable averse, sur la glace, où ils vont commencer leur lent mais inévitable voyage vers la vallée inférieure. De temps à autre, un bloc plus considérable se détache de la montagne, se précipite d'un rocher sur l'autre, et finit par tomber avec fracas sur la moraine où il prend place parmi ses compagnons, à moins qu'il ne soit arrêté en chemin par quelque aspérité de la falaise, et forcé d'ajourner ainsi son voyage vers la plaine.

Si maintenant nous réfléchissons que ce travail, que chacun peut voir s'accomplir pendant un instant, se continue, non seulement pendant des heures et des jours, mais pendant des années et des siècles, nous aurons une idée de ce que peut réellement faire la Nature dans les sauvages solitudes des glaciers, où l'homme ne contemple son œuvre qu'à de rares intervalles. Elle-même se charge de démolir les montagnes et d'en transporter les débris, par des procédés qui n'appartiennent qu'à elle, jusqu'à des distances considérables, où sans doute elle a l'intention de les utiliser pour d'autres desseins que nous pouvons soupçonner et admirer, mais que nous ne pouvons guère espérer de comprendre complètement.

Lorsque deux glaciers se rencontrent, ils s'unissent comme les deux affluents d'un même fleuve, et descendent ensemble la vallée. Dans ce cas, il est évident que les deux moraines latérales adjacentes se réuniront au point

de jonction et formeront désormais une seule rangée de
décombres et de débris rocheux. La moraine ainsi constituée porte le nom de moraine *médiane*. Lorsqu'il y a
trois glaciers tributaires, il y a naturellement deux moraines médianes, l'une formée à la jonction du premier
et du second glacier, l'autre à la jonction du second et du
troisième. Tout nouveau tributaire entraîne ainsi la production d'une nouvelle moraine médiane. Ces moraines
médianes, qu'il est facile de distinguer lorsqu'on regarde
d'en bas le glacier dans son ensemble, constituent un trait
éminemment caractéristique du phénomène glaciaire.
Elles apparaissent comme de longues barrières rocheuses,
grossièrement parallèles aux côtés de la vallée, et elles
indiquent d'une façon précise le nombre des tributaires
dont se compose le glacier principal.

Tout glacier disparaît à son extrémité inférieure par
la fusion de la glace, et, à mesure qu'il fond, il dépose
sur le sol de la vallée la masse de rochers, de cailloux et
de boue qu'il a transportée des hauteurs de la montagne.
La perte qu'il éprouve par la fusion de la glace est le plus
souvent réparée par la marche en avant du glacier, de
sorte que son extrémité peut se maintenir au même point
pendant des années. Pendant ce temps, la portion qui
disparaît ajoute sans cesse de nouveaux matériaux au
monceau de roches et de débris qui se forme, comme une
puissante barrière, au travers de la vallée. Cette barrière
s'appelle la *moraine terminale* du glacier.

Quelquefois, cependant, la fonte annuelle du glacier
est plus grande que la compensation obtenue par sa
marche en avant. Alors, le glacier diminue d'étendue et
remonte la vallée, laissant en arrière sa moraine terminale. On peut voir à présent, en Suisse, plusieurs moraines terminales de ce genre couvertes de végétation et
séparées par de vastes plaines, même par des villages,
des glaciers qui les formèrent. En revanche, lorsque la

chute des neiges a été exceptionnellement abondante pendant plusieurs années de suite et que les étés sont remarquablement froids, il arrive que la compensation dépasse la perte; le glacier descend alors dans la vallée, au delà de sa limite habituelle, repoussant devant lui les habitations humaines, broyant les arbres des forêts, poussant même en avant, avec une force lente mais irrésistible, l'entassement rocheux qui constitue sa moraine terminale.

Crevasses. — Un autre trait intéressant du glacier consiste dans les fentes ou fissures profondes qui le sillonnent dans toutes les directions, et qui sont généralement connues sous le nom de crevasses. La crevasse se présente d'abord, à la surface du glacier, comme une fente imperceptible, dans laquelle on aurait peine à introduire la lame d'un canif; mais elle s'élargit peu à peu, jusqu'à devenir une ouverture béante d'une profondeur inconnue, de plusieurs pieds de largeur, et peut-être de cent mètres ou plus de longueur.

Les ouvertures de ce genre constituent une des difficultés et un des dangers des excursions sur les glaciers. En été, au-dessous de la limite des neiges, la surface du glacier est habituellement libre de neiges, et l'on peut voir le précipice à mesure qu'on en approche. Ce n'est alors qu'un obstacle gênant, mais sans grand danger. S'il est étroit, on peut le franchir d'un pas; s'il est trop large, un bloc de rocher, jeté au travers comme une sorte de pont, permet souvent de passer au delà en toute sécurité. Au moins peut-on longer la crevasse et la tourner, au prix d'un peu de temps et de fatigue. Mais dans les hautes régions où, même en été, le glacier est couvert de neige, la crevasse est une source de grands dangers, et elle a servi de tombeau à bien des montagnards.

A cette hauteur, toute la surface est un champ de

neige ininterrompu, et les crevasses ne se révèlent au
voyageur que lorsqu'il y tombe et s'y perd. On a trouvé
néanmoins à ce danger un remède, dont les guides les
plus expérimentés vantent l'efficacité. S'il est vrai qu'un
voyageur isolé court de sérieux dangers, un groupe de
quatre ou cinq voyageurs, solidement attachés avec une
corde qui les réunit l'un à l'autre, en laissant entre eux
un intervalle de trois à quatre mètres, peut, nous dit-on,
se considérer comme en sûreté. L'un des touristes peut

Fig. 50.

Usage de la corde sur un glacier.

tomber dans une crevasse masquée par la neige et disparaître un moment, mais ses compagnons, qui ont le
pied solide sur la glace, sont à même de le retirer. Il peut
se faire, néanmoins, qu'on n'aime pas à faire ainsi momentanément connaissance avec l'intérieur d'une crevasse; aussi le plus sûr est-il de se maintenir, dans les
excursions, au-dessous de la limite des neiges perpétuelles.   .

Les recueils d'aventures arrivées aux alpinistes sont
pleins de catastrophes dues à l'imprudence de jeunes touristes qui ont négligé l'usage de la corde. En voici un
exemple choisi entre beaucoup d'autres :

Le 9 août 1864, deux voyageurs autrichiens firent l'ascension du Mont-Blanc, accompagnés de deux guides et
de trois porteurs. En descendant la montagne, le plus
jeune des porteurs, qui avait fait l'ascension pour la première fois, tout fier de son succès, refusa de s'attacher à

la corde et marcha en avant du reste de la caravane.
Arrivé au bord d'une longue crevasse qui était recouverte d'un pont de neige, il tâta la neige avec son pied,
et, la jugeant assez solide pour le porter, il s'avança et
disparut au même instant, ne laissant dans le pont de
neige d'autre trace qu'un trou de la largeur de son
corps.

Les guides déclarèrent immédiatement que tout espoir
de sauver leur infortuné compagnon était perdu, et ils se
hâtèrent de rentrer à Chamounix avec le reste de la
bande. La même nuit, quinze guides se décidèrent à aller
immédiatement à la recherche du cadavre de leur compagnon. Ces hommes laissèrent Chamounix à minuit et
atteignirent à onze heures le théâtre de l'accident. L'un
des plus dévoués, Michel Payot, s'entoura les reins d'une
forte ceinture de cuir, à laquelle fut attachée une double
corde, et on le descendit dans la crevasse. Il pénétra jusqu'à une profondeur de quarante-cinq mètres, sans
atteindre le fond et sans rencontrer aucune trace du corps
de son compagnon. Enfin, à un signal donné, il fut ra-
mené à la surface, complètement épuisé de fatigue et de
froid.

Le Bergschrund (Crevasse de montagne). — On
nomme *Bergschrund* une crevasse de dimensions considérables, qui se trouve généralement là où le glacier approche de la montagne. Il constitue un grand obstacle
pour les voyageurs; pourtant, il n'est pas aussi traître
que la crevasse recouverte de neige, vu qu'un alpiniste
expérimenté peut généralement en déterminer assez
exactement la position. Dans la première partie de la
belle saison, les *Bergschrunds* sont souvent recouverts
de glace ou de neige, ce qui permet de les franchir sans
danger; mais au mois d'août, lorsque ce pont naturel a
été fondu en grande partie par l'action prolongée du

soleil, il constitue une barrière assez souvent infranchissable. L'esquisse ci-jointe, que je dois à l'obligeance de M. Whymper, donne une bonne idée d'un *Bergrschrund* et de la manière de le traverser sur un pont de glace.

Il arrive souvent qu'on ait à franchir, à la descente des montagnes, un précipice de ce genre. Comme le bord supérieur fait habituellement saillie en avant, à la façon d'une corniche, le fait est moins périlleux qu'il ne semble à première vue, et il peut être accompli même par des alpinistes qui ne sont pas de première force. Voici le récit amusant d'un fait de ce genre que j'emprunte à la plume pittoresque de M. Whymper.

« Nous commençâmes à descendre vers le glacier de Pilatte par une pente de glace unie qui avait, d'après les observations de M. Moore, une inclinaison de 54 degrés ! Croz, l'un des guides, tenait toujours la tête, et nous le suivions à des intervalles d'environ 5 mètres ; nous étions tous attachés à la corde, et Almer avait la lourde responsabilité de l'arrière-garde ; les deux guides se trouvaient donc séparés par une distance d'environ 21 mètres. Le brouillard les empêchait de se voir, et pour nous-mêmes ils avaient l'air de deux fantômes. Mais chacun de nous pouvait entendre Croz taillant des pas au-dessous. De temps à autre, sa forte voix perçait le brouillard : «Prenez » garde de tomber, mes chers messieurs ; posez bien » votre pied ; ne bougez pas que vous ne soyez sûrs de » votre appui. »

» Nous descendîmes ainsi pendant trois quarts d'heure. Tout à coup la hache de Croz s'arrêta : — « Qu'y a-t-il, Croz ? — Un *Bergschrund*, messieurs. — Pouvons-nous le traverser ? — Ma foi, je n'en sais rien ; je crois bien qu'il nous faudra le sauter. » — Au moment même où il parlait, les nuages s'écartèrent à droite et à gauche. L'effet fut saisissant. Ce fut comme un coup de

Fig. 51

Passage d'un *Bergschrund* sur un pont de glace.

théâtre destiné à nous préparer au grand saut que toute la troupe allait être obligée d'exécuter.

» Une cause qui nous était inconnue, peut-être une disposition particulière des rochers situés au-dessous, avait fendu en deux parties le mur de glace que nous descendions. Une profonde fissure s'ouvrait de chaque côté, aussi loin que la vue pouvait s'étendre ; en d'autres termes, une immense crevasse séparait la partie supérieure, sur laquelle nous nous trouvions, de la partie inférieure située au-dessous de nous. Quand on taille des pas dans une pente de glace inclinée à 54 degrés, on ne peut guère songer à chercher un passage plus facile à traverser ; c'était sur ce point et sans retard que nous devions franchir cet abîme.

» Il nous fallait sauter en même temps de 5 mètres de hauteur et de 2 à 3 mètres en avant. Ce n'était pas beaucoup, direz-vous. Sans doute, ce n'était pas beaucoup, mais la nature du saut inquiétait bien plus que son étendue. Il s'agissait de tomber juste sur une étroite arête de glace. Si on la dépassait, on risquait de dégringoler indéfiniment dans l'abîme ; si on ne l'atteignait pas, on s'enfonçait dans la crevasse qui s'ouvrait au-dessous et qui, bien qu'en partie comblée à l'entrée par les fragments de glace et de neige détachés de la pente supérieure, nous offrait encore sur beaucoup de points une large ouverture béante, prête à engloutir tous les corps errant dans l'espace.

» Croz détacha d'abord Walker, afin d'avoir une longueur de corde suffisante ; puis, nous avertissant de le tenir solidement, il s'élança par-dessus l'abîme. Il tomba avec adresse sur ses pieds, se détacha et rejeta la corde à Walker, qui suivit son exemple. Mon tour étant arrivé, je m'avançai tout au bord de la glace. La seconde qui s'écoula ensuite fut ce qu'on appelle un moment suprême. En d'autres termes, je me sentis souverainement

Fig. 52.

Comment on franchit un *Bergschrund*.

ridicule. Il me sembla que le monde tournait avec une effroyable rapidité et que mon estomac s'envolait à sa suite. Presque au même instant, je me trouvai à plat ventre sur la neige. Je m'empressai d'affirmer que ce n'était rien du tout, afin d'encourager mon brave ami Reynaud. Il s'approcha du bord et se récria aussitôt. Il n'avait pas, j'en suis persuadé, plus de répugnance que les autres à tenter l'aventure, mais il était infiniment plus démonstratif, — en un mot, il était... Français. — Il se tordait les mains en disant : « Oh! quel diable de » passage ! — Ce n'est rien, Reynaud, lui criai-je, rien » du tout. — Allons, sautez, crièrent les autres, sautez » donc ! » Mais lui se mit à tourner sur lui-même, autant qu'on peut le faire sur un échelon de glace, puis il se couvrit la figure avec les mains en s'écriant : « Non sur » ma parole, non! non! non ! Ce n'est pas possible! »

» Comment s'en tira-t-il? Je n'en sais, ma foi, rien. On aperçut le bout d'un pied qui semblait appartenir à Moore ; on vit ensuite Reynaud métamorphosé en oiseau, et descendant sur nous comme s'il eût piqué une tête en pleine eau, ses bras et ses jambes étendus, son gigot de mouton prenant son vol et son bâton s'échappant de sa main ; puis on entendit un bruit sourd, comme celui que ferait sur le sol un tapis roulé qui tomberait d'une fenêtre. Quand nous l'eûmes remis sur ses pieds, il offrait un assez triste aspect ; sa tête n'était plus qu'une énorme boule de neige ; son eau-de-vie s'échappait d'un coin de son sac, sa chartreuse d'un autre coin ; tout en le plaignant de cette perte, nous ne pûmes retenir un éclat de rire (1). »

Une crevasse qui rend ses victimes. — Les corps de ceux qui se perdent dans les crevasses sont sou-

___

(1) Whymper, *Escalades dans les Alpes*, p. 248 à 249.

vent enfouis dans la glace, préservés de la sorte de la décomposition et entraînés après de longues années au pied des glaciers, où on les retrouve en parfait état de conservation. Je puis citer un exemple très intéressant et parfaitement authentique de ce curieux phénomène.

Au mois d'août 1820, un voyageur russe, le docteur Hamel, tenta de faire l'ascension du mont Blanc en compagnie de deux Anglais et de sept guides. Tous avaient atteint sains et saufs la magnifique nappe de neige connue sous le nom de Grand Plateau et située non loin du plus haut sommet de la montagne, lorsque survint une avalanche qui précipita trois guides dans une crevasse béante.

Quarante ans plus tard, alors qu'il n'était plus question de ces pauvres victimes, leurs restes apparurent à l'extrémité du glacier des Bossons, à plusieurs kilomètres de distance du théâtre de la catastrophe. Les bras, les jambes, les têtes, furent successivement rendus à la lumière du jour. La chair était encore très blanche et adhérente aux os. Près des corps on trouva des fragments d'habits, le chapeau de paille de l'un des guides, le voile de gaze du docteur Hamel, un bâton brisé et, chose non moins curieuse, un gigot de mouton rôti encore bien conservé. Ces souvenirs de la triste catastrophe furent recueillis avec plusieurs autres et déposés à la mairie de Chamounix, où ils furent l'objet d'une enquête judiciaire.

Le principal témoin fut Marie Couttet, l'un des guides qui avaient échappé. Il avait alors soixante-douze ans. Le vieillard reconnut sans peine tous les fragments exposés, et son émotion fut des plus vives, chacun lui rappelant tout à coup quelque incident de la périlleuse expédition à laquelle il avait pris part. « Voici, dit-il, le chapeau d'Auguste Tairraz; c'est lui qui portait les pigeons que nous devions lâcher au sommet. Tenez, voici l'aile de l'un d'eux. Ce bâton ferré est le restant de mon *alpen-*

stock; je l'avais fait moi-même pour mes excursions sur les glaciers, et il m'a sauvé la vie, car lorsque mes compagnons furent engloutis, je restai, grâce à lui, suspendu au-dessus de la crevasse. A la fin, il se rompit, mais je pus me dégager de la neige et je me sauvai. Quel bonheur de le revoir ! — Voici la main de Balmat ; je la reconnais bien. » Et la baisant tendrement, il ajouta : « Je n'aurais pas cru qu'avant de quitter ce monde il m'eût été donné de presser encore une fois la main de mon brave camarade, de mon bon ami Balmat. » Un autre guide survivant de la même expédition, Julien Devouassoux, était aussi présent à cette scène étrange. Mais, âgé de plus de quatre-vingts ans, il avait perdu la mémoire et l'intelligence, et il assista sans émotion et sans intérêt apparent à ce triste spectacle.

La cascade de glace. — Les crevasses doivent leur origine à une tension du glacier à mesure qu'il se meut dans son lit rocheux. Nous avons vu que le mouvement est plus rapide près du centre que sur les bords. Il en résulte une tension entre les diverses parties du glacier. La glace, dure et cassante, ne pouvant s'étendre sous ses efforts, se rompt, et les fentes ainsi produites s'élargissent de jour en jour. Les fissures qui ont cette origine sont principalement confinées sur les bords, mais il en est d'autres qui s'étendent de part en part, en travers du glacier.

Supposez qu'en un certain point la vallée plonge brusquement. Le glacier, qui se meut à la surface, doit tourner l'angle formé par cette dépression. C'est comme si je prenais une plaque de verre et que je voulusse la plier autour du bord de cette table. Incapable de s'étendre, le verre se briserait. De même, le glacier, obligé de se modeler sur les aspérités de son lit et d'en contourner les angles saillants, se tend à la surface, et comme l'effort se continue

sans cesse, la fente devient bientôt une large fissure, et
la fissure un abîme. Comme chaque portion du glacier
passe successivement sur le pli de terrain formé par les
inégalités du ro-
cher, le tout se
brise de la même
manière. De là une
succession de cre-
vasses, qui sont sé-
parées par une
épaisse muraille
transversale de
glace.

Ces murailles
transversales sont
souvent brisées
elles-mêmes par
suite de tensions
locales, de façon à
former d'immenses

Fig. 53.

Une avalanche de glace.

blocs et des crêtes. Lorsque la dépression de la vallée
se transforme en précipice, toute la surface du glacier
est déchirée et tordue et prend des formes fantastiques

de tours, de pics et de pinacles qui, éclairés des rayons
du soleil de midi, présentent une scène d'une ma-
gnificence sauvage et indescriptible. Ce phénomène
est très fréquent dans les Alpes. Vu à distance, il suggère
l'idée d'une cataracte écumante soudainement transformée
en glace. Aussi l'a-t-on appelée, avec assez d'exactitude,
une cascade de glace.

Les tours de glace de la cascade, connues en Suisse
sous le nom de *séracs*, sont exposées d'une manière spéciale à l'action de la chaleur solaire, et à cette cause sont
dues principalement les formes bizarres et fantastiques
qu'elles revêtent. En été, elles sont souvent minées par
la fonte des glaces sur lesquelles elles reposent. Elles
tombent alors et se précipitent avec un fracas épouvantable et une violence extrême sur les pentes du glacier.
C'est l'avalanche de glace, source bien connue de danger
pour les alpinistes. M. Whymper décrit comme il suit
une de ces avalanches, dont il faillit être victime il y a
quelques années.

« Nous atteignîmes sains et saufs les rochers. Eussent-
ils été deux fois plus dangereux, notre satisfaction n'eût
pas été moindre. On s'assit un instant pour prendre un
cordial nécessaire, sans toutefois perdre de vue les aiguilles de glace, à la base desquelles nous venions de
passer, et qui se trouvaient maintenant presque au-dessous de nous. Tout à coup, l'une des plus grandes, haute
comme le Monument, à Londres, s'écroula sur la pente
qu'elle dominait. La formidable masse se pencha d'abord
tout entière, comme si elle eût tourné sur des gonds, en
s'inclinant lentement de près de trente degrés ; à ce moment, écrasant sa base sous son propre poids, elle se brisa
en mille morceaux et se précipita le long de la pente que
nous venions de gravir. Tous les pas que nous avions
tracés furent effacés sur son passage ; une large bande de
glace polie et brillante apparut à la place de la couche de

neige que l'avalanche venait d'enlever avec une force irrésistible (1). »

L'avalanche de neige. — Encore plus terribles et plus désastreuses sont les avalanches de neige, qui se précipitent au loin dans les vallées et parfois engloutissent des villages entiers. Il en est de deux sortes ; il y a les avalanches qui glissent et les avalanches qui roulent. L'avalanche qui glisse ressemble quelque peu à l'éboulement de terre. Elle tire généralement son origine d'un lit de neige fraîche reposant sur la pente escarpée d'un glacier. On peut aisément s'imaginer une inclinaison des pentes telle que la neige hésite, en quelque sorte, entre la force de gravité qui tend à la faire glisser et le frottement qui tend à la retenir. Dans de telles circonstances, le trouble le plus léger — par exemple l'éclat du tonnerre, le pas du chamois, même, dit-on, la voix du touriste qui passe — peut suffire pour la faire se détacher de son lit. Alors toute la masse se met à glisser, et, comme sa force augmente avec son mouvement, elle se précipite au fond de la vallée en entraînant tout devant elle. M. Whymper et ses compagnons déterminèrent une avalanche de ce genre à leur descente des Grandes-Jorasses.

« Les pentes fort raides, étaient recouvertes d'une neige fraîche semblable à de la farine et très dangereuse. En montant, nous nous en étions déjà méfiés et nous avions taillé notre escalier avec la plus grande précaution, sachant parfaitement que le moindre ébranlement causé à sa base la ferait glisser tout entière. Pendant la descente, les plus hardis d'entre nous proposèrent de risquer une glissade, mais les plus prudents insistèrent pour éviter les pentes trop dangereuses et gagner les rochers. Leur avis prévalut. Déjà nous avions traversé la moitié

_____

(1) *Escalades dans les Alpes*, p. 279-80.

de la neige en nous dirigeant vers l'arête, quand la croûte supérieure glissa d'une seule masse en nous entraînant. « Halte ! » nous écriâmes-nous en chœur. Et nos haches de travailler pour tâcher d'arrêter cette descente fort involontaire. Mais elles glissaient sans l'entamer, sur la couche de glace que la neige laissait à découvert. « Halte ! » exclama Croz en lançant de nouveau sa hache avec une énergie surhumaine. Impossible de nous arrêter. Nous glissâmes d'abord doucement ; puis le mouvement s'accéléra ; d'énormes vagues de neige s'accumulaient devant nous, et tout autour des masses de débris descendaient avec un sifflement sinistre. Par bonheur, la pente s'adoucit sur un point ; les guides qui tenaient la tête sautèrent adroitement de côté, hors de la neige mouvante. Nous les suivîmes le plus vite possible. La jeune avalanche, que nous avions si bien lancée, continuant sa course, alla tomber dans une crevasse béante qui nous eût servi de tombeau si nous étions restés en sa compagnie cinq secondes de plus. Le tout ne dura pas une demi-minute (1). »

L'avalanche qui roule débute par une très petite quantité de neige qui se détache de quelque crête montagneuse et se précipite, en roulant, sur les champs de neige inférieurs. A mesure qu'elle roule elle recueille de la neige nouvelle et grossit rapidement. Primitivement grosse peut-être comme un pois, elle atteint successivement les dimensions d'une boule de neige, d'une maison et d'une montagne. Parvenue à cette grosseur elle se précipite dans la vallée avec une vitesse énorme, portant sur son passage la mort et la destruction. Je vous citerai un ou deux exemples de sa violence.

En l'année 1745, le village de Tawich, dans le canton des Grisons, fut complètement enseveli sous une ava-

____

(1) *Escalades dans les Alpes*, p. 340.

lanche de ce genre. Une centaine de personnes furent plus tard retirées de dessous la neige, mais deux seulement étaient vivantes. Dans le même canton, une semblable avalanche transporta, en 1806, une forêt d'un côté à l'autre de la vallée, plantant un sapin sur le toit même du presbytère. Plus tard, en 1820, à Obergesteln, près du glacier du Rhône, quatre cents têtes de bétail et quatre-vingts êtres humains furent engloutis sous une avalanche de neige.

Le glacier retourne à son père l'Océan. — Mais il est temps de revenir à l'histoire du glacier et d'en finir avec lui. Nous avons vu que le glacier est formé par la neige qui recouvre le sommet des montagnes, que cette neige est le produit des nuages qui franchissent les Alpes, que les nuages ne sont autre chose que la vapeur contenue dans l'atmosphère, vapeur condensée d'abord en eau, puis cristallisée en neige, que cette vapeur elle-même est extraite de l'Océan par l'action de la chaleur solaire ; il ne me reste plus qu'à vous dire comment le glacier retourne à son père l'Océan, complétant ainsi le cycle de son histoire.

L'extrémité inférieure de tout glacier est la source d'une rivière qui prend naissance brusquement, sous une voûte massive de glace. Cette rivière est formée en partie par la fonte de la glace à l'extrémité du glacier, en partie par la fonte qui s'opère à sa surface pendant tout l'été. Tout voyageur sait qu'un glacier est traversé en été par de nombreux ruisselets qui se tracent de petits sillons sur la glace et souvent s'unissent de façon à former de vrais torrents qui coulent à sa surface jusqu'à ce qu'ils rencontrent une crevasse dans laquelle ils plongent et disparaissent. Tous ces ruisselets et ces torrents trouvent le moyen de pénétrer au travers de la glace jusqu'au fond de la vallée. Là, ils continuent leur cours sous le glacier et débouchent à l'extrémité, sous l'arcade voûtée.

La rivière qui naît de la sorte n'est autre chose que le glacier lui-même qui entre dans une nouvelle carrière sous une forme nouvelle. Il est saturé d'une boue fine, tirée des moraines ou due à la désagrégation des roches qui encaissent le glacier. La première fois qu'on voit cette eau troublée, bourbeuse, qui a pris la place de la glace aux beaux reflets bleuâtres, on éprouve comme un sentiment de regret et de désappointement. Mais la beauté du glacier n'a pas pour cela complètement disparu : elle n'est que voilée pour un temps. Si nous voulons bien suivre la nouvelle rivière dans son cours, nous constaterons qu'elle dépose dans le premier grand lac qu'elle parcourt les matériaux argileux dont elle était souillée ; aussi retrouve-t-on les magnifiques teintes des glaciers des Alpes dans les eaux bleues des lacs, suisses et italiens, de Genève, de Constance, de Lucerne, de Côme et dans le lac Majeur. Après un court repos dans ces grands bassins, les eaux des glaciers se remettent en marche pour leur long voyage et, sous les noms familiers du Rhin, du Rhône, du Pô, de l'Adige, de l'Inn, elles s'en vont dans toutes les directions, à travers l'Europe, sur des centaines de kilomètres, sans désormais s'arrêter, jusqu'à ce qu'elles se soient déversées dans la mer du Nord, dans la mer Noire et dans la Méditerranée.

Traces des glaciers inscrites sur les roches. — Nous savons maintenant que les glaciers des Alpes ne représentent qu'une phase particulière d'une longue série de changements qui s'effectuent d'âge en âge. Les glaciers d'aujourd'hui sont les nuages d'hier et la rivière de demain. Ils sortent de l'Océan et retournent à l'Océan. Mais pendant la période de leur existence, ils gravent, en quelque sorte, leur histoire sur les roches des vallées qu'ils parcourent. Cette histoire peut être déchiffrée par un œil sagace et interprétée par un esprit exercé. Peut-être ne m'en voudrez-vous pas trop si, avant de terminer cette conférence, je cherche à vous donner une idée de la nature de ces traces glaciaires et de l'enseignement qu'elles contiennent.

En descendant la vallée, le glacier est doué du singulier pouvoir de polir et de buriner son lit rocheux. Des fragments de roche, des cailloux anguleux et du sable fin pénétrent à travers les crevasses et finissent par s'enchâsser solidement dans la surface inférieure du glacier, partageant son mouvement et, en conséquence, sapant, sous une pression énorme, le sol de la vallée. Le glacier devient de la sorte comme un puissant engin de polissage sous l'action duquel les roches de la vallée perdent bientôt leur angles saillants et reçoivent une surface douce et unie. En même temps, cette surface est profondément sillonnée çà et là par des blocs anguleux de quelque minéral fort dur, tel que le quartz, qui, comme l'outil d'un graveur, entaille la matière plus molle de la roche sous-jacente. De plus, le sable fin mais dur, qui frotte lui-même contre la surface polie de la roche, la marque aussi de son empreinte spéciale. A cette cause sont dues de fines égratignures, appelées stries, dont la direction correspond toujours avec la direction du mouvement du glacier.

Ces marques sont aujourd'hui universellement reconnues comme caractéristiques de l'action glaciaire ; elles sont invariablement produites par les glaciers et ne sont produites par aucun autre agent physique connu. On peut les étudier actuellement en Suisse dans des conditions avantageuses ; car, pendant les quinze dernières années, la plupart des glaciers de la Suisse ont abandonné du terrain. Par suite, la surface jadis recouverte par eux est maintenant exposée à la vue, et les empreintes qu'ils ont laissées derrière eux sur les rochers peuvent être aisément reconnues et observées à loisir. Quelques jours passés sur les bords de la Mer de Glace, du glacier de l'Aar ou d'un glacier suisse quelconque suffisent pour reconnaître, à première vue, les traces de l'action glaciaire ; et alors tout un monde d'idées nouvelles s'ouvre soudainement à l'esprit.

Qu'on prenne, entre autres, le glacier de l'Aar, lequel est peut-être le meilleur exemple qu'on puisse citer. On trouvera que les signes caractéristiques que je viens de décrire ne sont pas confinés au voisinage immédiat du glacier actuel, mais sont clairement visibles sur toute la route jusqu'à l'hospice du Grimsel, situé à une bonne demi-heure de marche de la glace la plus rapprochée. Au delà de cet hospice, on peut les retrouver encore en descendant la vallée de Hasli et même jusquà Meyringen et Brienz, à une distance de trente kilomètres au moins.

Nous avons là réunis l'œuvre du présent et le souvenir du passé. Près du glacier actuel, on voit dans le détail l'espèce de polissage qui s'exécute de nos jours à la surface des roches. Au bas de la vallée, on trouve la surface du rocher sculptée et polie d'une façon absolument semblable. Il est tout naturel d'attribuer le même effet à la même cause et de conclure qu'un énorme glacier a parcouru jadis la vallée de Hasli et laissé ce curieux témoignage de son existence inscrit sur les roches.

De même, si l'on suit le cours du Rhône depuis sa source actuelle, à la base du glacier du même nom, on retrouve les mêmes indices caractéristiques sur les bords montagneux et sur le sol rocheux de la vallée, jusqu'à ce qu'ils se perdent finalement dans le lac de Genève. Aussi, est-il difficile de ne pas conclure que le glacier actuel du Rhône n'est qu'une petite partie d'un glacier beaucoup plus puissant qui remplissait autrefois toute la vallée, jusqu'à une distance de plus de cent kilomètres. Si l'on traverse les pentes méridionales des Alpes, on peut aisément discerner de semblables indices d'un ancien glacier dans la vallée d'Aoste et le suivre, depuis sa source dans les amoncellements de neige du Mont-Blanc, jusqu'à la ville d'Ivrée, à travers les vignobles et les champs de blé du Piémont.

Notre conclusion ne repose pas sur les seules traces glaciaires dont l'indication précède. Dans tous les cas que j'ai mentionnés et dans plusieurs autres que je pourrais citer encore, on trouverait çà et là des monticules de terre et de pierres, longs et irréguliers, quelquefois nus et désolés, d'autres fois couverts de végétation et parsemés d'habitations humaine s

Si l'on examine de près ces monticules, on s'aperçoit qu'ils sont l'exacte contre-partie des moraines qui, on l'a vu, sont abandonnées par tout glacier lorsqu'il diminue d'étendue et remonte vers sa source. Ainsi, ces entassement informes deviennent de silencieux monuments qui attestent l'existence d'anciens glaciers et confirment l'histoire gravée sur les roches.

Il serait impossible, dans une courte esquisse, de vous donner une idée complète de la force de cet argument, lorsqu'il est exposé dans tous ses détails. J'espère cependant vous en avoir dit assez pour vous faire comprendre le genre de raisonnement qui a convaincu les géologues que les anciens glaciers de la Suisse dépassaient considérablement en étendue ceux de nos jours.

Anciens glaciers des Iles Britanniques. — Les géologues vont plus loin. Après avoir longuement étudié les glaciers dans les pays où ils existent actuellement, ils se sont aperçus que des indices de même nature se voyaient dans des contrées où les glaciers ont été inconnus dans le cours des temps historiques. Grâce au nouveau

langage qu'ils venaient d'apprendre, ils ont pu lire de
curieux chapitres de l'histoire ancienne du globe. Ils
nous disent, par exemple, avec assurance, que les Iles
Britanniques eurent leurs glaciers et leurs champs de
neige dans les temps anciens, absolument comme la
Suisse a les siens aujourd'hui. Et si nous leur demandons
la preuve de leur étrange assertion, ils nous montrent les
glaciers des Alpes ; ils nous apprennent à lire et à comprendre les signes qu'ils laissent maintenant inscrits sur
les vallées de la Suisse, et ils nous montrent ces mêmes
signes dans les vallées du Pays de Galles, de Cumber-
land et des Highlands d'Ecosse.

Ils pourraient citer également, en Irlande, les montagnes de Kerry et, à l'aide des mêmes indices, retracer
le cours des anciens glaciers au milieu des pittoresques
beautés de Killarney, de la Vallée noire et de la montagne de Pourpre (*Purple mountain*). Ils pourraient
encore nous indiquer plus près de nous, sur ces dômes
arrondis qui entourent d'un magnifique amphithéâtre de
collines la ville de Dublin, les singuliers sillons et les
stries parallèles qui révèlent aux savants l'existence d'anciens glaciers, aussi clairement que les griffonnages
retrouvés sur les murs de Pompéï révèlent à l'historien
les mœurs populaires de la société au temps de la Rome
impériale.

Conclusion. — J'ai épuisé les limites de mon temps
et peut-être aussi, je le crains, les limites de votre
patience ; mais je suis loin d'avoir épuisé les limites de
mon sujet. Je n'ai cherché, dans cette courte esquisse,
qu'à mettre devant vos yeux les principaux traits d'un
grand phénomène naturel et à vous donner quelque idée
de l'harmonie et de la beauté des lois qui le régissent.
De l'aspect majestueux que les glaciers des Alpes offrent
à l'œil et du splendide panorama qui les entoure, je n'ai

tenté aucune description. Pour ceux qui ont été sur les lieux, une description n'est point nécessaire ; quant aux autres, ma conviction profonde est que toute description sera toujours insuffisante.

J'ose espérer toutefois qu'en esquissant les lois auxquelles ces prodigieux phénomènes de la nature doivent leur existence, leur action et leur décadence, je vous ai suggéré quelques idées nouvelles et fourni une nouvelle source de jouissance. Je crois en effet que la scène la plus magnifique et la plus sublime revêt un nouveau charme lorsque nous pouvons, non plus simplement contempler la face de la Nature, mais atteindre l'Intelligence qui y préside; non plus simplement discerner dans ses œuvres cette beauté extérieure qui frappe l'œil, mais découvrir les preuves de sagesse, de prévoyance, de puissance, qui entraînent l'esprit de l'admiration du monde matériel à la connaissance et au culte de Celui qui est le grand et invisible Créateur et Régulateur de l'univers.

TABLE DES MATIÈRES

I

LA THÉORIE MODERNE DE LA CHALEUR ÉCLAIRÉE PAR LES PHÉNOMÈNES DE CHALEUR LATENTE

PREMIÈRE CONFÉRENCE

La chaleur latente de fusion.

DEUXIÈME CONFÉRENCE

La chaleur latente de vaporisation.

Chaleur dépensée lorsqu'on fait bouillir de l'eau. — Ce fait considéré à la lumière de la théorie moderne. — Méthode

II

L'ÉCLAIR, LE TONNERRE ET LES PARATONNERRES

PREMIÈRE CONFÉRENCE

L'éclair et le tonnerre.

DEUXIÈME CONFÉRENCE

Les paratonnerres.

III

L'EMMAGASINEMENT DE L'ÉNERGIE ÉLECTRIQUE

V

LA LUMIÈRE ÉLECTRIQUE

PREMIÈRE CONFÉRENCE

Comment on produit le courant électrique.

DEUXIÈME CONFÉRENCE

Comment le courant électrique produit la lumière électrique.

LISTE DES GRAVURES

ÉMILE COLIN — IMPRIMERIE DE LAGNY

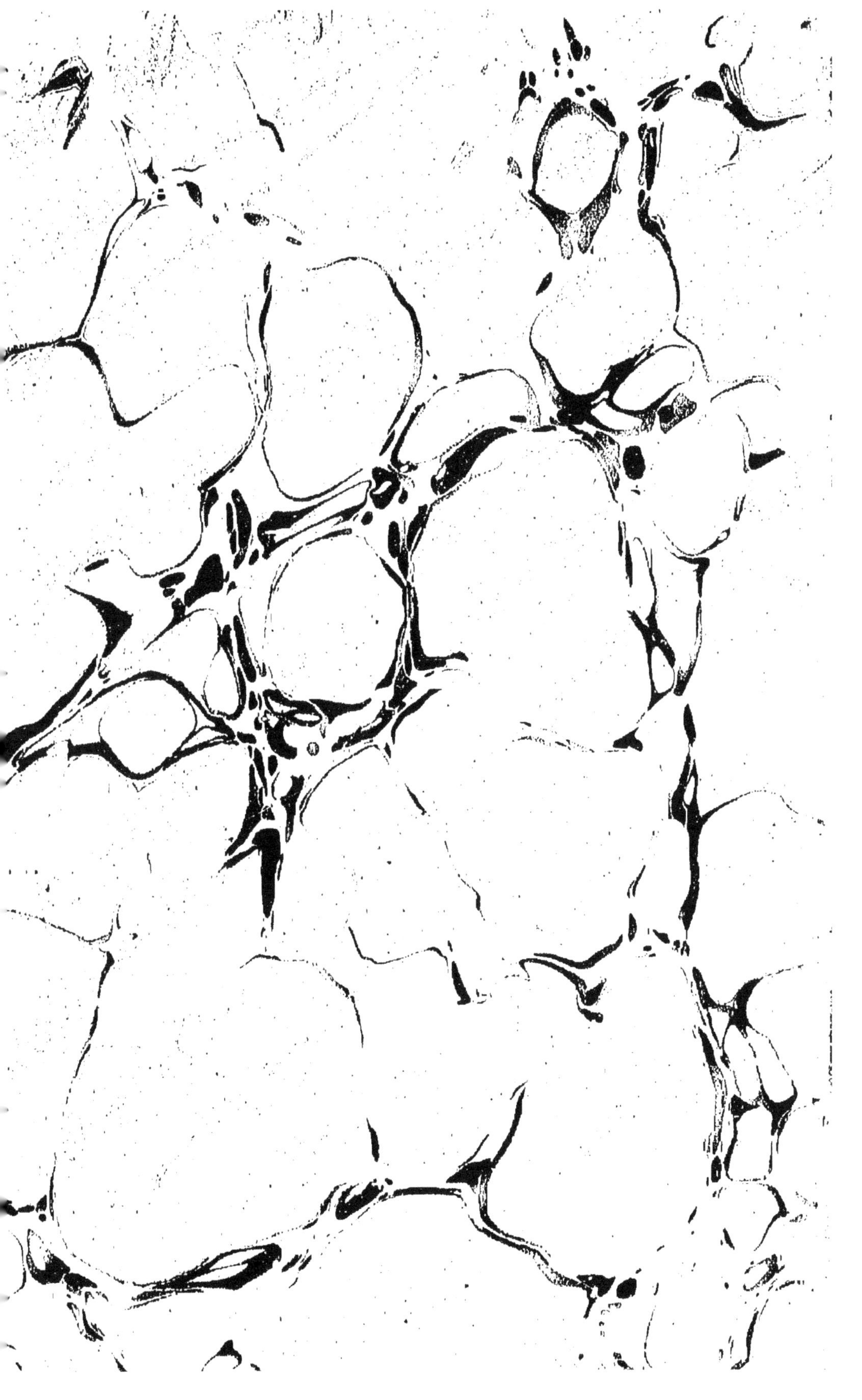

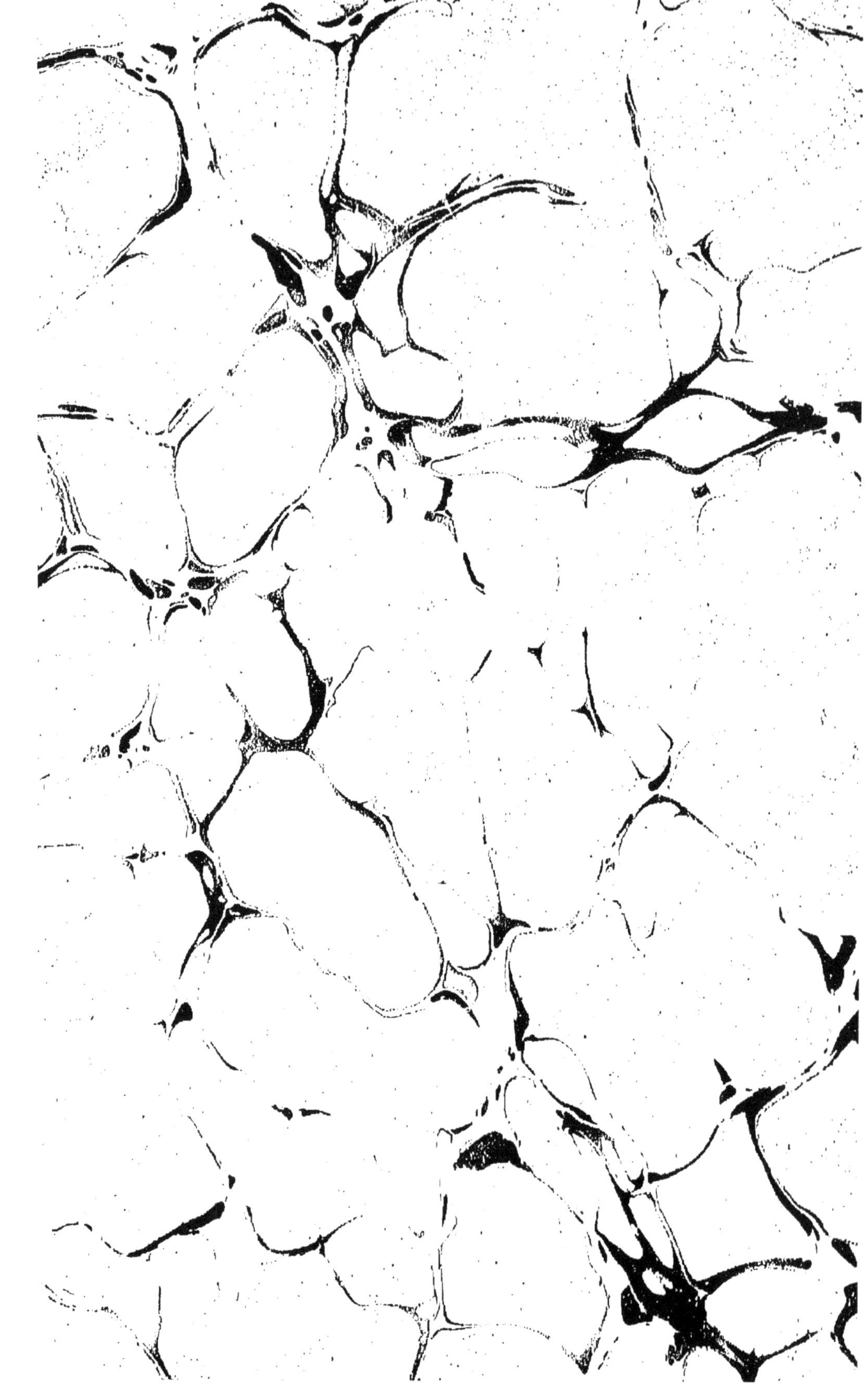